랑데뷰
N 제

쉬사준킬
미 적 분

랑데뷰 세미나

저자의
수업노화우가 담겨있는
고교수학의 심화개념서

* 출간 예정

랑데뷰 기출과 변형 (총 5권)

- 1~4등급 추천 (권당 약400~500권)
- Level 1 – 평가원 기출의 쉬운 문제 난이도
- Level 2– 준킬러 이하의 기출+기출변형
- Level 3– 킬러난이도의 기출+기출변형

모든 기출문제 학습 후 효율적인 복습
재수생, 반수생에게 효율적

< 랑데뷰N제 시리즈 >

랑데뷰N제 쉬사준킬

- 1~4등급 추천(권당 약 240문항)

쉬운4점~준킬러 문항 학습에 특화
실전개념 및 스킬 등이 포함된
문제와 해설로 구성

기출문제 학습 후 독학용
또는 학원교재로 적합

랑데뷰N제 킬러극킬

- 1~2등급 추천(권당 약 120문항)

준킬러~킬러 문항 학습에 특화
실전개념 및 스킬 등이 포함된
문제와 해설로 구성

모의고사 1등급 또는 1등급 컷에
근접한 2등급학생의 독학용

랑데뷰 폴포 수학 1,2

- 1~3등급 추천(권당 약 120문항)

공통영역 수1,2에서 출제되는
4점 유형 정리

과목당 엄선된 6가지 테마로 구성
테마별 고퀄리티 20문항

랑데뷰☆수학모의고사
시즌 1~2

매년 8월에 출간되는 봉투모의고사

실전력을 높이기 위한
100분 풀타임 모의고사 연습에 적합

랑데뷰 시리즈는 전국 서점 및 인터넷서점에서 구입이 가능합니다.

수능 대비 수학 문제집 **랑데뷰N제 시리즈**는 다음과 같은 난이도 구분으로 구성됩니다.

1단계 - 랑데뷰 쉬삼쉬사 [pdf : 아톰에서 판매]

⇨ 기출 문제 [교육청 모의고사 기출 3점 위주]와 자작 문제로 구성되었습니다.
어려운 3점, 쉬운 4점 문항

교재 활용 방법

① 오르비 아톰의 전자책 판매에서 pdf를 구매한다.
② 3점 위주의 교육청 모의고사의 기출 문제와 조금 어렵게 제작된 자작문제를 푼다.
③ 3~5등급 학생들에게 추천한다.

2단계 - 랑데뷰 쉬사준킬 [종이책]

⇨ 변형 자작 문항(100%)
쉬운 4점과 어려운 4점, 준킬러급 난이도 변형 자작 문항 (쉬사준킬의 모든 교재의 문항수가 200문제
이상)이 출제유형별로 탑재되어 있음

교재 활용 방법

① 랑데뷰 [기출과 변형] 문제집과 같은 순서로 유형별로 정리되어 기출과 변형을 풀어본 후 과제용으로
   풀어보면 효과적이다.
② [기출과 변형]과 병행해도 좋다. [기출과 변형]의 단원별로 Level1, level2까지만 완료 한 후 쉬사준킬의
   해당 단원 풀기
③ 준킬러 문항을 풀어내는 시간을 단축시키기 위한 교재이다. N회독 하길 바란다.
④ 학원 교재로 사용되면 효과적이다.
⑤ 1~4등급 학생들에게 추천한다.

3단계 - 랑데뷰 킬러극킬 [종이책]

⇨ 변형 자작 문항(100%)
킬러급 난이도 변형 자작 문항(킬러극킬의 모든 교재의 문항수가 100문제 이상)이 탑재되어 있음

교재 활용 방법

① 랑데뷰 [기출과 변형]의 Level3의 문제들을 완벽히 완료한 후 시작하도록 하자.
② 킬러 문항의 해결에 필요한 대부분의 아이디어들이 킬러극킬에 담겨 있다.
③ 1등급 학생들과 그 이상의 실력을 갖춘 학생들에게 추천한다.

조급해하지 말고 자신을 믿고 나아가세요. 길은 있습니다. [휴민고등수학 김상호T]

출제자의 목소리에 귀를 기울이면, 길이 보입니다. [이호진고등수학 이호진T]

부딪혀 보세요. 아직 오지 않은 미래를 겁낼 필요 없어요. [평촌다수인수학학원 도정영T]

괜찮아, 틀리면서 배우는거야 [반포파인만고등관 김경민T]

하기 싫어도 해라. 감정은 사라지고, 결과는 남는다. [떠매수학 박수혁T]

Step by step! 한 계단씩 밟아 나가다 보면 그 끝에 도달할 수 있습니다. [가나수학전문학원 황보성호T]

너의 死活걸고. 수능수학 잘해보자. 반드시 해낸다. [오정화수학 오정화T]

넓은 하늘로의 비상을 꿈꾸며 [장선생수학학원 장세완T]

진인사대천명(盡人事待天命) : 큰 일을 앞두고 사람이 할 수 있는 일을 다한 후에 하늘에 결과를 맡기고 기다린다. [수학만영어도학원 최수영T]

자신의 능력을 믿어야 한다. 그리고 끝까지 굳세게 밀고 나아가라. [서울대치수학교습소 김 수T]

그래 넌 할 수 있어! 네 꿈은 이루어 질거야! 끝까지 널 믿어! 너를 응원해! [수학공부의장 이덕훈T]

Do It Yourself [강동희수학 강동희T]

인내는 성공의 반이다 인내는 어떠한 괴로움에도 듣는 명약이다 [MQ멘토수학 최현정T]

남을 도울 능력을 갖추게 되면 나를 도울 수 있는 사람을 만나게 된다. [최성훈수학학원 최성훈T]

지금 잠을 자면 꿈을 꾸지만 지금 공부 하면 꿈을 이룬다. [이미지매쓰학원 정일권T]

1등급을 만드는 특별한 습관 랑데뷰수학으로 만들어 드립니다. [이지훈수학 이지훈T]

지나간 성적은 바꿀 수 없지만 미래의 성적은 너의 선택으로 바꿀 수 있다.
ㄹ그렇다면 지금부터 열심히 해야 되는 이유가 충분하지 않은가? [칼수학학원 강민구T]

작은 물방울이 큰바위를 뚫을수 있듯이 집중된 노력은 수학을 꿰뚫을수 있다. [제우스수학 김진성T]

자신과 타협하지 않는 한 해가 되길 바랍니다. [답길학원 서태욱T]

무슨 일이든 할 수 있다고 생각하는 사람이 해내는 법이다. [대전오엠수학 오세준T]

부족한 2% 채우려 애쓰지 말자. 랑데뷰와 함께라면 저절로 채워질 것이다. [김이김학원 이정배T]

네가 원하는 꿈과 목표를 위해 최선을 다 해봐! 너를 응원하고 있는 사람이 꼭 있다는 걸 잊지 말고~
[매천필즈수학원 백상민T]

'새는 날아서 어디로 가게 될지 몰라도 나는 법을 배운다'는 말처럼 지금의 배움이 앞으로의 여러분들 날개를 펼치는 힘이 되길 바랍니다. [가나수학전문학원 이소영T]

꿈을향한 도전! 마지막까지 최선을... [서영만학원 서영만T]

앞으로 펼쳐질 너의 찬란한 이십대를 기대하며 응원해. 이 시기를 잘 이겨내길 [굿티쳐강남학원 배용제T]

"최고의 성과를 이루기 위해서는 최악의 상황에서도 최선을 다해야 한다!!" [샤인수학학원 필재T]

지금 내가 랑데뷰에서 푸는 문제가 수능 시험 문제라고 생각하고 집중하고 푸세요.
그리고 성공하면 꼭 다른 사람을 위해서 살아주세요. [오직예수 최병길T]

매일매일 규칙적으로 꼼꼼하게 학습하여 원하는 수학성적을 성취하자. [대치모든수학 박준석T]

수학은 정직하다. [반포파인만고등관 박형민T]

생각한 만큼 실력이다! [인사이트영재학원 전우진T]

출제자들이 하는 말은 표현의 차이일 뿐 우리가 아는 내용임에 틀림 없습니다. 출제자와 싸워서 이깁시다. [김앤황수학학원 황채범T]

열심히 하는 고통보다 실패의 고통이 더 큽니다. 최선을 다합시다. [방이기적수학학원 장기석T]

랑데뷰
N 제

하루 중 90%는 겸손하게 10%는 자신있게...

목차

랑데뷰
N 제

하루 중 90%는 겸손하게 10%는 자신있게...

수열의 극한

1

출제유형 | 수열의 극한에 대한 기본 성질을 이용하여 극한값을 구하는 문제가 출제된다.

출제유형잡기 | 두 수열 $\{a_n\}$, $\{b_n\}$ 이 수렴하고

$\lim\limits_{n\to\infty} a_n = \alpha$, $\lim\limits_{n\to\infty} b_n = \beta$ (α, β 는 실수) 일 때

(1) $\lim\limits_{n\to\infty} k a_n = k \lim\limits_{n\to\infty} a_n = k\alpha$ (단, k 는 상수)

(2) $\lim\limits_{n\to\infty} (a_n + b_n) = \lim\limits_{n\to\infty} a_n + \lim\limits_{n\to\infty} b_n = \alpha + \beta$

(3) $\lim\limits_{n\to\infty} (a_n - b_n) = \lim\limits_{n\to\infty} a_n - \lim\limits_{n\to\infty} b_n = \alpha - \beta$

(4) $\lim\limits_{n\to\infty} a_n b_n = \lim\limits_{n\to\infty} a_n \times \lim\limits_{n\to\infty} b_n = \alpha\beta$

(5) $\lim\limits_{n\to\infty} \dfrac{a_n}{b_n} = \dfrac{\lim\limits_{n\to\infty} a_n}{\lim\limits_{n\to\infty} b_n} = \dfrac{\alpha}{\beta}$ (단, $b_n \neq 0$, $\beta \neq 0$)

01

수열 $\{a_n\}$ 이 $\lim\limits_{n\to\infty} (a_{n+1} - a_n) = \dfrac{1}{4}$ 를 만족시킬 때,

$\lim\limits_{n\to\infty} (a_{n+20} - a_n)$ 의 값은? [4점]

① $\dfrac{15}{4}$ ② 5 ③ $\dfrac{25}{4}$ ④ $\dfrac{15}{2}$ ⑤ $\dfrac{35}{3}$

출제유형 | 일반항이 다양한 형태로 주어진 수열의 극한을 구하는 문제가 출제된다.

출제유형잡기 |

(1) 일반항이 n에 대한 분수식 꼴로 주어진 수열은 분모의 최고차항으로 분모와 분자를 각각 나누어서 극한값을 구한다.

(2) 일반항이 n에 대한 무리식 꼴로 주어진 수열은 무리식을 유리화한 후 극한값을 구한다.

02

양수 m에 대하여 곡선 $y = x(x-m)(x-2m)$와 직선 $y = 2m^2 x$가 만나는 점 중 원점이 아닌 점의 x좌표가 자연수 n일 때, 곡선 $y = x(x-m)(x-2m)$과 직선 $y = 2m^2 x$로 둘러싸인 부분의 넓이를 S_n이라 하자.

$\lim\limits_{n\to\infty} \dfrac{12S_n}{n^4+1}$의 값을 구하시오. [4점]

03

일반항이 $a_n = \sqrt{an^2 + 2bn + 1} - n$인 수열 $\{a_n\}$과

함수 $f(x) = \dfrac{1}{3}x^3 + \dfrac{1}{2}x^2$에 대하여

$\lim\limits_{n \to \infty} \dfrac{f(a_n) - c}{a_n - b} = b^2 + 1$이 성립할 때, $a + b + c$의 값은?

(단, a는 자연수이고, b, c는 상수이다.) [4점]

① $\dfrac{8}{3}$ ② $\dfrac{17}{6}$ ③ 3

④ $\dfrac{19}{6}$ ⑤ $\dfrac{10}{3}$

04

수열 $\{a_n\}$의 첫째항부터 제 n 항까지의 합 S_n 이

$S_n = \dfrac{1}{2}\left(a_n + \dfrac{4}{a_n}\right)$ 일 때, $\lim\limits_{n \to \infty} \sqrt{n}\, a_n$ 의 값은?

(단, $a_n > 0$) [4점]

① $\dfrac{1}{4}$ ② $\dfrac{1}{2}$ ③ $\dfrac{1}{\sqrt{2}}$ ④ 1 ⑤ $\sqrt{2}$

자연수 n에 대하여 이차방정식 $x^2 + 2n^2x - n^2 = 0$의 서로 다른 두 실근을 α_n, $\beta_n\,(\alpha_n < \beta_n)$이라 하자. 수직선 위의 두 점 $\mathrm{A}(\alpha_n)$, $\mathrm{B}(\beta_n)$에 대하여 선분 AB를 $n:1$로 내분하는 점을 $\mathrm{P}(p_n)$, $n:1$로 외분하는 점을 $\mathrm{Q}(q_n)$이라 할 때, $\displaystyle\lim_{n\to\infty}(p_n + q_n)$의 값을 구하시오. [4점]

출제유형 | 수열의 극한의 대소 관계를 이용하여 수열의 극한값을 구하는 문제가 출제된다.

출제유형잡기 |

(1) 수열의 일반항 a_n이 존재하는 범위가 주어지거나 그 범위를 구할 수 있을 때는 수열의 극한의 대소 관계를 이용하여 극한값을 구한다.

(2) 세 수열 $\{a_n\}$, $\{b_n\}$, $\{c_n\}$이 모든 자연수 n에 대하여 $a_n \le c_n \le b_n$이고, $\displaystyle\lim_{n\to\infty} a_n = \lim_{n\to\infty} b_n = \alpha$이면 $\displaystyle\lim_{n\to\infty} c_n = \alpha$이다. (단, α는 실수)

06

두 수열 $\{a_n\}$, $\{b_n\}$이 모든 자연수 n에 대하여 다음 조건을 만족시킨다.

(가) $n^2 + 6n < n^2 a_n + 2nb_n < n^2 + 6n + 1$

(나) $2n^2 - n < 2n^2 a_n - nb_n < 2n^2 - n + 1$

$\displaystyle\lim_{n\to\infty}(a_n + b_n)$의 값은? [4점]

① 3 　② $\dfrac{16}{5}$ 　③ $\dfrac{17}{5}$

④ $\dfrac{18}{5}$ 　⑤ $\dfrac{19}{5}$

07

수열 $\{a_n\}$이 모든 자연수 n에 대하여

$$n^3 - 2n^2 < a_n < n^3 + 2n^2$$

을 만족할 때, $\displaystyle\lim_{n\to\infty} \dfrac{\dfrac{a_1}{1} + \dfrac{a_2}{2} + \dfrac{a_3}{3} + \cdots + \dfrac{a_n}{n}}{n^3}$ 의

값은? [4점]

① $\dfrac{1}{3}$ ② $\dfrac{1}{2}$ ③ $\dfrac{2}{3}$ ④ $\dfrac{3}{4}$ ⑤ $\dfrac{5}{6}$

출제유형 | 등비수열의 일반항을 포함하는 수열의 극한값을 구하는 문제가 출제된다.

출제유형잡기 | 등비수열 $\{r^n\}$의 수렴과 발산은 다음과 같다.

(1) $r > 1$일 때, $\lim_{n \to \infty} r^n = \infty$ (발산)

(2) $r = 1$일 때, $\lim_{n \to \infty} r^n = 1$ (수렴)

(3) $r < 1$일 때, $\lim_{n \to \infty} r^n = 0$ (수렴)

(4) $r \leq -1$일 때, 수열 $\{r^n\}$은 진동한다. (발산)

08

첫째항이 0이 아닌 등비수열 $\{a_n\}$의 첫째항부터 제n항까지의 합을 S_n이라 할 때, 수열 $\{a_n\}$과 S_n은 다음 조건을 만족시킨다. 수열 $\{a_n\}$의 공비는? [4점]

(가) $a_2 \neq 0,\ a_2 \neq a_1$
(나) $\displaystyle\lim_{n \to \infty} \dfrac{S_n - a_n}{S_{n+1}} = \dfrac{a_2}{a_1 + 2a_2}$

① $\dfrac{1 + \sqrt{5}}{2}$ ② $\dfrac{2 + \sqrt{5}}{2}$ ③ $\dfrac{3 + \sqrt{5}}{2}$

④ $\sqrt{5} - 1$ ⑤ $\sqrt{5} - 2$

09

$0 < b < a$을 만족시키는 두 자연수 a, b에 대하여

$$\lim_{n \to \infty} \frac{a^{n+1} + 2b^{n+1}}{a^n b + ab^n} = \frac{3}{2}$$

가 성립할 때, $\dfrac{a^2 + b^2}{ab}$의 값은? [4점]

① $\dfrac{3}{2}$ ② $\dfrac{5}{3}$ ③ $\dfrac{11}{6}$

④ 2 ⑤ $\dfrac{13}{6}$

10

공비가 유리수인 등비수열 $\{a_n\}$이 수렴하고 다음 조건을 만족시킨다.

(가) $A = \{n \mid n$는 a_n 중 10보다 작은 자연수$\}$

(나) $\displaystyle\lim_{n \to \infty} \frac{a_2 a_n + a_{2n}}{a_{n+1} + 2a_n} = \frac{64}{5}$

집합 A의 원소의 개수가 3이상일 때, 집합 A의 모든 원소의 합을 구하시오. [4점]

11

첫째항이 6이고 공비가 3인 등비수열 $\{a_n\}$에 대하여 함수 $f(x)$를

$$f(x) = \lim_{n \to \infty} \frac{x^n - a_n}{x^n + a_n} \ (x > 0)$$

이라 하자. 함수 $f(x)$에 대하여 합성함수 $(g \circ f)(x)$가 구간 $(0, \infty)$에서 연속이 되도록 하는 최고차항의 계수가 1인 삼차함수 $g(x)$가 있다. $g(8) - g(2)$의 값을 구하시오. [4점]

12

$f(x) = \dfrac{4}{3} \sin\left(\dfrac{\pi}{4} x\right)$라 하자. 자연수 n에 대하여 함수

$h(x) = \lim\limits_{n \to \infty} \dfrac{\{f(x)\}^n}{\{f(x)\}^n + 3}$ 일 때, $\sum\limits_{k=1}^{m} h(k) = 32$를

만족하는 모든 자연수 m의 값의 합을 구하시오. [4점]

수열의 극한의 활용

출제유형 | 주어진 방정식이나 함수의 그래프 및 도형에서 일반항을 찾아 극한값을 구하는 문제가 출제된다.

출제유형잡기 | 주어진 함수의 그래프의 성질, 도형의 성질을 이용하여 수열의 일반항을 찾을 수 있어야 한다.

13

1보다 큰 상수 α와 자연수 n에 대하여 곡선 $y = -x^{\alpha}$ $(x > 0)$ 위의 점 $P(n, -n^{\alpha})$이 있다. 곡선 $y = -x^{\alpha}$ 위의 점 P에 접하는 직선이 y축과 만나는 점을 Q라 하자. $t > n$인 실수 t에 대하여 $R(t, 0)$이 $\overline{PQ} = \overline{PR}$을 만족시킬 때, 직선 PR의 기울기를 m이라 하자.

$\lim\limits_{n \to \infty} m = \dfrac{\sqrt{3}}{3}$ 일 때, 상수 α의 값을 구하시오. [4점]

14

자연수 n에 대하여 곡선 $y = x^2$가 두 직선 $y = 2x + n$과 $y = -\dfrac{1}{2}x + n$과 만나는 네 점을 꼭짓점으로 하는 사각형의 넓이를 S_n이라 하자. $\lim\limits_{n \to \infty} \dfrac{S_n}{n}$의 값을 구하시오. [4점]

15

1이 아닌 양수 a와 자연수 n에 대하여 직선 $x = n$이 곡선 $y = a^x - 1$과 만나는 점을 A_n이라 하고 직선 $x = n + 1$이 곡선 $y = a^x - 1$과 만나는 점을 각각 A_{n+1}이라 하자. 선분 $\mathrm{A}_n\mathrm{A}_{n+1}$의 길이를 l_n이라 할 때,

$$\lim_{n \to \infty} \frac{l_{n+1}}{l_n} = \frac{10}{a^2 + 1}$$

을 만족시키는 a의 값은? [4점]

① $\dfrac{1}{2}$　　② $\dfrac{3}{4}$　　③ $\dfrac{3}{2}$　　④ 2　　⑤ 3

16

다항함수 $f(x)$와 최고차항의 계수가 1인 이차함수 $g(x)$가

$$\lim_{n \to \infty} \frac{f(n)}{g(n) \times g\left(\frac{1}{n}\right)} = 3$$

을 만족시킨다. $f(0) \times \{g(0)\}^2 = 1$일 때,

$$\lim_{n \to \infty} \frac{\{g(n)\}^p}{f(n) \times f(2n) \times f\left(\frac{1}{n^2}\right)} = \frac{1}{q}$$

을 만족시키는 두 상수 p와 q에 대하여 $p+q$의 값을 구하시오. (단, $q \neq 0$) [4점]

17

$|a| > \dfrac{\sqrt{2}}{2}$인 실수 a에 대하여 함수 $f(x)$가

$$f(x) = \lim_{n \to \infty} \frac{(x^2 - 4a^2 + 1)^{2n+1} + 3}{(x^2 - 4a^2 + 1)^{2n} + 1}$$

이다. 최고차항의 계수가 1인 사차함수 $g(x)$에 대하여 함수 $(g \circ f)(x)$가 실수 전체의 집합에서 연속일 때, $g(4) - g(0)$의 값을 구하시오. [4점]

18

그림과 같이 n이 자연수일 때 길이가 $2n$인 선분 $A_n B_n$을 지름으로 하는 원 C와 직선 $A_n B_n$위의 점 B_n에 접하는 반지름의 길이가 n인 원 D가 있다. 원 D의 중심을 C_n이라 할 때, 직선 $A_n C_n$이 두 원 C, D와 만나는 점을 각각 D_n, E_n이라 하자. $\displaystyle\lim_{n\to\infty}\dfrac{\overline{A_n E_n}\times\overline{C_n D_n}}{n^2+1}$의 값은?

[4점]

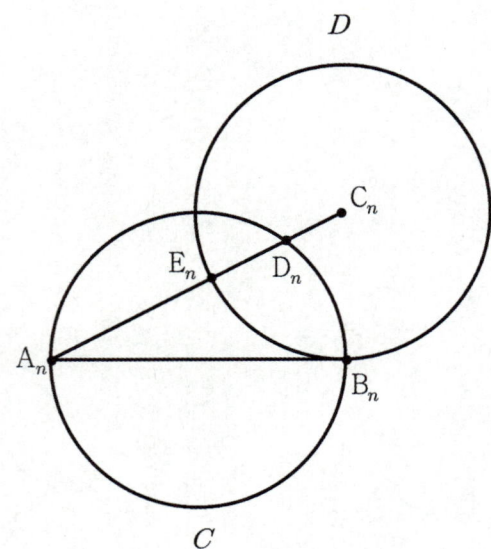

① $1-\dfrac{1}{\sqrt{5}}$ ② $1-\dfrac{1}{2\sqrt{5}}$ ③ $1+\dfrac{1}{\sqrt{5}}$

④ $\sqrt{2}$ ⑤ $\sqrt{3}$

19

자연수 n에 대하여 $\angle C=\dfrac{2}{3}\pi$, $\overline{BC}=n$, $\overline{AC}=4$인 삼각형 ABC에서 $\angle A$의 외각의 이등분선이 선분 BC의 연장선과 만나는 점을 D라 하자. 선분 CD의 길이를 a_n이라 할 때, $\displaystyle\lim_{n\to\infty}a_n$의 값은? [4점]

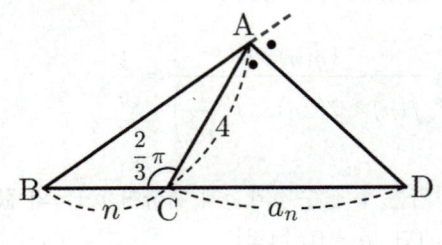

① 1   ② 2   ③ 3
④ 4   ⑤ 5

출제유형 | 급수와 급수의 성질을 이해하고 여러 가지 급수의 합을 구하는 문제가 출제된다.

출제유형잡기 |

(1) 급수 $\displaystyle\sum_{n=1}^{\infty} a_n$ 에서 첫째항부터 제 n항까지의 부분합을 S_n이라 할 때, 수열 $\{S_n\}$의 극한값으로 급수 $\displaystyle\sum_{n=1}^{\infty} a_n$ 의 합을 구한다.

(2) 두 급수 $\displaystyle\sum_{n=1}^{\infty} a_n$, $\displaystyle\sum_{n=1}^{\infty} b_n$ 이 모두 수렴할 때.

① $\displaystyle\sum_{n=1}^{\infty} k a_n = k \sum_{n=1}^{\infty} a_n$ (단, k는 상수)

② $\displaystyle\sum_{n=1}^{\infty} (a_n + b_n) = \sum_{n=1}^{\infty} a_n + \sum_{n=1}^{\infty} b_n$

③ $\displaystyle\sum_{n=1}^{\infty} (a_n - b_n) = \sum_{n=1}^{\infty} a_n - \sum_{n=1}^{\infty} b_n$

20

수열 $\{a_n\}$의 첫째항부터 제 m항까지의 합을 S_m이라 하자.

모든 자연수 m에 대하여

$$S_m = \sum_{n=1}^{\infty} \frac{mn + m^2}{(n+m+1)!}$$

일 때, $\left| \dfrac{a_5}{a_1} \right|$ 의 값은? (단, p와 q는 서로소인 자연수이고 $n! = n \times (n-1) \times \cdots 2 \times 1$이다.) [4점]

① $\dfrac{11}{360}$ ② $\dfrac{13}{360}$ ③ $\dfrac{1}{14}$

④ $\dfrac{17}{360}$ ⑤ $\dfrac{19}{360}$

21

수열 $\{a_n\}$의 첫째항부터 제m항까지의 합을 S_m라 하자. 모든 자연수 m에 대하여

$$S_m = (2^{m+1}-1)\sum_{n=1}^{\infty}\frac{2^n}{4^{\,n+\frac{m+1}{2}}}$$

일 때, $a_1 + a_5 = \dfrac{q}{p}$이다. $p+q$의 값을 구하시오.
(단, p와 q는 서로소인 자연수이다.) [4점]

22

모든 항이 양수인 두 수열 $\{a_n\}$, $\{b_n\}$에 대하여 $\angle \mathrm{ABC} = \dfrac{\pi}{2}$인 직각삼각형 ABC의 세 변의 길이가 $\overline{\mathrm{AB}} = \sqrt[4]{a_{n+1}}$, $\overline{\mathrm{BC}} = \sqrt{b_n}$, $\overline{\mathrm{AC}} = \sqrt[4]{a_n}$이고 $\overline{\mathrm{AB}} : \overline{\mathrm{AC}} = \sqrt[4]{2} : \sqrt[4]{3}$이 성립한다. $\displaystyle\sum_{n=1}^{\infty} b_n = 10$일 때, a_1의 값은? [4점]

① 10　　② 50　　③ 80　　④ 100　　⑤ 130

23

수열 $\{a_n\}$에 대하여 $a_n = -\dfrac{\cos n\pi}{n^2}$ 이고 수열 $\{b_n\}$이

$$b_n = \begin{cases} a_n & (a_n < a_{n+1}) \\ a_{n+1} & (a_n \geq a_{n+1}) \end{cases} \quad (n = 1, 2, 3, \cdots)$$

을 만족시킬 때, $\displaystyle\sum_{n=1}^{\infty} \sqrt{b_{2n-1}b_{2n+1}}$ 의 값은? [4점]

① $\dfrac{1}{8}$　② $\dfrac{1}{6}$　③ $\dfrac{1}{4}$　④ $\dfrac{1}{2}$　⑤ 1

급수와 수열의 극한 사이의 관계

출제유형 | 급수와 수열의 극한 사이의 관계를 이용하여 급수가 수렴할 때 수열의 극한값을 구하는 문제가 출제된다.

출제유형잡기 |

(1) 급수 $\displaystyle\sum_{n=1}^{\infty} a_n$ 이 수렴하면 $\displaystyle\lim_{n\to\infty} a_n = 0$ 이다.

(2) $\displaystyle\lim_{n\to\infty} a_n \neq 0$ 이면 급수 $\displaystyle\sum_{n=1}^{\infty} a_n$ 은 발산한다.

(3) $\displaystyle\lim_{n\to\infty} a_n = 0$ 이면 급수 $\displaystyle\sum_{n=1}^{\infty} a_n$ 이 수렴하지 않는

경우가 있으므로 급수 $\displaystyle\sum_{n=1}^{\infty} a_n$ 을 계산하여 수렴,

발산을 조사하여야 한다.

24

$a_1 = b_1 = 1$ 이고 공비가 서로 다른 자연수인 두 등비수열 $\{a_n\}$, $\{b_n\}$에 대하여 수열 $\{c_n\}$의 첫째항부터 제n항까지의 합 S_n이

$$S_n = \frac{2a_{n+1} + b_n}{a_n + b_{n+1}}$$

이다. $\displaystyle\lim_{n\to\infty} S_n = \alpha$, $1 \leq \displaystyle\lim_{n\to\infty} \frac{S_n - c_n}{4c_n + 2} \leq 3$일 때, $\alpha + a_4 + b_5$의 값을 구하시오. (단, α는 실수이고 두 등비수열 $\{a_n\}$, $\{b_n\}$의 공비는 1이 아니다.) [4점]

25

수열 $\{a_n\}$의 첫째항부터 제 n항까지의 합을 S_n이라 하자.

$$S_n = -2n^2 + an \ (a는 \ 상수)$$

이고 $\displaystyle\sum_{n=1}^{\infty} \dfrac{1}{a_n a_{n+1}} = -\dfrac{1}{4}$ 일 때, $\displaystyle\sum_{n=1}^{\infty} \dfrac{1}{|a_n a_{n+1}|}$ 의 값은?

[4점]

① $\dfrac{5}{12}$ ② $\dfrac{7}{12}$ ③ $\dfrac{3}{4}$ ④ $\dfrac{11}{12}$ ⑤ $\dfrac{13}{12}$

26

두 상수 a, b에 대하여

$$\lim_{n \to \infty} \sum_{k=1}^{n} \dfrac{ak^3 + (k+1)(k^2-k+1) - \sqrt{k} + \sqrt{k+2} - 1}{\sqrt{k}\,\sqrt{k+1}\,\sqrt{k+2}} = b$$

일 때, $\left(\dfrac{a}{b}\right)^2$ 의 값은? [4점]

① 1 ② $\dfrac{3}{2}$ ③ 2 ④ $\dfrac{5}{2}$ ⑤ 3

유형 8 등비급수의 수렴 조건

출제유형 | 등비급수 $\sum\limits_{n=1}^{\infty} ar^{n-1}$이 수렴할 조건을 찾는 문제가 출제된다.

출제유형잡기 | 등비급수 $\sum\limits_{n=1}^{\infty} ar^{n-1}$이 수렴할 조건

$a=0$ 또는 $-1 < r < 1$

모든 항이 양수인 두 등비수열 $\{a_n\}$, $\{b_n\}$이 다음 조건을 만족시킨다.

> (가) $\lim\limits_{n \to \infty} \dfrac{(-1)^n \times a_n + 3b_n}{3a_n + (-1)^n \times b_n}$의 값이 존재한다.
>
> (나) $\sum\limits_{n=1}^{\infty}(a_n + b_n) = 12$

$a_2 = \dfrac{3}{2}$일 때, $a_3 + b_3$의 값은? [4점]

① $\dfrac{5}{2}$ ② 2 ③ $\dfrac{3}{2}$ ④ 1 ⑤ $\dfrac{1}{2}$

모든 항이 양수인 두 등비수열 $\{a_n\}$, $\{b_n\}$이 다음 조건을 만족시킨다.

28

두 급수 $\displaystyle\sum_{n=1}^{\infty}\left(\frac{5}{r^2+r+3}\right)^n$ 와 $\displaystyle\sum_{n=1}^{\infty}\left(\frac{r^2-3r}{4}\right)^n$ 가 모두

수렴하도록 하는 모든 정수 r의 합은? [4점]

① 5   ② 6   ③ 7   ④ 8   ⑤ 9

두 급수 $\displaystyle\sum_{n=1}^{\infty}\left(\frac{5}{r^2+r+3}\right)^n$ 와 $\displaystyle\sum_{n=1}^{\infty}\left(\frac{r^2-3r}{4}\right)^n$ 가 모두

출제유형 | 등비수열의 첫째항과 공비를 구하고 이를 이용하여 등비급수의 합을 구하는 문제가 출제된다.

출제유형잡기 | 등비급수 $\displaystyle\sum_{n=1}^{\infty} ar^{n-1}$ $(a \neq 0)$은 $|r| < 1$일 때 수렴하고 그 합은 $\dfrac{a}{1-r}$이다.

29

첫째항이 -10인 수열 $\{a_n\}$이 모든 자연수 n에 대하여

$$a_{n+1} = \begin{cases} \dfrac{1}{3} a_n & (a_n \geq 0) \\ a_n + p & (a_n < 0) \end{cases}$$

을 만족시키고 $\displaystyle\sum_{n=1}^{\infty} a_n > 0$이 되도록 하는 자연수 p의 최솟값을 m이라 하자. $p = m$일 때, $\displaystyle\sum_{n=1}^{\infty} |a_n|$의 값을 구하시오. [4점]

30

등비수열 $\{a_n\}$에 대하여

$$\sum_{n=1}^{\infty} a_n^2 = 9, \quad \sum_{n=1}^{\infty} (a_n \times |a_n|) = -\frac{45}{13}$$

일 때, $20 \times \left(\sum_{n=1}^{\infty} a_n\right)^2$의 값을 구하시오. [4점]

31

첫째항이 4이고 공비가 $-\dfrac{1}{3}$인 등비수열 $\{a_n\}$에 대하여

$$\sum_{n=1}^{\infty} a_n \times \tan\frac{\pi}{a_n}$$의 값을 구하시오. [4점]

32

다음 그림과 같이 자연수 n에 대하여 중심이 O이고 반지름의 길이가 2^n인 원이 있다. 원 위의 점 A에서 접하는 직선 l위에 $\overline{PA}=3\times 2^{n-1}$인 점 P가 있다. 점 P를 지나고 원과 두 점에서 만나는 직선을 그을 때 점 P에 가까운 순으로 점 B, 점 C라 하자. 중심 O에서 선분 BC에 내린 수선의 발을 H라 할 때, $\overline{OH}=2^{n-1}$이다.

$\overline{PB}=a_n$일 때, $\displaystyle\sum_{n=1}^{\infty}\dfrac{1}{(a_n)^2}=\dfrac{q}{p}$이다. $p+q$의 값을 구하시오. (단, p와 q는 서로소인 자연수이다.) [4점]

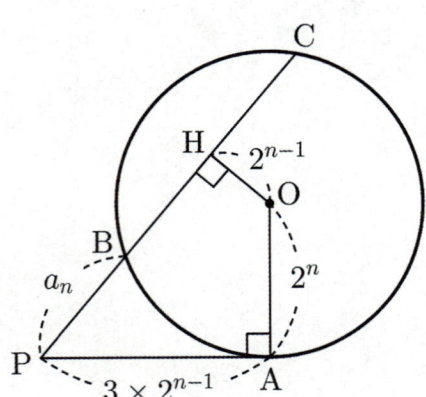

두 정수 α, β $(\alpha > \beta)$에 대하여 모든 항이 실수인 두 수열 $\{a_n\}$, $\{b_n\}$인 다음 조건을 만족시킨다.

모든 자연수 n에 대하여
$$a_n + b_n i = (\alpha + i\beta) \times i^{n-1}$$
이고, $a_1 \times a_3 \times b_5 \times b_7 = 9$이다.

두 수열 $\{a_n\}$, $\{b_n\}$과 등비수열 $\{c_n\}$에 대하여

$$\sum_{n=1}^{\infty} c_n = \dfrac{\displaystyle\sum_{n=1}^{\infty}(a_{4n-1} c_{2n})}{\displaystyle\sum_{n=1}^{\infty}(b_{4n-3} c_n)} = \dfrac{b_{4n-2}}{a_{4n}}$$

이다. c_1의 값이 최소일 때, $\displaystyle\sum_{n=1}^{\infty} c_{2n}$의 값을 구하시오.

[4점]

출제유형 | 일정한 규칙과 비율에 의하여 무한히 그려지는 도형에서 길이 또는 넓이의 합을 등비급수를 이용하여 구하는 문제가 출제된다.

출제유형잡기 | 일정한 규칙과 비율에 의하여 무한히 그려지는 도형에서 주어진 도형이 갖고 있는 성질을 이용하여 a_1을 구하고 a_n과 a_{n+1}사이에 성립하는 관계식으로부터 등비수열의 공비를 구하여 등비급수의 합을 구한다.

34

모든 항이 실수인 두 수열 $\{a_n\}$, $\{b_n\}$이 모든 자연수 n에 대하여

$$\left(\frac{1-i}{\sqrt{2}}\right)^n = a_n + b_n \times i$$

를 만족시킬 때, 실수 r $(0 < r < 2)$에 대하여

$\displaystyle\sum_{n=1}^{\infty} \left(a_n{}^2 + b_n{}^2 - r\right)^{n-1} = \frac{3}{2}$이다. r의 값은?

(단, $i = \sqrt{-1}$) [4점]

① $\dfrac{1}{3}$　　② $\dfrac{2}{3}$　　③ 1　　④ $\dfrac{4}{3}$　　⑤ $\dfrac{5}{3}$

35

그림과 같이 $\overline{A_1B_1} = 1$, $\overline{B_1C_1} = 2$인 직사각형 $A_1B_1C_1D_1$이 있다. 선분 A_1D_1의 중점 E_1에 대하여 두 선분 B_1D_1, C_1E_1이 만나는 점을 F_1이라 할 때, 세 점 B_1, E_1, F_1을 지나는 원의 내부를 색칠하여 얻은 그림을 R_1이라 하자. 선분 B_1F_1 위의 점 A_2, 선분 B_1C_1 위의 두 점 B_2, C_2, 선분 C_1F_1 위의 점 D_2를 꼭짓점으로 하고 $\overline{A_2B_2} : \overline{B_2C_2} = 1 : 2$인 직사각형 $A_2B_2C_2D_2$를 그린다. 직사각형 $A_2B_2C_2D_2$에 그림 R_1을 얻은 것과 같은 방법으로 원에 색칠하여 얻은 그림을 R_2라 하자. 이와 같은 과정을 계속하여 n번째 얻은 그림 R_n에 색칠되어 있는 원의 넓이를 S_n이라 할 때, $\sum_{n=1}^{\infty} S_n$의 값은? [4점]

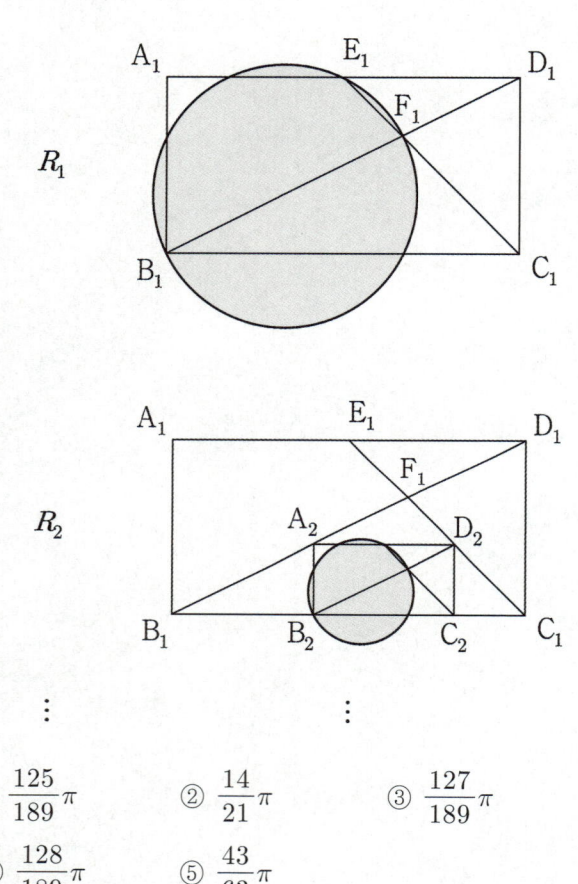

① $\dfrac{125}{189}\pi$ ② $\dfrac{14}{21}\pi$ ③ $\dfrac{127}{189}\pi$

④ $\dfrac{128}{189}\pi$ ⑤ $\dfrac{43}{63}\pi$

36

직사각형 $A_1B_1C_1D_1$에서 $\overline{A_1B_1} = 1$, $\overline{A_1D_1} = 2$이다. 그림과 같이 선분 A_1D_1과 선분 B_1C_1의 중점을 각각 M_1, N_1이라 하자. 점 D_1을 중심으로 하고 선분 C_1D_1을 반지름으로 하고 중심각의 크기가 $\dfrac{\pi}{2}$인 부채꼴 $D_1M_2C_1$을 그린다. 선분 B_1M_1, 호 C_1M_1, 선분 B_1C_1로 둘러싸인 부분을 색칠하여 얻은 그림을 R_1이라 하고 색칠한 부분의 넓이를 S_1이라 하자. 선분 M_1B_1 위의 점 A_2, 호 M_1C_1 위의 점 D_2와 변 B_1C_1 위의 두 점 B_2, C_2를 꼭짓점으로 하고 $\overline{A_2B_2} : \overline{A_2D_2} = 1 : 2$인 직사각형 $A_2B_2C_2D_2$를 그리고, 직사각형 $A_2B_2C_2D_2$에서 그림 R_1을 얻은 것과 같은 방법으로 만들어지는 그림을 R_2라 하고 색칠한 부분의 넓이를 S_2라 하자. 이와 같은 과정을 계속하여 n번째 얻은 그림 R_n의 넓이를 S_n이라 할 때, $\sum_{n=1}^{\infty} S_n$의 값은? [4점]

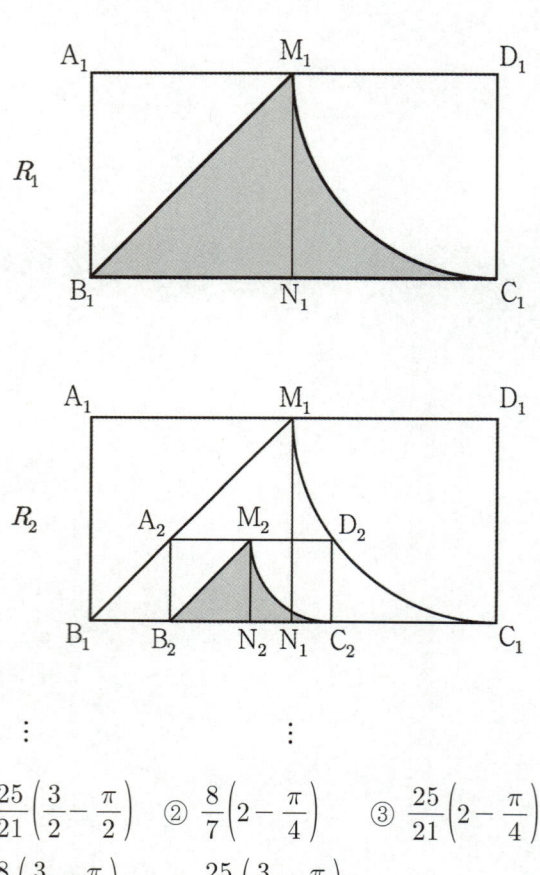

① $\dfrac{25}{21}\left(\dfrac{3}{2} - \dfrac{\pi}{2}\right)$ ② $\dfrac{8}{7}\left(2 - \dfrac{\pi}{4}\right)$ ③ $\dfrac{25}{21}\left(2 - \dfrac{\pi}{4}\right)$

④ $\dfrac{8}{7}\left(\dfrac{3}{2} - \dfrac{\pi}{4}\right)$ ⑤ $\dfrac{25}{21}\left(\dfrac{3}{2} - \dfrac{\pi}{4}\right)$

37

두 수열 $\{a_n\}$, $\{b_n\}$ 의 일반항이

$$a_n = p \times (-1)^n + q, \ b_n = \frac{(-1)^{n+1} - 2}{3}$$

이다.

두 수열 $\{a_n + b_n\}$, $\{a_n b_n\}$ 이 모두 수렴한다고 할 때, $\lim\limits_{n \to \infty} \{(a_n)^2 + (b_n)^2\} = \dfrac{\beta}{\alpha}$ 이다. $\alpha + \beta$의 값을 구하시오. (단, p, q는 실수이고 α, β는 서로소인 자연수이다.)

[4점]

38

집합 $A = \{1, 2, 3, 4, 5, 6\}$의 두 원소 a, b에 대하여

$$\lim_{n \to \infty} \frac{12 \times (2a)^n + 12 \times (6b)^n}{(2a)^{n+1} + (6b)^{n+1}}$$

의 값이 자연수가 되도록 하는 a, b의 모든 순서쌍 (a, b)의 개수를 구하시오. [4점]

39

최고차항의 계수가 1인 삼차함수 $f(x)$와 함수

$$g(x) = \lim_{n \to \infty} \frac{3|x-a|^n + 2}{|x-a|^n + 1}$$

에 대하여 $h(x) = f(g(x))$라 하자. 합성함수 $h(x)$가 모든 실수 x에서 연속일 때, $2f(2) - f(0) - f(1)$의 값은? [4점]

① 12 ② 15 ③ 18 ④ 21 ⑤ 24

40

함수

$$f(x) = \lim_{n \to \infty} \frac{\left(\dfrac{x+1}{k}\right)^{2n} - 4}{\left(\dfrac{x+1}{k}\right)^{2n} + 2} \quad (k > 0)$$

에 대하여 함수

$$g(x) = \begin{cases} (f \circ f)(x) & (x = k) \\ (x-k)^2 - 1 & (x \neq k) \end{cases}$$

가 $x = k$에서 연속이다. 상수 k에 대하여 $(g \circ f)(k)$의 값은? [4점]

① -1 ② 0 ③ 1 ④ 2 ⑤ 3

41

$x \neq -1$인 모든 실수에서 정의된 함수

$f(x) = \lim\limits_{n \to \infty} \dfrac{2x^{n+1} + x + 3}{x^n + 1}$ 이 있다.

방정식 $f(x) - mx - 1 = 0$의 해가 존재하지 않도록
하는 모든 정수 m의 개수는? [4점]

① 2　　　② 3　　　③ 4　　　④ 5　　　⑤ 6

42

수열 $\{a_n\}$은 모든 항이 양수인 등비수열이고, 수열
$\{b_n\}$을 모든 자연수 n에 대하여

$$b_n = \begin{cases} \sin \dfrac{n\pi}{3} & (a_n < 3) \\ a_n & (a_n \geq 3) \end{cases}$$

이라 할 때, 수열 $\{b_n\}$이 다음 조건을 만족시킨다.

> (가) 급수
> $$\sum_{n=1}^{\infty} (2b_{4n-3} - 7b_{4n-2} + 7b_{4n-1} - 2b_{4n})$$ 가
> 0이 아닌 값에 수렴한다.
> (나) $4b_1 b_4 + b_5 = 2$

a_7의 값을 구하시오. [4점]

43

첫째항이 $-\dfrac{15}{8}$이고 공차가 양수인 등차수열 $\{a_n\}$에 대하여 직선 $y=a_n$과 $y=\dfrac{-2x+17}{x-9}$의 교점의 x좌표를 x_n이라 하자. $\displaystyle\sum_{n=1}^{\infty}\left(\dfrac{1}{\sqrt{x_{n+1}}}-\dfrac{1}{\sqrt{x_n}}\right)$의 값은? [4점]

① $-\dfrac{4}{3}$ ② $-\dfrac{10}{9}$ ③ $-\dfrac{8}{9}$ ④ $-\dfrac{2}{3}$ ⑤ $-\dfrac{4}{9}$

44

곡선

$$y=-\dfrac{1}{3}x^3+\left(a_{n+1}-\dfrac{1}{2}a_n\right)x^2+2\left\{a_{n+1}a_n+(a_1-1)^2\right\}x$$

가 모든 실수 x에서 감소한다. $\displaystyle\sum_{n=1}^{\infty}a_n$의 값은? (단, a_n은 실수이다.) [4점]

① $\dfrac{1}{3}$ ② $\dfrac{2}{3}$ ③ 1 ④ 1 ⑤ $\dfrac{5}{3}$

45

수열 $\{a_n\}$의 첫째항부터 제n항까지의 합을 S_n이라 하면 모든 자연수 n에 대하여

$$S_n = a_n + \frac{5^{n+1}}{2 \times 5^{n-1} + 3^n} + c \ (c\text{는 상수})$$

가 성립한다. $\displaystyle\sum_{n=1}^{\infty} a_n$의 값은? [4점]

① $\dfrac{35}{2}$ ② 15 ③ $\dfrac{25}{2}$ ④ 10 ⑤ $\dfrac{15}{2}$

46

자연수 n에 대하여

$$0 < a_1 < a_2 < a_3 < \cdots < a_{2n-1} < a_{2n} < 9n+1$$

을 만족시키는 $2n$개의 3의 배수 $a_1, a_2, a_3, \cdots, a_{2n-1}, a_{2n}$의 총합의 최솟값을 m_n, 최댓값을 M_n이라 하자. $\displaystyle\lim_{n\to\infty} \frac{M_n + m_n}{M_n - m_n}$의 값을 구하시오. [4점]

47

자연수 n에 대하여 직선 $y = n$과 함수 $y = \tan 2x$의 그래프가 제1사분면에서 만나는 점의 x좌표를 작은 수부터 크기순으로 나열할 때, n번째 수를 a_n이라 하고 직선 $y = n$과 함수 $y = \tan \dfrac{1}{2}x$의 그래프가 제1사분면에서 만나는 점의 x좌표를 작은 수부터 크기순으로 나열할 때, n번째 수를 b_n이라 하자.

$\displaystyle\lim_{n \to \infty} \dfrac{b_n - a_n}{n}$ 의 값은? [4점]

① $\dfrac{\pi}{2}$ ② π ③ $\dfrac{3}{2}\pi$ ④ 2π ⑤ $\dfrac{5}{2}\pi$

48

그림과 같이 길이가 $2n$인 선분 A_1A_2를 지름으로 하고 중심이 O인 원 C가 있다. 원 C 위의 두 점 B, C를 $\overline{BC} = 2$가 되도록 잡고 $\angle CBO$를 이등분하는 직선이 원 C와 만나는 점을 D라 하고 $\overline{DE} = \dfrac{\overline{BD}}{2}$가 되도록 점 E를 원 C 위에 잡는다. $\displaystyle\lim_{n \to \infty} \sin(\angle DOE) = \dfrac{q}{p}\sqrt{7}$ 일 때, $p + q$의 값을 구하시오. (단, p와 q는 서로소인 자연수이다.) [4점]

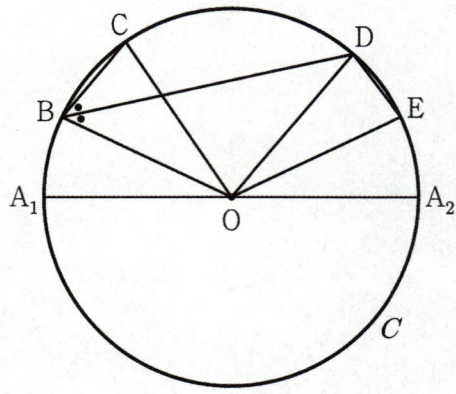

49

다음 그림과 같이 자연수 n에 대하여 점 $P_n(0, n)$을 지나고 x축에 평행한 직선이 곡선 $y = \sqrt{x}$와 만나는 점을 Q_n이라 하고, 점 Q_n에서 x축에 내린 수선의 발을 R_n이라 하자. 사각형 $P_nQ_nQ_{n+1}P_{n+1}$의 넓이를 $S(n)$, 사각형 $Q_nR_nR_{n+1}Q_{n+1}$의 넓이를 $T(n)$이라 할 때, $\lim\limits_{n \to \infty} \dfrac{\sqrt{S_n} - n}{\sqrt{T_n} - \sqrt{2}\,n}$의 값은? [4점]

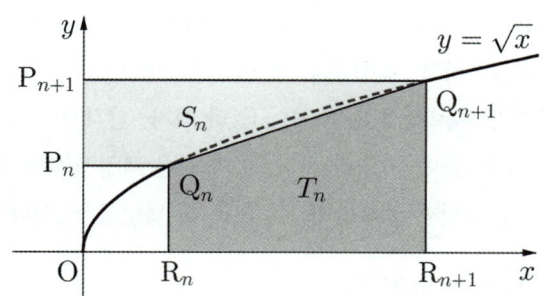

① $\dfrac{\sqrt{2}}{2}$ ② $\dfrac{1}{2}$ ③ $\dfrac{\sqrt{2}}{4}$

④ $\dfrac{1}{4}$ ⑤ $\dfrac{\sqrt{2}}{8}$

50

첫째항이 양수이고 공비가 $r\,(r > 0)$인 등비수열 $\{a_n\}$과 $b_1 = 3$인 수열 $\{b_n\}$이 있다. 수열 $\{b_n\}$의 합을 S_n이라 할 때,

$$\sum_{k=1}^{n} \frac{3S_k}{k+2} = S_n, \quad \lim_{n \to \infty} \frac{r \times 5^n + \sum\limits_{k=1}^{n} a_k}{5^{n+1} + a_n} = \sum_{n=1}^{\infty} \frac{1}{b_n}$$

조건을 만족시키는 수열 $\{a_n\}$의 공비 $r = \dfrac{q}{p}$라 할 때, $p + q$를 구하시오. (단, p, q는 서로소인 자연수이다.)

[4점]

51

그림과 같이 자연수 n에 대하여 한 변의 길이가 $3n$인 정사각형 ABCD가 있고, 네 점 E, F, G, H가 각각 네 변 AB, BC, CD, DA 위에 있다.

선분 EG의 길이는 $\sqrt{9n^2+4}$이고 선분 EG와 선분 HF가 서로 수직일 때, 사각형 EFGH의 넓이를 S_n이라 하자. $\displaystyle\lim_{n\to\infty}\frac{36n^2}{S_n}$의 값을 구하시오. [4점]

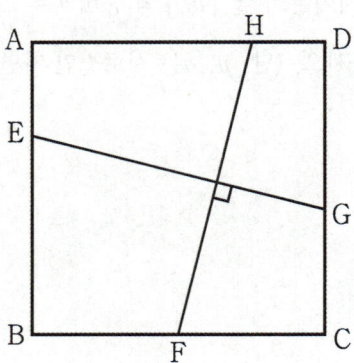

52

그림과 같이 $\overline{A_1B_1}=4$, $\overline{A_1C}=6$인 삼각형 A_1B_1C에 대하여 선분 A_1C의 중점을 A_2라 하고, 점 A_2을 지나고 선분 A_1B_1에 평행한 직선이 선분 B_1C와 만나는 점을 B_2라 하자. $\angle B_1A_1C$의 이등분선이 두 직선 A_2B_2, B_1C과 만나는 점을 각각 D_1, E_1이라 하자.

$\cos(\angle A_1B_1C)=\dfrac{11}{16}$일 때, 삼각형 $B_2D_1E_1$의 넓이를 S_1이라 하자. 선분 A_2C의 중점을 A_3이라 하고, 점 A_3을 지나고 선분 A_2B_2에 평행한 직선이 선분 B_2C와 만나는 점을 B_3이라 하자. $\angle B_2A_2C$의 이등분선이 두 직선 A_3B_3, B_2C과 만나는 점을 각각 D_2, E_2라 하자. 삼각형 $B_3D_2E_2$의 넓이를 S_2라 하자. 이와 같은 과정을 계속하여 만들어진 n번째 삼각형 $B_{n+1}D_nE_n$의 넓이를 S_n이라 할 때, $\displaystyle\sum_{n=1}^{\infty}S_n$의 값은? [4점]

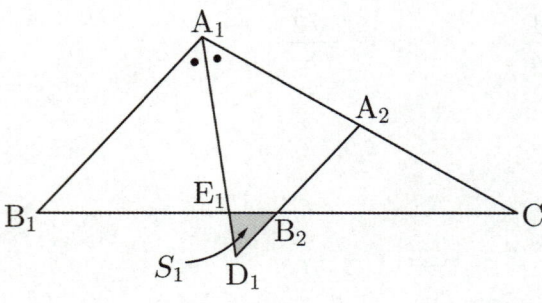

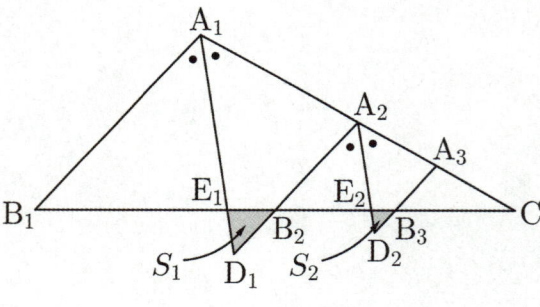

① $\dfrac{3\sqrt{15}}{40}$ ② $\dfrac{\sqrt{15}}{20}$ ③ $\dfrac{\sqrt{15}}{10}$

④ $\dfrac{\sqrt{15}}{8}$ ⑤ $\dfrac{3\sqrt{15}}{20}$

미분법

지수함수와 로그함수의 극한

출제유형 | 무리수 e의 정의를 이용하여 함수의 극한값을 구하는 문제가 출제된다.

출제유형잡기 | 무리수 e의 정의를 이용하여 극한값을 구한다.

(1) $\lim\limits_{x \to 0}(1+x)^{\frac{1}{x}}=e$, $\lim\limits_{x \to \infty}\left(1+\dfrac{1}{x}\right)^{x}=e$

(2) $\lim\limits_{x \to 0}\dfrac{\ln(1+x)}{x}=1$, $\lim\limits_{x \to 0}\dfrac{\log_a(1+x)}{x}=\dfrac{1}{\ln a}$

   (단, $a>0$, $a \neq 1$)

(3) $\lim\limits_{x \to 0}\dfrac{e^x-1}{x}=1$, $\lim\limits_{x \to 0}\dfrac{a^x-1}{x}=\ln a$

   (단, $a>0$, $a \neq 1$)

53

1보다 큰 실수 a에 대하여 함수 $f(x)=a^{-x}-a^{x}$의 역함수를 $g(x)$라 하자. 등식

$$\lim_{x \to b}\frac{f(x)+g(x)}{(x-b)\ln a}=-\frac{65}{32}$$

를 만족시키는 실수 b가 존재할 때, $-8f(\ln 2)$의 값을 구하시오. [4점]

54

1이 아닌 세 양수 a, b, c에 대하여 양의 실수 전체에서 정의된 두 함수

$$f(x) = a^x - \log_b x, \quad g(x) = c^x + \log_b x$$

가 다음 조건을 만족시킨다.

(가) $\displaystyle\lim_{x \to 1} \frac{2f(x) - g(x)}{x - 1} + \frac{3}{\ln b} = -4\ln 2$

(나) $g(2) - f(4) = -3$

$a \times b \times c$의 값을 구하시오. [4점]

55

그림과 같이 양수 t에 대하여 직선 $y = t$와 두 곡선 $y = e^x - 1$, $y = \ln(1 + x)$가 만나는 점을 각각 A, B라 하고 삼각형 OAB의 넓이를 $S(t)$라 하자. 최고차항의 계수가 1인 사차함수 $f(x)$에 대하여 $\displaystyle\lim_{t \to 0+} \frac{S(t)}{f(t)} = \frac{1}{4}$일 때, $f(2)$의 값을 구하시오. (단, O는 원점이다.) [4점]

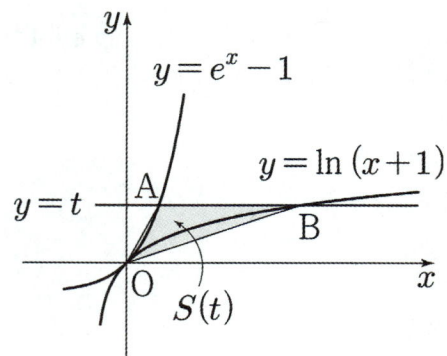

56

양의 실수 전체의 집합에서 정의된 함수

$$f(x) = \lim_{n \to \infty} \left\{ n(x^{1 + \frac{1}{n}} - x) - \frac{ax - 2a + 2}{x^n + 2} \right\}$$

가 $x = 1$에서 연속일 때, $f\left(\dfrac{1}{e}\right) \times f(e)$의 값은? (단, n은 자연수이다.) [4점]

① e ② $e - 1$ ③ $e + 1$

④ $e - 2$ ⑤ $e + 2$

57

그림과 같이 좌표평면에서 곡선 $y = e^x$위의 서로 다른 두 점 $A(0, 1)$, $P(t, e^t)$ $(t \neq 0)$과 직선 $y = x$위의 점 Q에 대하여 $\overline{AQ} = \overline{PQ}$인 점 Q의 x좌표를 $f(t)$라 하자. $\lim\limits_{t \to 0} f(t)$의 값은? [4점]

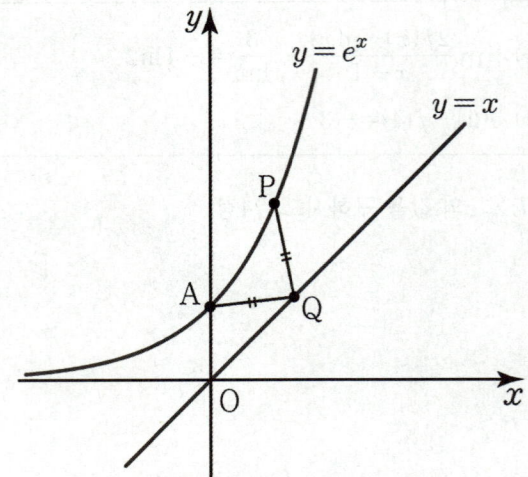

① $\dfrac{1}{4}$ ② $\dfrac{1}{2}$ ③ $\dfrac{3}{4}$

④ 1 ⑤ $\dfrac{5}{4}$

58

다음 그림과 같이 길이가 1인 선분을 n^2개의 선분으로 나누고 그 중 하나를 버린 도형을 L_n이라 하자.

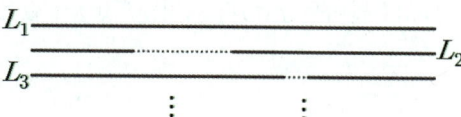

도형 L_n의 길이를 l_n이라 할 때,

$\displaystyle\lim_{n\to\infty} \ln\left\{ (2 \times l_1 \times l_2 \times l_3 \times l_4 \times \cdots \times l_n)^{100n} \right\}$의 값을

구하시오. (단, $l_1 = 1$) [4점]

출제유형 | 지수함수와 로그함수의 도함수를 이용하여 주어진 함수의 미분계수를 구하는 문제가 출제된다.

출제유형잡기 | 지수함수와 로그함수의 도함수를 이용하여 주어진 함수의 미분계수를 구한다.

(1) $y = e^x$이면 $y' = e^x$

(2) $y = a^x$이면 $y' = a^x \ln a$ (단, $a > 0$, $a \neq 1$)

(3) $y = \ln x$이면 $y' = \dfrac{1}{x}$

(4) $y = \log_a x$이면 $y' = \dfrac{1}{x \ln a}$ (단, $a > 0$, $a \neq 1$)

59

그림과 같이 좌표평면에서 x축 위의 점 A를 중심으로 하는 원이 두 곡선 $y = \ln x$, $y = -\ln x$ 와 두 점 B, C에서 각각 접한다. 점 B의 x좌표가 t $(t > 1)$일 때, 삼각형 ABC의 넓이를 $f(t)$라 하자. $f'(e)$의 값은?

[4점]

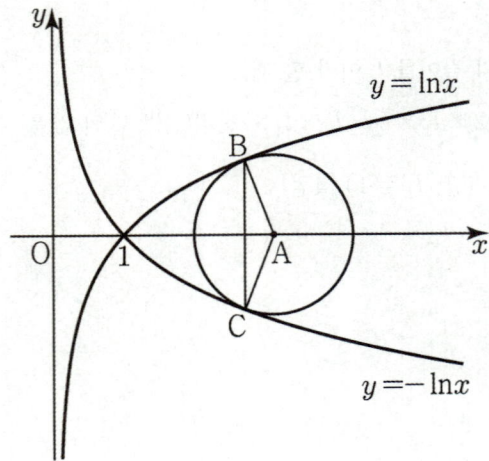

① $\dfrac{1}{e}$ ② $e - 1$ ③ $\dfrac{1}{e^2}$

④ $\dfrac{1}{e^2} + 1$ ⑤ $\dfrac{2}{e^2}$

60

함수 $f(x) = \ln x$에 대하여 닫힌구간 $[2, 4]$에 속하는 서로 다른 두 수 x_1, x_2에 대한 평균변화율의 값 $\dfrac{f(x_2) - f(x_1)}{x_2 - x_1}$의 집합을 S라 할 때, 다음 중 옳은 것은? (단, $x_1 < x_2$) [4점]

① $S \subset \{x \mid 2 \le x \le 4\}$

② $S = \left\{x \mid \dfrac{1}{2} \le x \le \sqrt{2}\right\}$

③ $S \subset \left\{x \mid \dfrac{\sqrt{2}}{2} < x < \sqrt{2}\right\}$

④ $S = \left\{x \mid \dfrac{1}{4} < x < \dfrac{1}{2}\right\}$

⑤ $S \subset \left\{x \mid \dfrac{1}{6} \le x \le \dfrac{1}{3}\right\}$

61

함수 $f(x) = xe^x$에 대하여 함수

$$g(x) = \begin{cases} \dfrac{f'(x) - f(x) - 1}{x} & (x < 0) \\ a & (x = 0) \\ \dfrac{\ln(b + x)\tan(cx)}{\{f(x)\}^2} & (x > 0) \end{cases}$$

이 실수 전체의 집합에서 연속일 때, 세 상수 a, b, c의 합 $a + b + c$의 값은? [4점]

① 1   ② 2   ③ 3   ④ 4   ⑤ 5

62

실수 전체의 집합에서 미분가능한 두 함수 $f(x)$와 $g(x)$가

$$\lim_{x \to 1} \frac{f(g(x)) - x}{e^{x-1} - 1} = 2$$

를 만족시킨다. 함수 $h(x) = f(g(x))(1 + \ln x)$라

할 때, $h'(1)$의 값은? [4점]

① 1   ② 2   ③ 3   ④ 4   ⑤ 5

63

함수 $f(x)$가 모든 실수 x에 대하여

$$f(x) + 2f(-x) = 2e^x + e^{-x} + x$$

을 만족시킨다. $g(x) = f(x)f'(-x)$일 때,

$g'(0)$의 값을 구하시오. [4점]

64

다항함수 $f(x)$가 다음 조건을 만족시킨다.

(가) $\lim\limits_{x \to \infty} \dfrac{f(x) + x^3}{2x^3 \ln\left(1 - \dfrac{1}{x}\right)} = 2$

(나) $\lim\limits_{x \to 1} \dfrac{e^{x-1} - 1}{f(x)} = \dfrac{1}{2}$

$\{f(2)\}^2$의 값을 구하시오. [4점]

출제유형 | 삼각함수의 정의와 삼각함수 사이의 관계를 이용하여 식의 값을 구하는 문제가 출제된다.

출제유형잡기 | 다음과 같은 삼각함수 사이의 관계를 이용하여 문제를 해결한다.

(1) $\csc\theta = \dfrac{1}{\sin\theta}$, $\sec\theta = \dfrac{1}{\cos\theta}$, $\cot\theta = \dfrac{1}{\tan\theta}$

(2) $\sin^2\theta + \cos^2\theta = 1$

   $1 + \tan^2\theta = \sec^2\theta$

   $1 + \cot^2\theta = \csc^2\theta$

65

다음 그림과 같이 중심이 원점 O이고 반지름의 길이가 1인 원과 직선 $l : y = -x + k$ $(1 < k < \sqrt{2})$의 두 교점을 각각 $A(\cos\theta, \sin\theta)$, B라 할 때,

$\cos\left(\dfrac{\pi}{4} - \theta\right) = \dfrac{5\sqrt{2}}{8}$이다. $k - \dfrac{1}{4} + \tan^2\left(\dfrac{\pi}{4} + \theta\right)$의

값은? (단, 점 A의 x좌표가 점 B의 x좌표보다 크다.)

[4점]

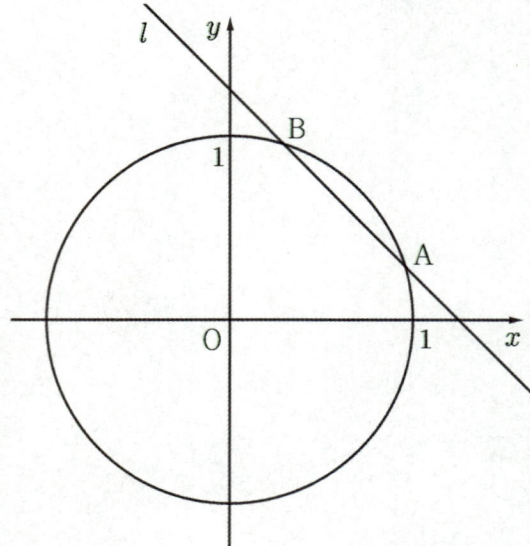

① $\dfrac{29}{7}$ ② $\dfrac{30}{7}$ ③ $\dfrac{31}{7}$ ④ $\dfrac{32}{7}$ ⑤ $\dfrac{33}{7}$

출제유형 | 삼각함수의 덧셈정리를 이용하여 해결하는 문제가 출제된다.

출제유형잡기 | 다음과 같은 삼각함수의 덧셈정리를 이용하여 문제를 해결한다.

(1) $\sin(\alpha+\beta)=\sin\alpha\cos\beta+\cos\alpha\sin\beta$
  $\sin(\alpha-\beta)=\sin\alpha\cos\beta-\cos\alpha\sin\beta$

(2) $\cos(\alpha+\beta)=\cos\alpha\cos\beta-\sin\alpha\sin\beta$
  $\cos(\alpha-\beta)=\cos\alpha\cos\beta+\sin\alpha\sin\beta$

(3) $\tan(\alpha+\beta)=\dfrac{\tan\alpha+\tan\beta}{1-\tan\alpha\tan\beta}$
  (단, $\tan\alpha\tan\beta\neq 1$)

  $\tan(\alpha-\beta)=\dfrac{\tan\alpha-\tan\beta}{1+\tan\alpha\tan\beta}$
  (단, $\tan\alpha\tan\beta\neq -1$)

66

그림과 같이 $x^2+(y-3)^2=9$인 원 C가 있다. 원 C 위의 두 점 A, B가 각각 제2사분면과 제1사분면에 있다. 점 $C(-4, 0)$에 대하여 $\overline{AC}=4$, $\overline{AB}=\dfrac{12\sqrt{5}}{5}$이다. 원 C 위의 점 B에서 접하고 기울기가 음수인 직선의 x절편은? [4점]

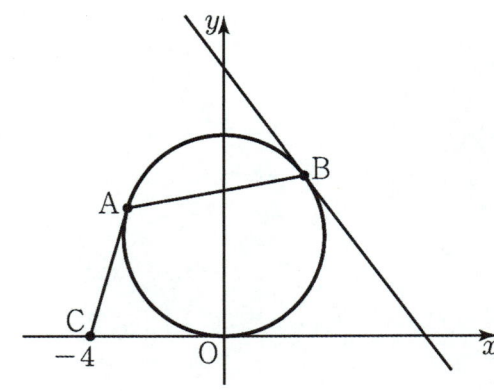

① $\dfrac{24}{5}$　　② $\dfrac{26}{5}$　　③ $\dfrac{28}{5}$

④ 6　　⑤ $\dfrac{32}{5}$

67

$\sin x \sin y = \dfrac{2\sqrt{2}}{5}$, $\cos x \cos y = \dfrac{3\sqrt{2}}{10}$ 일 때,

$\cos 2x$의 값은? $(0 < x < y < \dfrac{\pi}{2})$ [4점]

① $-\dfrac{7}{25}$ ② 0 ③ $\dfrac{7}{50}$ ④ $\dfrac{7}{25}$ ⑤ $\dfrac{14}{25}$

68

그림과 같이 $\overline{AB} > 8$이고 제1사분면에 있는 두 점 A, B를 각각 중심으로 하고 반지름의 길이가 각각 1, 7인 두 원 C_1, C_2가 두 직선 $y = \dfrac{2}{7}x$, $y = mx$ $\left(m > \dfrac{2}{7}\right)$에 동시에 접한다. $\overline{AB} = \overline{BP}$인 원 C_1위의 점 P에 대하여 $\cos(\angle APB) = \dfrac{1}{20}$일 때, 상수 m의 값을 구하시오.

[4점]

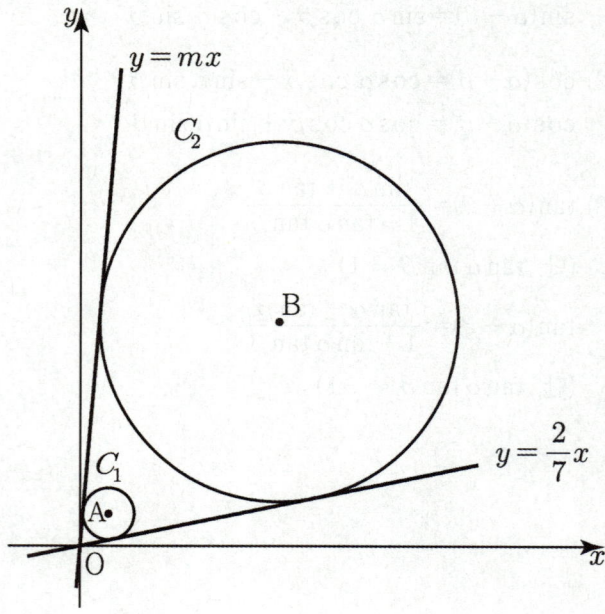

69

다음 그림과 같이 선분 AB를 지름으로 하는 반원이 있다. 선분 AB를 3 : 2로 외분하는 점을 P, 선분 AB를 1 : 2로 외분하는 점을 Q라 하자. 점 P를 지나고 반원에 접하는 직선과 점 Q를 지나고 반원에 접하는 직선이 이루는 예각의 크기를 θ라 할 때,

$\cos\theta = \dfrac{a\sqrt{3}+b}{c}$ 이다. $a+b+c$의 값을 구하시오. (단, a, c는 서로소인 자연수이다.) [4점]

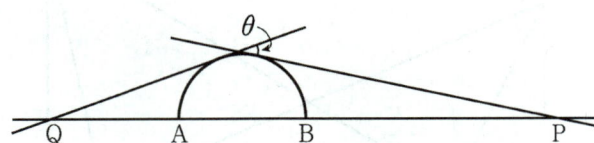

70

$\tan\alpha = \dfrac{3}{4}$ $\left(0 < \alpha < \dfrac{\pi}{2}\right)$ 이고 $0 \le x < \dfrac{\pi}{2}$ 일 때, 부등식

$$\frac{7}{5}\cos x \le \sin(x+\alpha) \le 3\cos x$$

를 만족시키는 x에 대하여 $\tan x$의 최댓값과 최솟값의 합을 구하시오. [4점]

71

$0 \le \theta \le 2\pi$일 때, x에 대한 이차방정식

$$4x^2 - 4(2\sin\theta - 1)x - 4\cos^2\theta + 3\cos\theta + 1 = 0$$

이 실근을 갖도록 하는 θ의 범위는 $0 \le \theta \le \theta_1$ 또는 $\theta_2 \le \theta \le 2\pi$일 때, $\sin(\theta_1 + \theta_2)$의 값은? [4점]

① $\dfrac{21}{23}$ ② $\dfrac{23}{24}$ ③ $\dfrac{21}{25}$ ④ $\dfrac{23}{25}$ ⑤ $\dfrac{24}{25}$

72

그림과 같이 $\overline{AB} = 4$, $\overline{BC} = 8$인 직사각형 ABCD가 있다. 선분 AB위에 $\overline{BP} = 3$인 점 P와 선분 BC위에 $\overline{CQ} = 1$인 점 Q가 있다. 선분 BQ위에 점 R에 대하여 $\angle RPQ = \angle RDQ$가 성립할 때, 선분 RQ의 길이는?

[4점]

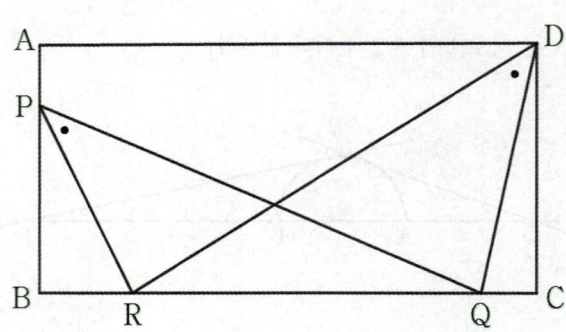

① $\dfrac{179}{31}$ ② $\dfrac{180}{31}$ ③ $\dfrac{181}{31}$

④ $\dfrac{182}{31}$ ⑤ $\dfrac{183}{31}$

73

그림과 같이 $\overline{\text{AB}}=4$, $\overline{\text{BC}}=5$, $\overline{\text{CD}}=4$, $\overline{\text{DA}}=3$인
사각형 ABCD가 있다. $\angle\text{ABC}+\angle\text{ADC}=\dfrac{4}{3}\pi$일 때,
사각형 ABCD의 넓이를 S라 하자. S^2의 값을 구하시오.
[4점]

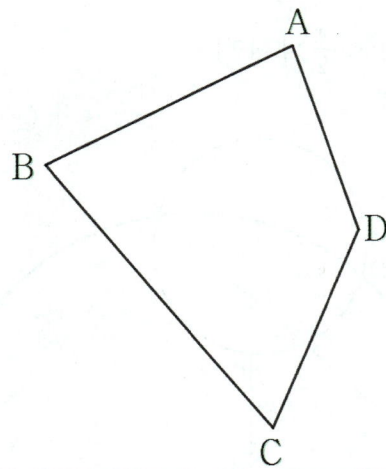

삼각함수의 극한의 활용

출제유형 | 삼각함수의 극한을 이용하여 도형에 대한 문제를 해결할 수 있는지를 묻는 문제가 출제된다.

출제유형잡기 | 주어진 도형에서 선분의 길이나 도형의 넓이를 삼각함수를 이용하여 나타내고, $\lim\limits_{x \to 0} \dfrac{\sin x}{x} = 1$, $\lim\limits_{x \to 0} \dfrac{\tan x}{x} = 1$임을 이용하여 문제를 해결한다.

74

그림과 같이 길이가 2인 선분 AB를 지름으로 하는 반원 위에 점 C가 있다. 호 AC의 중점 D를 잡는다. $\angle \mathrm{CAB} = \theta$일 때, 선분 CD를 지름으로 하는 원 위의 한 점 P에서 선분 AB까지 거리의 최솟값은 $f(\theta)$이다. $\lim\limits_{\theta \to \frac{\pi}{2}^-} \dfrac{f(\theta)}{\dfrac{\pi}{2} - \theta}$의 값을 구하시오.

$\left(\text{단}, \ 0 < \theta < \dfrac{\pi}{2} \right)$ [4점]

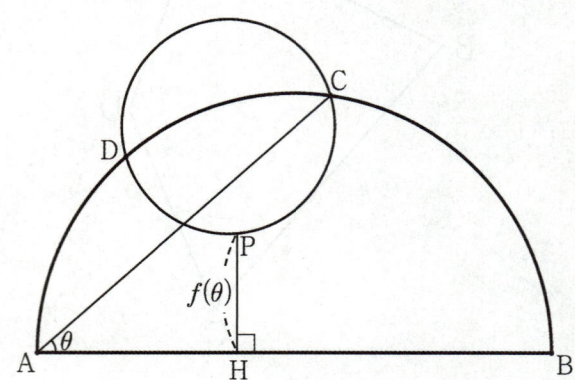

삼각함수의 미분

출제유형 | 삼각함수의 도함수를 구하는 문제가 출제된다.

출제유형잡기 | 다음과 같은 사인함수와 코사인함수의 도함수를 이용하여 문제를 해결한다.

(1) $y = \sin x$이면 $y' = \cos x$

(2) $y = \cos x$이면 $y' = -\sin x$

75

그림과 같이 길이가 2인 선분 AB를 지름으로 하는 반원의 호 AB위의 두 점 P, Q가 반원의 중심 O에 대하여

$$\angle POA = \angle QBO = \theta$$

일 때, 사각형 OPQB의 넓이를 $f(\theta)$라 하자.

$\overline{PQ}^2 + \overline{BQ}^2 = \dfrac{56}{25}$이 되도록 하는 θ의 값을 a라 할 때,

$f'(a)$의 값은? (단, $0 < \theta < \dfrac{\pi}{2}$) [4점]

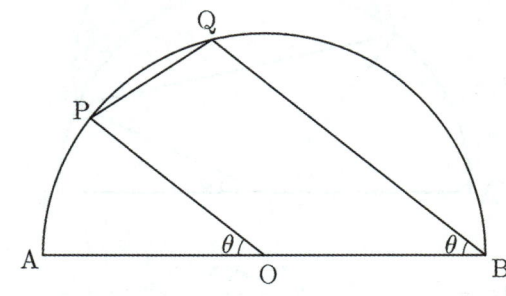

① $\dfrac{1}{100}$ ② $\dfrac{1}{75}$ ③ $\dfrac{1}{50}$ ④ $\dfrac{1}{25}$ ⑤ $\dfrac{1}{5}$

76

그림과 같이 길이가 2인 선분 AB를 지름으로 하고 점 O가 중심인 반원이 있다. $0 < \theta < \dfrac{\pi}{3}$인 θ에 대하여 호 AB 위의 두 점 P, Q가 $\angle POA = 2\theta$, $\angle QOB = \theta$를 만족시킨다. 선분 PQ를 지름으로 하는 반원의 내부와 선분 AB를 지름으로 하는 반원의 외부의 공통 부분의 넓이를 $S(\theta)$라 할 때, $S'\left(\dfrac{\pi}{6}\right)$의 값은? [4점]

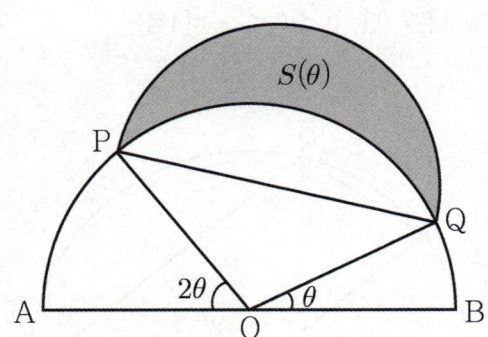

① $-4\pi + \dfrac{3}{2}$ ② $-2\pi + \dfrac{3}{2}$ ③ $-\pi + \dfrac{3}{2}$

④ $-\dfrac{3}{4}\pi + \dfrac{3}{2}$ ⑤ $-\dfrac{1}{2}\pi + \dfrac{3}{2}$

77

$0 < t < \pi$인 실수 t에 대하여 곡선 $y = \sin x$ 위의 점 $\mathrm{P}(t, \sin t)$를 중심으로 하고 직선 $y = x$에 접하는 원의 넓이를 $S(t)$라 하자. $S'\left(\dfrac{2}{3}\pi\right)$의 값은? [4점]

① $\dfrac{(2\pi - \sqrt{3})\pi}{4}$

② $\dfrac{(\pi - \sqrt{3})\pi}{2}$

③ $\dfrac{(4\pi - 3\sqrt{3})\pi}{4}$

④ $\dfrac{(2\pi - 3\sqrt{3})\pi}{3}$

⑤ $\dfrac{(4\pi - 3\sqrt{3})\pi}{8}$

78

$0 \leq x \leq 2$에서 함수 $f(x) = x\cos 2\pi x$에 대하여 방정식 $f'(x) - \cos 2\pi x + \dfrac{16\pi}{k}x^2 = 0$의 실근의 개수를 $g(k)$라 하자. $\displaystyle\sum_{k=1}^{20} g(k)$의 값을 구하시오. (단, k는 자연수이다.) [4점]

79

그림과 같이 반지름의 길이가 r인 부채꼴에서 호의 길이가 l, $2l$, $3l$인 세 호에 대한 현의 길이를 각각 a, b, c라 할 때, $\displaystyle\lim_{l \to 0+} \dfrac{a+b+c}{l}$의 값을 구하시오. [4점]

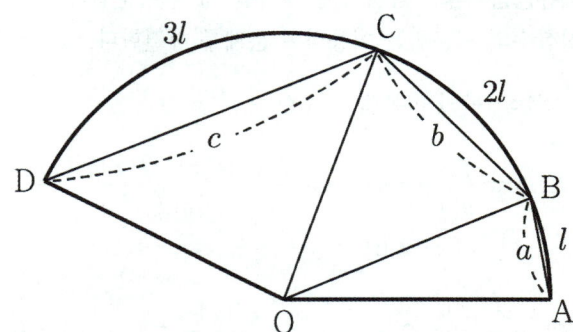

출제유형 | 함수의 몫의 미분법과 합성함수의 미분법을 이용하여 미분계수를 구하는 문제가 출제된다.

출제유형잡기 | 다음과 같은 함수의 몫의 미분법과 합성함수의 미분법을 이용하여 문제를 해결한다.

(1) 함수의 몫의 미분법

① $y = \dfrac{f(x)}{g(x)}$ 이면 $y' = \dfrac{f'(x)g(x) - f(x)g'(x)}{\{g(x)\}^2}$

(단, $g(x) \neq 0$)

② $y = \dfrac{1}{g(x)}$ 이면 $y' = -\dfrac{g'(x)}{\{g(x)\}^2}$ (단, $g(x) \neq 0$)

(2) 합성함수의 미분법

미분가능한 두 함수 $y = f(u)$, $u = g(x)$에 대하여 합성함수 $y = f(g(x))$의 도함수는 $y' = f'(g(x))g'(x)$이다.

80

두 상수 a, b에 대하여 함수 $y = f(x)$를 매개변수 $t(t > 0)$으로 나타내면

$$x = at^2, \ y = t + b\ln t - \frac{2}{t}$$

이다. 함수 $f(x)$가 $x = a^3$에서 극소이고 극값을 갖는 서로 다른 두 t 값의 차가 1일 때, $a^2 + b^2$의 값을 구하시오. (단, $a \neq 0$) [4점]

81

두 상수 $a\,(a<0)$, b에 대하여 실수 전체의 집합에서 연속인 함수 $f(x)$가 다음 조건을 만족시킬 때, $a+b$의 값은? [4점]

(가) 모든 실수 x에 대하여
$$\{f(x)\}^2 - 4f(x) = a \times 2^{\cos^3 \pi x} + b$$
이다.
(나) $f(1) = f(3) - 2$

① $-\dfrac{11}{3}$ ② $-\dfrac{10}{3}$ ③ $-\dfrac{7}{3}$ ④ -2 ⑤ $-\dfrac{5}{3}$

82

양수 a에 대하여 함수

$$f(x) = \begin{cases} -\dfrac{a}{x-3} & (x<2) \\ a + \ln(x-1) & (x \ge 2) \end{cases}$$

가 있다. 실수 t에 대하여 방정식 $f(x) = 3f(t)$를 만족시키는 실수 x의 값을 $g(t)$라 하자. 함수 $g(t)$는 실수 전체의 집합에서 미분가능할 때, $g'(a)$의 값은?

[4점]

① $\dfrac{1}{4}$ ② $\dfrac{1}{2}$ ③ $\dfrac{\sqrt{e}}{4}$ ④ $\sqrt{e}$ ⑤ $\dfrac{3\sqrt{e}}{4}$

83

좌표평면에서 곡선 $\sin x \cos y = \dfrac{1}{3}$ 위의 점 (a, b)에서의 접선의 기울기가 1일 때, $\cos a \sin b$의 값은?

$\left(\text{단},\ 0 \leq a < \dfrac{\pi}{2},\ 0 \leq b < \dfrac{\pi}{2}\right)$ [4점]

① $\dfrac{1}{6}$ ② $\dfrac{1}{3}$ ③ $\dfrac{1}{2}$ ④ $\dfrac{2}{3}$ ⑤ $\dfrac{5}{6}$

84

그림과 같이 x축의 양의 방향과 이루는 각의 크기가 θ $\left(0 < \theta < \dfrac{\pi}{2}\right)$인 직선에 접하고 점 $\mathrm{A}(1, 0)$에서 x축에 접하는 원 C가 있다. 원점 O와 원 C의 중심 P를 지나는 직선이 원 C와 만나는 점 중 원점에 가까운 점을 Q라 할 때, 점 Q가 그리는 곡선을 D라 하자. 곡선 D 위의 $\theta = \dfrac{\pi}{3}$에 대응하는 점 Q에서의 접선의 기울기는? [4점]

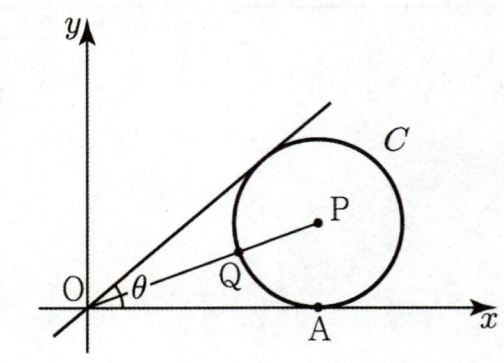

① $-\dfrac{\sqrt{3}}{12}$　　　② $-\dfrac{\sqrt{3}}{9}$　　　③ $-\dfrac{\sqrt{3}}{8}$

④ $-\dfrac{\sqrt{3}}{6}$　　　⑤ $-\dfrac{\sqrt{3}}{3}$

85

다음 그림과 같이 원점 O를 지나고 원
$C : (x-1)^2 + (y-4)^2 = 1$와 두 점에서 만나는 직선
l이 있다. 직선 l이 원 C와 만나는 두 점 중 원점에서
가까운 점을 P, 원점에서 먼 점을 Q라 하고 원 C와
y축이 만나는 점을 A라 하자. $\angle OQA = \theta$라 할 때,
선분 OP의 길이를 $f(\theta)$라 하자.

$\displaystyle\lim_{t\to 0+} \dfrac{f\left(\dfrac{\pi}{4}+t\right)-f\left(\dfrac{\pi}{4}\right)}{t}$ 의 값은? [4점]

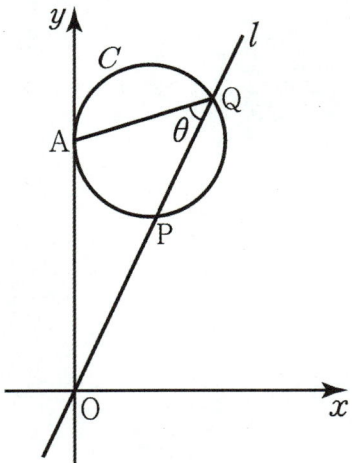

① $\dfrac{1}{\sqrt{5}}$ ② $\dfrac{2}{\sqrt{5}}$ ③ $\dfrac{1}{\sqrt{10}}$

④ $\dfrac{2}{\sqrt{10}}$ ⑤ $\dfrac{3}{\sqrt{10}}$

출제유형 | 역함수의 미분법을 이용하여 미분계수를 구하는 문제가 출제된다.

출제유형잡기 | 미분가능한 함수 $y = f(x)$의 역함수 $y = f^{-1}(x)$가 존재하고 미분가능할 때,

함수 $y = f^{-1}(x)$의 도함수는

$$\frac{dy}{dx} = \frac{1}{\frac{dx}{dy}} \quad \text{또는} \quad (f^{-1})'(x) = \frac{1}{f'(f^{-1}(x))} = \frac{1}{f'(y)}$$

$$\left(\text{단, } \frac{dx}{dy} \neq 0, \ f'(y) \neq 0\right)$$

임을 이용하여 문제를 해결한다.

86

실수 전체의 집합에서 미분가능하고 역함수가 존재하는 함수 $f(x)$에 대하여 함수 $g(x)$를

$$g(x) = \begin{cases} f^{-1}(2x) & (x < 1) \\ ax\,e^x & (x \geq 1) \end{cases}$$

라 할 때, 함수 $g(x)$가 $x = 1$에서 미분가능하고 $\lim\limits_{h \to 0} \dfrac{f(1+h)-2}{h}$의 값이 존재한다. $f'(1) + g'(1)$의 값을 구하시오. (단, a는 상수이다.) [4점]

87

함수 $f(x) = x^2 + 2x + 3$가 있다. 양의 실수 t에 대하여 두 점 $(0, 0)$, $(t, f(t))$를 지나는 직선이 곡선 $y = f(x)$ 위의 점 P에서의 접선과 평행할 때, 점 P의 x좌표를 $g(t)$라 하자. 미분가능한 함수 $g(t)$의 역함수를 $h(t)$라 할 때, $h'(2)$의 값은? (단, $g(t) < t$) [4점]

① 2 　 ② $\dfrac{9}{4}$ 　 ③ $\dfrac{5}{2}$ 　 ④ $\dfrac{11}{4}$ 　 ⑤ 3

88

미분가능한 함수 $f(x)$가 다음 조건을 모두 만족시킨다.

(가) $f(2) > 0$

(나) $\displaystyle\lim_{x \to 1} \dfrac{\{f(x+1)\}^2 + 4f(2) - 5}{x^3 - 1} = \dfrac{4}{3}$

(다) $g(x)$는 $f(2x)$의 역함수이다.

$\displaystyle\lim_{x \to 1} \dfrac{f(2x)g(x) - 1}{x - 1}$ 의 값은? [4점]

① $\dfrac{13}{4}$ 　 　 ② $\dfrac{7}{2}$ 　 　 ③ $\dfrac{15}{4}$

④ 4 　 　 ⑤ $\dfrac{17}{4}$

89

함수

$$f(x)=\begin{cases}\dfrac{2^{x}-1}{\ln 2} & (x<0)\\[2mm]\ln(x+1) & (x\ge 0)\end{cases}$$

의 역함수를 $g(x)$라 할 때, $g'\!\left(-\dfrac{1}{2\ln 2}\right)+g'(1)$의 값은?

[4점]

① $2+e$　　　② $2+\dfrac{1}{e}$　　　③ $1+\dfrac{1}{e}$

④ $\dfrac{1}{2}+e$　　　⑤ $2+\dfrac{2}{e}$

90

$0<x<\dfrac{\pi}{2}$에서 정의된 함수 $f(x)=3\tan^{2}x$의 역함수를 $g(x)$라 할 때, $\displaystyle\lim_{h\to 0+}\dfrac{g(1+h)-g(1-h)}{h}$의 값은? [4점]

① $\dfrac{\sqrt{3}}{16}$　　　② $\dfrac{\sqrt{3}}{8}$　　　③ $\dfrac{\sqrt{3}}{4}$

④ $\dfrac{\sqrt{3}}{2}$　　　⑤ $\sqrt{3}$

91

함수 $f(x) = \log_a(a^x + k)$의 역함수를 $g(x)$라 할 때,

$\dfrac{1}{f'(a)} + \dfrac{1}{g'(a)}$의 값을 구하시오. (단, $a \neq 1$, $a > 0$, $k > 0$) [4점]

출제유형 | 여러 가지 함수의 도함수와 미분법을 이용하여 이계도함수를 구하고 미분계수를 구하는 문제가 출제된다.

출제유형잡기 | 이계도함수를 이용하여 조건을 만족시키는 상수의 값을 구하고 문제를 해결한다.

92

양수 a $(a > 1)$에 대하여 열린구간 $(0, 2\pi)$에서 정의된 함수 $f(x) = \ln(a\cos x + a^2)$의 그래프가 열린구간 $(\pi - t, \pi + t)$에서 아래로 볼록이 되도록 하는 양수 t의 최댓값을 $g(a)$라 하자. $\{g'(2)\}^2 = \dfrac{q}{p}$일 때, $p + q$의 값을 구하시오. (단, p와 q는 서로소인 자연수이다.)

[4점]

93

2이상의 자연수 n에 대하여 좌표평면에서 곡선

$y = \cos^n x \left(0 < x < \dfrac{\pi}{2} \right)$의 변곡점의 x좌표를 a_n,

y좌표를 b_n이라 할 때, $\displaystyle\lim_{n \to \infty} \left\{ (n \tan^2 a_n)^n + b_n \right\}$의 값은?

[4점]

① $\dfrac{1}{2}e + \dfrac{1}{2\sqrt{e}}$ ② $\sqrt{e} - \dfrac{1}{\sqrt{e}}$ ③ $\sqrt{e} + \dfrac{1}{\sqrt{e}}$

④ $e - \dfrac{1}{\sqrt{e}}$ ⑤ $e + \dfrac{1}{\sqrt{e}}$

94

$x > 0$인 실수 집합에서 이계도함수를 갖는 함수 $f(x)$와 두 상수 m, n이 다음 조건을 만족시킬 때, $\dfrac{n}{m} = pe^q$이다. $p \times q$의 값을 구하시오. (단, p와 q는 유리수이다.) [4점]

(가) $x > 0$인 모든 실수 x에 대하여
$$(f(x))^7 + (f(x))^3 = \dfrac{\ln x + mx^2 - nx}{x^3 + 5x}$$
이다.

(나) $f(1)f(9) < 0$

출제유형 | 미분을 이용하여 곡선 위의 점에서의 접선의 방정식을 구하는 문제가 출제된다.

출제유형잡기 |

(1) 함수 $f(x)$가 $x = a$에서 미분가능할 때, 곡선 $y = f(x)$ 위의 점 $P(a, f(a))$에서의 접선의 방정식은

$$y - f(a) = f'(a)(x - a)$$

(2) 매개변수 t로 나타낸 함수 $x = f(t)$, $y = g(t)$가 $t = t_1$에서 각각 미분가능하고 $f'(t_1) \neq 0$일 때, 점 $(f(t_1), g(t_1))$에서의 접선의 방정식은

$$y - g(t_1) = \frac{g'(t_1)}{f'(t_1)}\{x - f(t_1)\}$$

(3) 음함수 $f(x, y) = 0$이 점 (x_1, y_1)에서 미분가능할 때, 곡선 $f(x, y) = 0$ 위의 점 (x_1, y_1)에서의 접선의 방정식은 음함수의 미분을 이용하여 점 (x_1, y_1)에서의 $\dfrac{dy}{dx}$의 값을 구한 후 이 값을 m이라 할 때,

$$y - y_1 = m(x - x_1)$$

95

곡선 $y = e^x$ 위의 점 $A(t, e^t)$ $(t > 1)$에서의 접선이 x축과 만나는 점을 B라 하고 점 A를 지나고 접선에 수직인 직선이 y축과 만나는 점을 C라 하자. x축 위의 점 D에 대하여 삼각형 ABC의 넓이와 삼각형 BCD의 넓이가 같을 때, 점 D의 x좌표를 $f(t)$라 하자. $\displaystyle\lim_{t \to 1+} \frac{f(t) - 1}{t - 1}$의 값은? [4점]

① $\dfrac{e^2 + 1}{e^2 + 2}$　　② $\dfrac{e^2 + 2}{e^2 + 1}$　　③ $\dfrac{2e^2 + 1}{e^2 + 1}$

④ $\dfrac{2e^2 + 1}{e^2 + 2}$　　⑤ $\dfrac{2e^2 + 3}{e^2 + 1}$

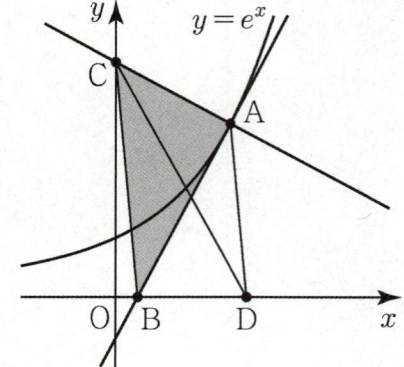

96

$x \geq 0$인 모든 실수 x에 대하여 부등식

$ax + b + 2\cos\left(\dfrac{\pi}{4}x\right) \geq 0$이 성립하도록 하는 두 실수 a, b에 대하여 $3a + b$의 값이 최소가 되도록 하는 a의 값을 α, b의 값을 β라 하자. $\alpha - \beta$의 값은? (단, $a > 0$)

[4점]

① $\pi - 1$ ② $\sqrt{2}\,(\pi - 1)$ ③ $\sqrt{3}\,(\pi - 1)$

④ $2(\pi - 1)$ ⑤ $\sqrt{5}\,(\pi - 1)$

97

양의 실수 t에 대하여 원점을 지나고 곡선

$y = (\ln x)^2 + t$에 접하는 직선의 기울기를 $f(t)$라 하자.

$f(a) = \dfrac{2}{e}$을 만족시키는 실수 a에 대하여 $f'(a)$의 값은?

[4점]

① $\dfrac{1}{e}$ ② $\dfrac{2}{e}$ ③ $\dfrac{3}{e}$ ④ $\dfrac{4}{e}$ ⑤ $\dfrac{5}{e}$

98

매개변수 t로 나타낸 곡선

$$x = e^{2t} + e^t, \quad y = -e^t$$

가 있다. $t=a$, $t=a+\ln 2$에 대응하는 점을 각각 P, Q라 하자. 점 P에서 이 곡선에 접하는 접선 l이 직선 $y=3x$와 수직일 때, 점 Q에서 이 곡선에 접하는 접선의 y절편은? [4점]

① $-\dfrac{1}{5}$ ② $-\dfrac{2}{5}$ ③ $-\dfrac{3}{5}$ ④ $-\dfrac{4}{5}$ ⑤ -1

99

실수 전체의 집합에서 미분가능한 두 함수 $f(x)$, $g(x)$에 대하여 함수 $h(x)=f(g(x))$라 하자.

$g(1)=1$, $h'(1)=2$일 때, 곡선 $y=f\!\left(\dfrac{1}{g(x)}\right)$

$(g(x) \neq 0)$위의 $x=1$에서의 접선의 기울기는? [4점]

① -1 ② $-\dfrac{3}{2}$ ③ -2 ④ $-\dfrac{5}{2}$ ⑤ -3

출제유형 | 미분을 이용하여 함수 $f(x)$의 증가와 감소를 판정하는 문제 또는 $f(x)$의 극값을 구하는 문제가 출제된다.

출제유형잡기 | 함수 $f(x)$의 도함수 $f'(x)$를 구하고 $f'(x) = 0$이 되도록 하는 x의 값을 구한 후, x의 값의 좌우에서 $f'(x)$의 부호를 조사하여 언제 $f(x)$가 극값을 가지는지 파악하여 문제를 해결한다.

100

자연수 a에 대하여 함수

$$f(x) = \cos(a\pi - \cos x)$$

가 있다. 구간 $(-2\pi, 2\pi)$에서 함수 $f(x)$가 $x = \alpha$에서 극댓값을 가질 때, α의 개수를 m_1이라 하고 함수 $f(x)$가 $x = \beta$에서 극솟값을 가질 때, β의 개수를 m_2라 할 때, $m_1 - m_2 = 1$이 되도록 하는 10보다 작은 모든 a의 값의 합을 구하시오. [4점]

101

함수

$$f(x) = ax \sin x + (a-1) \cos x$$

가 열린구간 $\left(0, \dfrac{5}{4}\pi\right)$에서 역함수가 존재하도록 하는

실수 a의 최댓값과 최솟값의 곱은? [4점]

① $\dfrac{4}{5\pi}$ ② $\dfrac{1}{\pi}$ ③ $\dfrac{6}{5\pi}$ ④ $\dfrac{7}{5\pi}$ ⑤ $\dfrac{8}{5\pi}$

102

최고차항의 계수가 양수이고 $f(2) = 1$,
$f'(0) = f'(2) = 0$인 삼차함수 $f(x)$와 함수
$g(x) = e^{\cos \pi x}$에 대하여 실수 전체의 집합에서 정의된
합성함수 $h(x) = g(f(x))$가 다음 조건을 만족시킨다.

> (가) 함수 $h(x)$는 $x = 0$에서 극솟값을 갖는다.
> (나) 열린구간 $(0, 3)$에서 함수 $h(x)$의 극값의 개수는
> 11이다.

$f(0)$의 값이 최대일 때, $f(4)$의 값을 구하시오. [4점]

103

함수 $f(x) = \ln(x^2 + 1)$와 실수 s에 대하여 함수

$$g(x) = \int_0^x \{f(t) - s\} \, dt$$

라 할 때, $g(x)$의 극댓값과 극솟값의 차를 $h(s)$라 하자. $h'(a) = 6$를 만족시키는 실수 a에 대하여 e^a의 값은? [4점]

① 6   ② 7   ③ 8   ④ 9   ⑤ 10

104

실수 a, b에 대하여 함수

$$f(x) = (x^2 + ax + b)e^{-x}$$

가 다음 조건을 만족시킨다.

(가) 함수 $f(|x|)$는 $x = k$에서 극대 또는 극소를 최대로 가질 때 모든 $|k|$의 값의 합은 6이다.

(나) b는 정수이다.

정수 b가 최대일 때, $f(5) = pe^{-5}$일 때, p의 값을 구하시오. [4점]

105

닫힌구간 $[-2\pi,\ 2\pi]$에서 정의된 함수
$f(x) = \sin x - x\cos x$에 대하여 함수 $|f(x) - t|$가
미분가능하지 않은 x의 개수를 $g(t)$라 하자. 최고차항의
계수가 1인 삼차함수 $h(x)$에 대하여 $h(g(x))$는 구간
$(-2\pi,\ 2\pi)$에서 연속이다. $h(5) - h(4)$의 값을 구하시오.

[4점]

출제유형 | 함수의 증가와 감소, 함수의 극대와 극소, 곡선의 오목과 볼록, 곡선의 변곡점 등을 구하거나 이것을 이용하여 함수의 그래프를 파악하는 문제 또는 그래프를 파악하여 최댓값과 최솟값을 구하는 문제가 출제된다.

출제유형잡기 | 미분을 이용하여 함수의 증가와 감소, 함수의 극대와 극소, 곡선의 오목과 볼록, 곡선의 변곡점 등을 구하고 이를 이용하여 그래프의 개형을 그려 문제를 해결한다.

106

함수 $g(x) = \dfrac{2}{3 + \sin\left(\dfrac{\pi}{2}x + a\right)}$ 는 $x = 1$에서 극값을 갖는다. 함수 $g(x)$의 최댓값을 M, 최솟값을 m이라 할 때, $M + m + \dfrac{a}{2\pi}$의 값을 구하시오. (단, $0 < a < 2\pi$)

[4점]

107

최고차항의 계수가 1인 삼차함수 $f(x)$와 함수

$g(x) = e^x f(x)$는 다음 조건을 만족시킨다.

> (가) 방정식 $g(x) = 0$의 실근의 개수는 2이고 실근은
> 모두 0이 아닌 정수이다.
> (나) $g(x)$는 $x = 0$에서 극값을 갖는다.
> (다) 함수 $|g(x)|$는 $x = a \; (a < 0)$에서만
> 미분가능하지 않다.

$f(-4a)$의 값을 구하시오. [4점]

108

다음 그림과 같이 한 변의 길이가 1인 정삼각형 모양의 색종이가 있다. 선분 AC위의 점 P에 대하여 점 B와 점 P가 일치하도록 색종이를 접었을 때, 접는 선이 선분 AB와 만나는 점을 점 D라 하자. 삼각형 ADP의 넓이가 최대일 때, 선분 AP의 길이를 l이라 하면 다음 열린구간 중 l이 속하는 것은? (단, $0 < l < 1$) [4점]

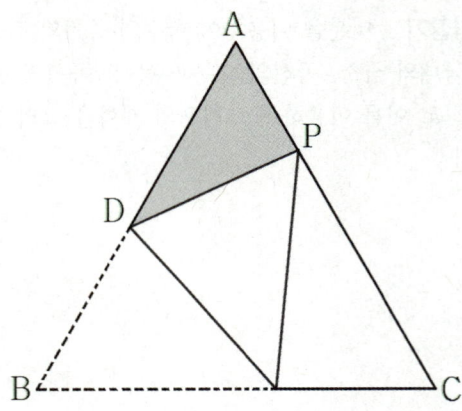

① $\left(\dfrac{1}{6}, \dfrac{1}{3} \right)$ ② $\left(\dfrac{1}{3}, \dfrac{1}{2} \right)$ ③ $\left(\dfrac{1}{2}, \dfrac{2}{3} \right)$

④ $\left(\dfrac{2}{3}, \dfrac{5}{6} \right)$ ⑤ $\left(\dfrac{5}{6}, 1 \right)$

출제유형 | 함수의 그래프를 이용하여 방정식의 실근의 개수나 부등식이 성립하는 조건을 구하는 문제가 출제된다.

출제유형잡기 | 미분을 이용하여 함수의 그래프를 그린 후, 함수의 그래프를 이용하여 방정식의 실근의 개수를 구하거나 부등식이 성립하는 조건을 이해하여 문제를 해결한다.

109

양수 t에 대하여 곡선 $y = \dfrac{4\sqrt{3}(x-1)^3}{x}$ $(x > 1)$ 위의 점 중 y좌표가 t인 점을 P라 하고, 직선 OP가 x축의 양의 방향과 이루는 예각의 크기를 $f(t)$라 하자. $f(a) = \dfrac{\pi}{3}$인 a에 대하여 $\dfrac{a^2}{f'(a)}$의 값을 구하시오. (단, O는 원점이다.) [4점]

110

최고차항의 계수가 1이고 $f(0)=f'(0)=0$인 삼차함수 $f(x)$와 상수 a에 대하여 함수

$$g(x)=\begin{cases} f(x) & (x<0) \\ f'(x)+\dfrac{ax}{x+2} & (x \geq 0) \end{cases}$$

가 다음 조건을 만족시킬 때, $\dfrac{2a}{g'(3)}$의 값을 구하시오.

[4점]

> (가) 모든 실수 x에 대하여 $x\{g(x)-g(2)\} \geq 0$이다.
> (나) 함수 $g(x)$는 실수 전체의 집합에서 연속이다.

111

최고차항의 계수가 1인 삼차함수 $f(x)$가 $f(0)=f'(0)=0$을 만족시킨다. 방정식 $f(x)=0$의 모든 실근의 합이 정수 k일 때, 함수 $g(x)$를

$$g(x)=2^{f(x)}-4$$

라 하자. x에 대한 방정식 $g(x)=t$의 서로 다른 실근의 개수를 $n(t)$라 할 때, $n(t)=2$가 되도록 하는 양수 t가 존재하도록 하는 k의 최댓값은? [4점]

① -1　　② -2　　③ -3　　④ -4　　⑤ -5

출제유형 | 좌표평면 위를 움직이는 점의 시각 t에서의 위치가 주어질 때, 점의 속도, 속력, 가속도, 가속도의 크기를 구하는 문제가 출제된다.

출제유형잡기 | 좌표평면 위를 움직이는 점 P의 시각 t에서의 위치 $(x,\ y)$가 $x=f(t)$, $y=g(t)$일 때, 점 P의 시각 t에서의 속도, 속력, 가속도, 가속도의 크기를 구하는 방법을 이용하여 문제를 해결한다.

112

좌표평면 위를 움직이는 점 P의 시각 t

$\left(0 < t < \dfrac{\pi}{2}\right)$에서의 위치 $(x,\ y)$가

$$x = \ln(\cos t),\ y = 2\sin t$$

이다. $0 < t < \dfrac{\pi}{2}$에서 점 P의 속력이 최소인 시각이

$t = \alpha$일 때, $\sin\alpha$의 값은? [4점]

① $\dfrac{\sqrt{2}}{3}$ ② $\dfrac{\sqrt{2}}{2}$ ③ $\dfrac{2}{3}$ ④ $\dfrac{\sqrt{5}}{3}$ ⑤ $\dfrac{\sqrt{6}}{3}$

113

좌표평면 위를 움직이는 점 P의 시각 t $(t > 0)$에서의 위치 (x, y)가

$$x = 2t, \quad y = t \ln t - 2t$$

이다. 점 P의 속력이 최소일 때, 점 P의 가속도의 크기는? [4점]

① $\dfrac{1}{e}$ ② $\dfrac{2}{e}$ ③ $\sqrt{e}$ ④ e ⑤ $2e$

114

다음 그림과 같이 중심이 O이고 $\overline{AB} = 4$인 선분 AB를 지름으로 하는 반원 C가 있다. 원 C 위에 $\angle BAC = 30°$인 점 C가 있고 호 BC위의 점 P에 대하여 두 선분 BC와 OP의 교점을 Q라 하자. 점 P가 점 B를 출발하여 호 BC위를 매초 2의 일정한 속력으로 점 C까지 시계 반대 방향으로 움직일 때, 점 Q의 속력의 최솟값을 a라 하자, a^2의 값을 구하시오. [4점]

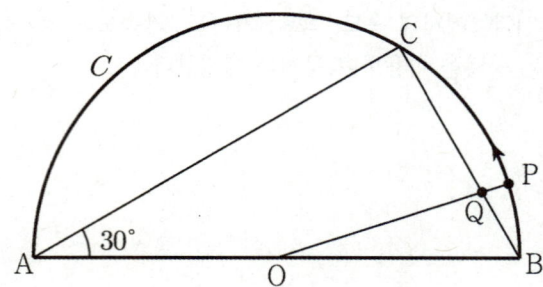

115

다음 그림과 같이 삼각형 ABC의 외접원을 C_1이라 하고 원 C_1의 원주와 선분 BC에 접하는 원 중 가장 큰 원을 C_2라 하자. 두 원 C_1, C_2의 반지름의 길이를 각각 R_1, R_2라 하자. $\cos A = \dfrac{\sqrt{3}}{2}$일 때,

$\dfrac{R_2}{R_1} = \dfrac{a + b\sqrt{3}}{4}$이다. $a - b$의 값을 구하시오.

(단, a, b는 정수이다.) [4점]

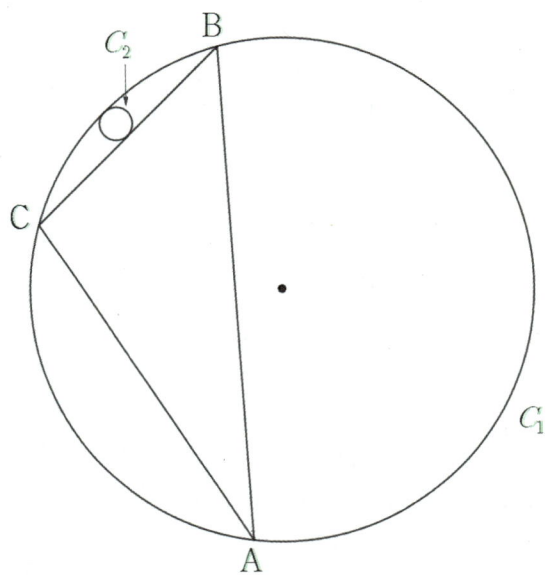

116

그림과 같이 반지름의 길이가 1인 사분원 OAB에서 호 AB위의 점 C와 선분 OB위의 점 D를 $\angle ACD = \dfrac{\pi}{2}$가 되도록 잡고 선분 AC위의 점 P, 선분 CD위의 점 Q, 선분 OA위의 점 R를 선분 PQ가 선분 OA에 평행하고 삼각형 PQR가 정삼각형이 되도록 잡는다.

$\angle OAC = \theta$일 때, 삼각형 PQR의 넓이를 $f(\theta)$라 하자.

$\displaystyle\lim_{\theta \to \frac{\pi}{2}-} \dfrac{f(\theta)}{\left(\dfrac{\pi}{2} - \theta\right)^2} = \dfrac{q}{p}\sqrt{3}$ 이다. $p + q$의 값을 구하시오.

(단, p와 q는 서로소인 자연수이다.) [4점]

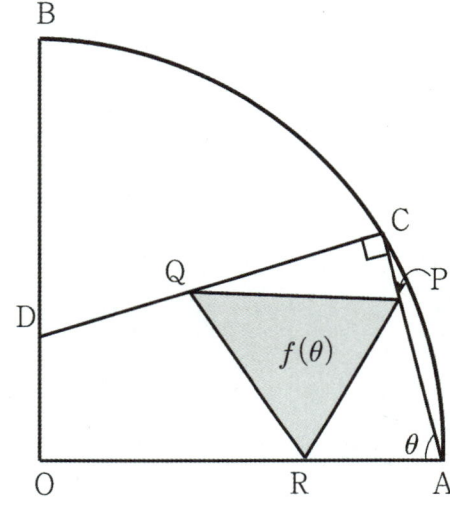

117

바다에서 표류 중인 배가 근처의 섬의 등대를 발견하고 등대를 바라보며 섬을 향해 다가갔다. 어느 지점에서 섬의 등대를 바라보니 해수면과 이루는 각이 a이었고, 계속하여 b만큼 더 섬 쪽으로 다가가 등대를 바라보니 각이 $4a$이었다. 이 등대의 높이를 h라 할 때, $\lim\limits_{a \to 0+} \dfrac{h}{ab}$의 값은? $\left(\text{단, } 0 < a < \dfrac{\pi}{2}\text{이고 } b > 0\text{인 실수이다. 배는 직선운동을 하였고 배의 높이는 고려하지 않는다.}\right)$ [4점]

① $\dfrac{1}{3}$ ② $\dfrac{2}{3}$ ③ 1   ④ $\dfrac{4}{3}$ ⑤ $\dfrac{5}{3}$

118

삼각형 ABC의 세 내각 $\angle A$, $\angle B$, $\angle C$의 크기를 각각 α, β, γ라 할 때, $200\cos\alpha\cos\beta\cos\gamma$의 최댓값을 구하시오. [4점]

119

다음 물음에 답하시오.

(1) 두 실수 a, b에 대하여 모든 실수 x에 대하여 부등식

$$ax + b \leq e^{x^2}$$

이 성립할 때, $a + b$의 최댓값은? [4점]

① 2　　② e　　③ $\sqrt{2e}$　　④ 3　　⑤ $3\sqrt{e}$

(2) 두 실수 a, b에 대하여 모든 실수 x에 대하여 부등식

$$-e^{x^2} - 1 \leq ax + b$$

이 성립할 때, $a + b$의 최솟값은? [4점]

① -2　　　　② $-e$　　　　③ $-e-1$
④ $-e-2$　　　⑤ $-2e$

120

열린구간 $(0, \pi)$에서 미분가능한 두 함수 $f(x)$, $g(x)$가 다음 조건을 만족시킨다.

(가) $\displaystyle\lim_{x \to \frac{\pi}{2}} \frac{2 - f(x)}{\cos x} = \sqrt{3}$

(나) 열린구간 $(0, \pi)$에서

$$\sqrt{1 + \{g(x)\}^2} = \frac{f(x)}{\sin x} \text{이다.}$$

$h(x) = f(x)g(x)$라 할 때, $h'\left(\dfrac{\pi}{2}\right)$의 값을 구하시오. (단, $0 < x < \pi$에서 $g(x) > 0$이다.) [4점]

121

모든 실수 x에 대하여 미분가능한 함수 $f(x)$의

도함수 $f'(x)$가 $f'(x) = \left(1 + \dfrac{1}{x}\right)^x$일 때,

$\displaystyle\lim_{x \to 0+} \left\{ f\left(\dfrac{1+x}{x}\right) - f\left(\dfrac{1-x}{x}\right) \right\}$의 값은? [4점]

① 1 　② 2 　③ e 　④ $2e$ 　⑤ $2+e$

122

함수 $f(x) = k(x+1)^2(1 - e^{-x})$에 대하여 수열 $\{a_n\}$이 다음 조건을 만족시킬 때, $3f'(2) + f(2)$의 값을 구하시오. (단, k는 0이 아닌 상수) [4점]

(가) 모든 자연수 n에 대하여

$$a_n = \lim_{x \to 1} \frac{x^n - 1}{f(x-1)}$$ 이다.

(나) 모든 자연수 n에 대하여 $a_{n+2} - a_n = 2$이다.

123

함수 $f(x) = \begin{cases} x^2 - 2x & (x > a) \\ ax - 16 & (x \le a) \end{cases}$ 에 대하여

$g(x) = \dfrac{x-a}{f(x)}$ 가 실수 전체의 집합에서 연속이 되도록

하는 정수 a의 값을 구하시오. [4점]

124

$x > -1$에서 미분가능한 두 함수 $f(x)$, $g(x)$가 열린구간 $(-1, \infty)$의 x에 대하여

$$f(2^x - 1) = g(\ln(x+1))$$

을 만족시킬 때, 함수 $h(x)$를 $h(x) = (f \circ g)(x)$라 하자. $f(0) = 1$, $f(1) = 2$, $g'(0) = \ln 2$, $g'(\ln 2) = 2$일 때, $\dfrac{h(0)}{h'(0)}$의 값은? [4점]

① 1   ② 2   ③ 3

④ 4   ⑤ 5

125

양의 실수 전체의 집합에서 정의된 함수
$f(x) = x^2 \ln x$와 양수 a에 대하여 방정식 $f(x) = f(a)$의
서로 다른 실근의 개수를 $g(a)$, 실수 b에 대하여 방정식
$f(x) = b$의 서로 다른 실근의 개수를 $h(b)$라 할 때, 함수
$g(a)$는 $a = k$에서 불연속이고 함수 $h(b)$는 $b = l$에서
불연속이다. 모든 실수 k와 l의 값의 합은? [4점]

① $1 - \dfrac{1}{2e}$ ② $\dfrac{1}{\sqrt{e}} - \dfrac{1}{2e}$

③ $\dfrac{2}{\sqrt{e}} - \dfrac{1}{e}$ ④ $\dfrac{1}{\sqrt{e}} + 1 - \dfrac{1}{2e}$

⑤ $\dfrac{2}{\sqrt{e}} + 1 - \dfrac{1}{e}$

126

실수 전체 집합에서 정의된 함수 $f(x)$가 다음 조건을
만족한다.

> (가) $f(x) = \sqrt{2} \sin \dfrac{\pi}{4} x \ (-3 \le x \le 3)$
>
> (나) 모든 실수 x에 대하여 $f(x+6) = f(x) + 2$

$0 \le t \le 30$인 실수 t에 대하여 함수 $|f(x) - f(t)|$가
미분가능하지 않도록 하는 x의 개수를 $g(t)$라 하자.
$g(t)$가 불연속이 되는 모든 t값의 합을 구하시오. [4점]

127

두 함수 $f(x) = x^2 - 2ax + b$ $(0 < a < 1)$,

$g(x) = (x-1)^2 e^x$에 대하여 상수 k $(k \neq 0)$와 함수
$h(x) = (f \circ g)(x)$가 다음 조건을 만족시킨다.

> (가) 방정식 $|h(x)| = k$의 서로 다른 실근의 개수는
> 6이고, 가장 작은 실근을 α라 할 때, 함수
> $h(x)$는 $x = \alpha$에서 극소이다.
> (나) $h(-1) = h(1)$

$\dfrac{f\left(-\dfrac{1}{e}\right) - f\left(\dfrac{1}{e}\right)}{k}$ 의 값을 구하시오. (단, a와 b는

상수이고 $\displaystyle\lim_{x \to -\infty} g(x) = 0$이다.) [4점]

128

실수 전체의 집합에서 미분가능한 함수 $f(x)$에 대하여
함수 $g(x)$를

$$g(x) = \ln\left\{e^{f(2x)}(f(2x)+1)\right\}$$

라 할 때, 두 함수 $f(x)$, $g(x)$가 다음 조건을 만족시킨다.

> (가) 모든 실수 x에 대하여 $g(-x) = g(x)$
> (나) $f'(2) = -7$

$g(-1) = 0$일 때, $g'(-1)$의 값을 구하시오. [4점]

129

함수 $y = f(x)$가 매개변수 t와 자연수 n에 대하여

$$x = t + t^3 + t^5 + \cdots + t^{2n-1}$$
$$y = t + t^2 + t^3 + t^4 + \cdots + t^{2n-2} + t^{2n-1}$$

로 나타내어질 때, $\lim\limits_{n \to \infty} f'(n)$의 값을 구하시오. [4점]

130

임의의 실수 x, y $(x \neq 0)$에 대하여 미분가능한 함수 $f(x)$가 다음 식을 만족시킨다.

$$f(x+y) = f(x) + (x+y)e^{x+y} + \frac{yf(x)}{x} - (x+y)e^x$$

$f(1) = e$일 때, $f'(2)$의 값은? [4점]

① 2   ② e ③ $2e^2$

④ $3e^2$ ⑤ $3e(e-1)$

131

집합 $\{x \mid x \geq 0\}$ 에서 정의된 함수 $f(x)$ 는 모든 자연수 n 에 대하여

$$f(x) = 2n \sin \left\{ \frac{\pi}{2}(x - 2n + 2) \right\} \ (2n - 2 \leq x \leq 2n)$$

을 만족시킨다.

$g(x) = \lim\limits_{h \to 0} \dfrac{f(x+h) - f(x-h)}{h}$ 일 때,

$\sum\limits_{k=1}^{n} g(k) = 10\pi$ 을 만족하는 모든 n 의 값의 합을 구하시오. [4점]

132

그림과 같이 길이가 2인 선분 AB를 지름으로 하는 반원 O 위의 임의의 한 점 P에 대하여 각 POB의 이등분선이 반원 O와 만나는 점을 Q라 하자.

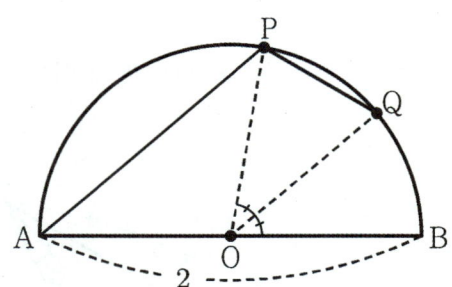

$\overline{\text{PA}} = \dfrac{4}{3}$ 일 때, 선분 PQ의 길이는? [4점]

① 1 ② $\dfrac{\sqrt{5}}{3}$ ③ $\dfrac{\sqrt{6}}{3}$

④ $\dfrac{\sqrt{7}}{3}$ ⑤ $\dfrac{2\sqrt{2}}{3}$

133

다음 그림과 같이 $\overline{AB}=6$, $\angle ABC = \dfrac{\pi}{6}$ 인 삼각형 ABC에서 선분 BC 위의 한 점 D에 대하여 $\angle BAD = \alpha$, $\angle CAD = \beta$ 라 할 때, $\tan\alpha = \dfrac{1}{3}$, $\tan(\alpha+\beta) = \dfrac{2}{3}$ 이다. 삼각형 ADC의 넓이는? [4점]

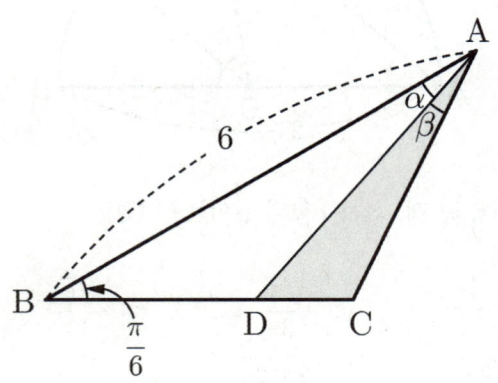

① $9\sqrt{3}-15$ ② $18\sqrt{3}-30$

③ $18\sqrt{3}-27$ ④ $27\sqrt{3}-45$

⑤ $27\sqrt{3}-30$

134

그림과 같이 길이가 2인 선분 AB를 지름으로 하는 원 C 위에 두 점 C와 D가 있다.

$\overline{AC} \times \overline{AD} - \overline{BC} \times \overline{BD} = \dfrac{20}{13}$ 가 성립할 때, 선분 CD의 길이는? [4점]

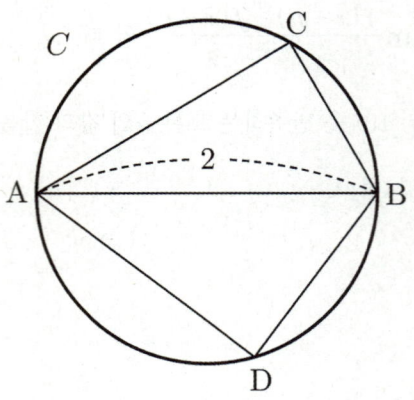

① $\sqrt{2}$ ② $\dfrac{3}{2}$ ③ $\sqrt{3}$ ④ $\dfrac{22}{13}$ ⑤ $\dfrac{24}{13}$

135

함수 $f(x) = e^x - 1$에 대하여 부등식

$f(\ln(x+1) + k) \leq e^{f(x)} - 1$가 $x > -1$인 모든 실수

x에 대하여 성립할 때, k의 최댓값은? [4점]

① -1 ② $-\dfrac{1}{2}$ ③ $-\dfrac{1}{e}$ ④ 0 ⑤ $\dfrac{1}{e}$

136

양의 실수 t에 대하여 곡선 $y = 2^{x-a}$가 직선 $y = 2tx$과 오직 한 점에서 만나도록 하는 실수 a의 값을 $f(t)$라 하자. $\left\{ f'\left(\dfrac{1}{3\ln 2}\right) \right\}^2$의 값을 구하시오. [4점]

137

실수 전체의 집합에서 미분가능한 함수 $f(x)$가 다음 조건을 만족시킨다.

> (가) 모든 실수 x에 대하여 $f(x) > 0$, $f'(x) > 0$이다.
>
> (나) $\lim\limits_{x \to 1} \dfrac{f(x)-1}{x^2-1} = 1$

함수 $f(x)$의 역함수를 $g(x)$라 할 때, 함수

$h(x) = \dfrac{g(x)}{f(x)}$에 대하여 $\{f'(1)h'(1)\}^2$의 값을 구하시오.

[4점]

138

함수 $f(x) = \sqrt{3}\sin x \ (0 < x < 2\pi)$에 대하여 곡선 $y = f(x)$의 변곡점 A에서의 접선을 l_1이라 하자. 곡선 $y = f(x)$ 위의 점 B에서의 접선 l_2와 점 A를 지나는 직선 m이 다음 조건을 만족시킨다.

> (가) 직선 m의 기울기는 0이 아니다.
> (나) 세 직선 l_1, l_2, m으로 둘러싸인 도형은 정삼각형이다.

세 직선 l_1, l_2, m으로 둘러싸인 정삼각형의 넓이가 S일 때, S^2의 값을 구하시오. [4점]

139

두 함수 $f(x) = a - \left| 2^{x+1} - 1 \right|$, $g(x) = b \times 2^x + 2^{-x}$에 대하여 함수 $(g \circ f)(x)$는 모든 실수 전체의 집합에서 미분가능하고 최솟값이 4일 때, $a + b$의 값은? [4점]

① 2   ② 3   ③ 4   ④ 5   ⑤ 6

140

$f(0) = f(1)$을 만족하는 최고차항의 계수가 1인 이차함수 $f(x)$에 대하여 다음 조건이 성립한다.

(가) $y = f(x)$와 $y = \dfrac{1}{f(x)}$는 한 점에서 만난다.

(나) 함수 $\left| \sin\left(\dfrac{\pi}{2f(x)} \right) - t \right|$가 $x = k$에서 미분가능하지 않다.

실수 t에 대하여 모든 실수 k의 개수를 $g(t)$라 할 때, 함수 $g(t)$에 대하여 함수 $\{f(t) + a\}g(t)$가 실수 전체의 집합에서 연속이다. a의 값은? [4점]

① $-\dfrac{5}{4}$ ② $-\dfrac{3}{4}$ ③ $-\dfrac{1}{4}$ ④ $\dfrac{3}{4}$ ⑤ $\dfrac{5}{4}$

141

최고차항의 계수가 1이고 역함수가 존재하는 두 다항함수 $f(x)$, $g(x)$가 다음 조건을 만족시킨다.

> (가) 모든 실수 x에 대하여
> $$f'(x)g(x)+f(x)g'(x)=4x^3+3x^2+6x+4$$
> (나) $f'(0)g'(0)=3$

두 함수 $f(x)$, $g(x)$의 역함수를 각각 $h(x)$, $k(x)$라 할 때, $h'(1) \times k'(1)$의 값으로 가능한 모든 값의 합은?

[4점]

① $\dfrac{1}{4}$ ② $\dfrac{1}{3}$ ③ $\dfrac{5}{12}$ ④ $\dfrac{1}{2}$ ⑤ $\dfrac{7}{12}$

142

$x \neq 1$인 모든 실수에서 미분 가능한 함수 $f(x)$가 다음 조건을 만족시킨다.

> (가) $x \neq 1$일 때, $f(x)=2^{x-1}+1$이다.
> (나) $f(1)=1$

함수 $g(x)$를 $g(x)=\dfrac{x-1}{f(x)}$라 할 때, $g'(1)-g'(2)$은?

[4점]

① $\dfrac{1}{6}+\dfrac{2}{9}\ln 2$ ② $\dfrac{1}{3}+\dfrac{2}{9}\ln 2$ ③ $\dfrac{1}{2}+\dfrac{2}{9}\ln 2$

④ $\dfrac{2}{3}+\dfrac{2}{9}\ln 2$ ⑤ $\dfrac{5}{6}+\dfrac{2}{9}\ln 2$

143

함수 $f(x) = a + \dfrac{b}{x^2+1}$ 가 있다. $|f(x)|$의 최댓값과 최솟값의 차가 10이 되도록 하는 모든 순서쌍 (a, b)에서 $a \times b$의 최솟값은? (단, $ab \neq 0$) [4점]

① 10 ② -10 ③ 100 ④ -100 ⑤ -200

144

다음 그림과 같이 중심이 원점 O이고 반지름의 길이가 2인 원이 있다. $A(1, 0)$을 지나고 x축의 양의 방향과 이루는 각의 크기가 θ인 직선을 l이라 한다. 직선 l과 원이 만나는 점을 P, Q라 하고 직선 l로 나누어진 원이 두 부분 중 큰 쪽의 호 위에 점 R이 있다. $0 < \theta < \dfrac{\pi}{2}$인 θ에 대하여 삼각형 PQR의 넓이가 최대일 때의 넓이를 $S(\theta)$라 할 때, $S'\left(\dfrac{\pi}{6}\right)$의 값은? [4점]

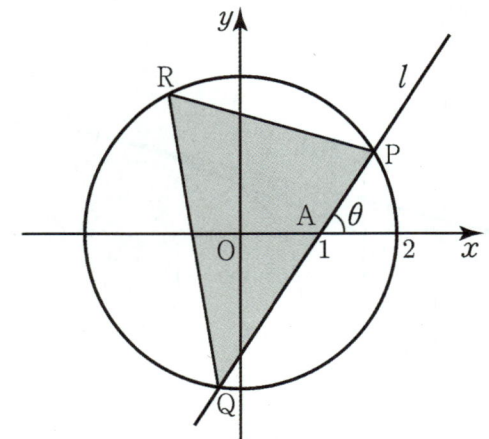

① $\dfrac{\sqrt{5}}{2}$ ② $\dfrac{3\sqrt{5}}{5}$ ③ $\dfrac{7\sqrt{5}}{10}$

④ $\dfrac{3\sqrt{5}}{4}$ ⑤ $\dfrac{4\sqrt{5}}{5}$

145

곡선 $y = \ln(x-1)$ 위의 점 $A\,(t, \ln(t-1))$에서의 접선을 l이라 하자. 직선 l이 x축과 만나는 점을 B라 하고, 삼각형 AOB의 넓이를 $S(t)$라 할 때, $S'(e^2+1)$의 값은? (단, $t > 2$이고 O는 원점이다.) [4점]

① $\dfrac{7}{2} - e$

② $\dfrac{9}{2} - \dfrac{1}{2e^2}$

③ $\dfrac{5}{2} - \dfrac{1}{2e^2}$

④ $\dfrac{1}{2} - \dfrac{1}{2e}$

⑤ $\dfrac{1}{2} + \dfrac{1}{2e}$

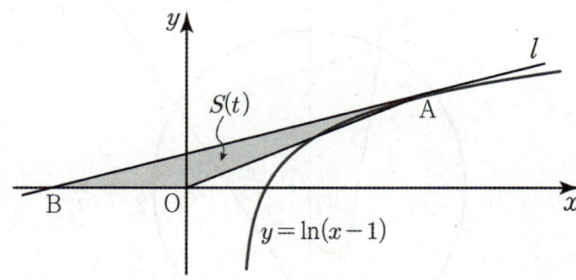

146

양수 t에 대하여 다음 조건을 만족시키는 실수 k의 값을 $f(t)$라 하자.

직선 $x = k$와 두 곡선 $y = 2^{\frac{x}{3}}$, $y = 2^{\frac{x}{3}+5t}$ 이 만나는 점을 각각 P, Q라 하고, 점 Q를 지나고 y축에 수직인 직선이 곡선 $y = 2^{\frac{x}{3}}$과 만나는 점을 R라 할 때, $3\overline{PQ} = \overline{QR}$이다.

함수 $f(t)$에 대하여 $\displaystyle\lim_{t \to 0+} \dfrac{3}{f(t)}$의 값은? [4점]

① $-\ln(\ln 2)$

② $-\dfrac{\ln 2}{\ln(\ln 2)}$

③ $\dfrac{1}{\ln 2}$

④ $\dfrac{2}{\ln 2}$

⑤ $\dfrac{\ln(\ln 2)}{\ln 2}$

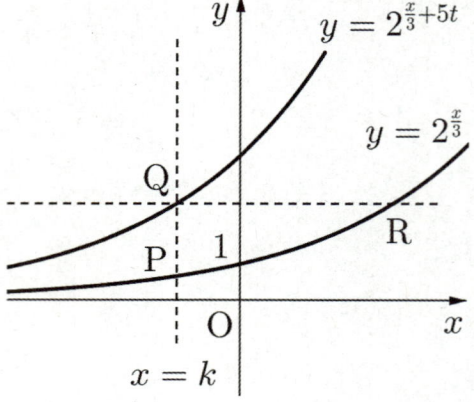

147

자연수 n에 대하여

$$a_n = \lim_{x \to 0+} \sum_{k=1}^{n} \frac{\ln\left(\dfrac{1}{\sqrt{x}} + k\right) + \dfrac{1}{2}\ln x}{\sqrt{x}}$$

라 할 때, $\displaystyle\sum_{n=1}^{\infty} \frac{1}{a_n}$의 값을 구하시오. [4점]

148

다음 그림과 같이 한 변은 각각 x축 위에 있는
두 직사각형이 있다. 자연수 n에 대하여 곡선
$y = -\log_2(x+1)$ 위의 점 $(2n-1,\ -\log_2 2n)$과 점
$(3n,\ 0)$을 연결한 선분을 대각선으로 갖는 직사각형과 점
$(3n,\ 0)$와 점 $(4n+1,\ -\log_2(4n+2))$을 연결한 선분을
대각선으로 갖는 직사각형의 넓이의 차를 a_n이라 하자.
$b_n = a_n - (n+1)$일 때, $\displaystyle\lim_{n \to \infty} b_n$의 값은? [4점]

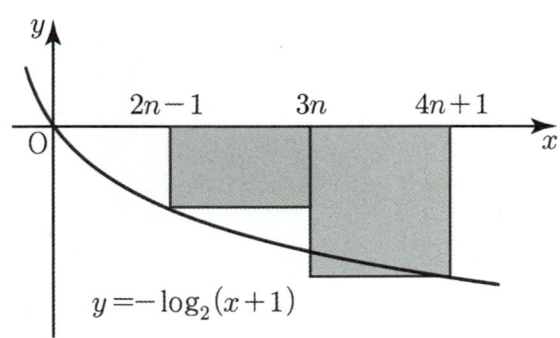

① $\dfrac{1}{\ln 2}$　　　② $\dfrac{1}{2\ln 2}$　　　③ $\dfrac{2}{\ln 2}$

④ $\dfrac{1}{\log 2}$　　　⑤ $\log 2$

149

함수 $f(x)=\dfrac{2x}{x^2+1}$ 와 최고차항의 계수가 양수인

이차함수 $g(x)$에 대하여 함수 $h(x)$를

$$h(x)=f(g(x))$$

라 한다. 함수 $h(x)$는 모든 실수 x에 대하여 $h(-1)\leq h(x)\leq h(1)$이다. $g(x)$의 최솟값이 최대일 때, $g(3)$의 값을 구하시오. [4점]

150

실수 t에 대하여 직선 $x=t$가 두 곡선 $y=\dfrac{1}{4}\cos 2x$와 $y=\cos x$와 만나는 점을 각각 A, B라 하자.

점 A에서 $y=\dfrac{1}{4}\cos 2x$에 접하는 접선과 점 B에서 $y=\cos x$에 접하는 접선이 이루는 예각의 크기를 $\theta(t)$라 하자. $\displaystyle\lim_{t\to 0}\dfrac{\tan^2\theta(t)}{t^6}=k$일 때, $100k$의 값을 구하시오. [4점]

151

반지름의 길이가 4인 원과 직선 l이 만나는 서로 다른 두 점을 A, B 라 하자. 삼각형 ABP의 넓이가 최대가 되도록 원 위에 직선 l과 점 P를 정할 때, 점 P에서 직선 l까지의 거리를 d라 하자. d^2의 값을 구하시오. [4점]

152

함수 $f(x) = xe^{-x}$와 사차함수 $g(x)$에 대하여 함수 $h(x) = f(g(x))$가 다음 조건을 만족시킨다.

(가) 모든 실수 x에 대하여 $h(x) \geq h\left(-\dfrac{1}{2}\right)$이다.

(나) 함수 $|h(x)|$는 오직 $x = k$에서만 미분가능하지 않고, $h(-k) = 0$이다.

$g(0) = -1$일 때, $g(3)$의 값을 구하시오. [4점]

153

최고차항의 계수가 양수인 사차함수 $f(x)$가 다음 조건을 만족시킨다.

(가) $f(1) < 1$

(나) 함수 $|\ln f(x)|$가 구간 $(-\infty, \infty)$에서 미분 가능하지 않은 x의 값은 -1과 0뿐이다.

이때, $f(6)$의 값은? [4점]

① 7　　② $\dfrac{15}{2}$　　③ 8　　④ $\dfrac{17}{2}$　　⑤ 9

154

함수 $f(x) = x^2 + ax + b \left(-\dfrac{\pi}{2} < b < 0 \right)$에 대하여 함수 $g(x) = \cos(f(x))$가 다음 조건을 만족시킨다.

(가) 모든 실수 x에 대하여
  $g'(-x) = -g'(x)$이다.

(나) $y = g(x)$의 변곡점 $(k, g(k))$에서의 접선은
  $\left(0, (1 - 2k^2)g(k) \right)$을 지난다.

두 상수 a, b에 대하여 $a - b$의 값은? [4점]

① $\dfrac{\pi}{4} + \dfrac{1}{2}$　　　　　　② $\dfrac{\pi}{4} + \dfrac{1}{4}$

③ $\dfrac{\pi}{3} + \dfrac{\sqrt{3}}{6}$　　　　　　④ $\dfrac{\pi}{2} + \dfrac{1}{2}$

⑤ $\dfrac{\pi}{2} - \dfrac{\sqrt{3}}{6}$

적분법

3

유형 1 여러 가지 함수의 부정적분

출제유형 | 여러 가지 함수의 부정적분을 구하는 문제가 출제된다.

출제유형잡기 | 함수 $y = x^a$ (a는 실수), 지수함수, 로그함수, 삼각함수의 부정적분을 이용하여 문제를 해결한다.

155

양의 실수 전체의 집합에서 미분가능한 함수 $f(x)$가 모든 양의 실수 x에 대하여

$$xf'(x) - 2f(x) = x^4 \sin x$$

을 만족시킨다. $f(\pi) = \pi^3$일 때, $f\left(\dfrac{\pi}{2}\right)$의 값은? [4점]

① $\dfrac{\pi^2}{8}$　② $\dfrac{\pi^2}{4}$　③ $\dfrac{\pi^2}{2}$　④ $\dfrac{\pi^3}{8}$　⑤ $\dfrac{\pi^3}{4}$

156

함수 $f(x)$가 다음 조건을 만족시킨다.

(가) $f(1)=e$
(나) 모든 실수 t에 대하여 곡선 $y=f(x)$위의 점
$(t, f(t))$에서의 접선의 y절편은 $-2t^3e^{t^2}$이다.

$f(2)$의 값은? [4점]

① $\dfrac{1}{4}e^4$ ② $\dfrac{1}{2}e^4$ ③ e^4 ④ $2e^4$ ⑤ $4e^4$

치환적분법과 부분적분법

출제유형 | 치환적분법과 부분적분법을 이용하여 부정적분을 구하는 문제가 출제된다.

출제유형잡기 | 치환적분법과 부분적분법을 이용하여 문제를 해결한다.

(1) $g(x) = t$라고 놓으면 $g'(x) = \dfrac{dt}{dx}$이므로

$$\int f(g(x))g'(x)dx = \int f(t)dt$$

(2) 미분가능한 두 함수 $f(x)$, $g(x)$에 대하여

$$\int f(x)g'(x)dx = f(x)g(x) - \int f'(x)g(x)dx$$

157

실수 전체의 집합에서 미분가능한 함수 $f(x)$가

$$f'(x) = e^{x^2}(x^3 + 2x), \ f(0) = 1$$

을 만족시킬 때, $f(1)$의 값은? [4점]

① $3e$

② $e + \dfrac{1}{2}$

③ $e + 1$

④ $\dfrac{2}{e}$

⑤ $\dfrac{3}{e}$

158

실수 전체의 집합에서 미분가능한 함수 $f(x)$가

$$f'(x) = e^x(\sin x + x), \quad f(0) = e^\pi\left(\frac{1}{2} - \pi\right)$$

을 만족시킬 때, $f(\pi)$의 값은? [4점]

① $\dfrac{1}{2}$ ② 1 ③ $\dfrac{3}{2}$

④ e^π ⑤ $\dfrac{1}{2} + e^\pi$

출제유형 | 부정적분과 미분의 관계를 이해하고 있는지를 묻는 문제가 출제된다.

출제유형잡기 | 다음을 이용하여 문제를 해결한다.

(1) $\dfrac{d}{dx}\left\{\displaystyle\int f(x)dx\right\}=f(x)$

(2) $\displaystyle\int\left\{\dfrac{d}{dx}f(x)\right\}dx=f(x)+C$ (단, C는 적분상수)

159

실수 전체의 집합에서 정의된 함수 $f(x)$가

$$f(x)=\int e^x(x-1)dx$$

를 만족시키고 $f(x)$의 최솟값 1일 때, $f(2)$의 값은?

[4점]

① e ② $e+1$ ③ $e+2$ ④ $2e$ ⑤ $e+3$

출제유형 | 정적분의 정의와 성질을 이용하여 정적분의 값을 구하는 문제가 출제된다.

출제유형잡기 | 정적분의 정의와 성질을 이용하여 문제를 해결한다.

(1) 함수 $f(x)$가 닫힌구간 $[a, b]$에서 연속이고

$f(x)$의 한 부정적분을 $F(x)$라 할 때,

$$\int_a^b f(x)dx = \left[F(x) \right]_a^b = F(b) - F(a)$$

(2) 임의의 세 실수 a, b, c를 포함하는 구간에서

두 함수 $f(x)$, $g(x)$가 연속일 때,

① $\int_a^b kf(x)dx = k\int_a^b f(x)dx$ (단, k는 상수)

② $\int_a^b \{f(x) + g(x)\}dx = \int_a^b f(x)dx + \int_a^b g(x)dx$

③ $\int_a^b \{f(x) - g(x)\}dx = \int_a^b f(x)dx - \int_a^b g(x)dx$

④ $\int_a^c f(x)dx + \int_c^b f(x)dx = \int_a^b f(x)dx$

160

부등식

$$\left| \int_{1-2n}^{2n+1} \frac{\pi x}{2} \cos\left(\frac{\pi x}{2} \right) dx \right| < 40$$

을 만족시키는 모든 자연수 n의 합을 구하시오. [4점]

부등식

161

최고차항의 계수가 1인 이차함수 $f(x)$에 대하여 실수 전체의 집합에서 정의된 함수

$$g(x) = e^{f(x)}$$

가 모든 실수 x에 대하여

$$\int_a^{2a+x} g(t)\,dt = \int_{2a-x}^{a+4} g(t)\,dt$$

를 만족시킨다. $g(a) = 1$일 때, $|g'(a)|$의 값을 구하시오. (단, a는 상수이다.) [4점]

치환적분법을 이용한 정적분

출제유형 | 치환적분법을 이용하여 정적분의 값을 구하는 문제가 출제된다.

출제유형잡기 | $g(x) = t$로 치환한 후

$g(\alpha) = a$, $g(\beta) = b$일 때,

$$\int_{\alpha}^{\beta} f(g(x))g'(x)dx = \int_{a}^{b} f(t)dt$$

임을 이용하여 문제를 해결한다.

162

함수 $f(x) = \dfrac{x^2 - ax}{e^x}$ $(a > 0)$ 가 $\alpha \le x_1 < x_2 \le a$인 임의의 두 실수 x_1, x_2에 대하여

$f(x_1) - f(x_2) < e^{f(x_1)} - e^{f(x_2)}$를 만족시킬 때, α의

최솟값을 $g(a)$라 하자. $\displaystyle\int_{1}^{4} 4a\,g(a)\,da$의 값은? [4점]

① $68 - \dfrac{68\sqrt{5}}{3}$ ② $72 - \dfrac{70\sqrt{5}}{3}$

③ $74 - \dfrac{73\sqrt{5}}{3}$ ④ $72 - \dfrac{73\sqrt{5}}{3}$

⑤ $72 - \dfrac{76\sqrt{5}}{3}$

163

자연수 n에 대하여 닫힌구간 $[0,\,1]$에서 정의된 함수 $f(x)$를

$$f(x)=nx(1-x)^n$$

이라 하자. 함수 $f(x)$가 $x=a_n$에서 최댓값을 갖는다고 할 때, $\displaystyle\lim_{n\to\infty}\int_0^{\sqrt{a_n}}(1+x)^nf(x)dx=\dfrac{q}{p}\left(\dfrac{e-1}{e}\right)$이다. $p+q$의 값을 구하시오. (단, p와 q는 서로소인 자연수이다.) [4점]

164

최고차항의 계수가 1인 삼차함수 $f(x)$와 최고차항의 계수가 1인 이차함수 $g(x)$에 대하여 방정식 $f(x)=g(x)$의 실근이 $x=a$, $x=b\ (a<b\le 0)$뿐이고 다음 성질을 만족시킨다.

> (가) $g(a)=g(a+4)=0$
> (나) 방정식 $f(x)=0$은 서로 다른 세 실근을 갖는다.

$g(1)=-4$이고 $f'(1)=5$일 때, $\displaystyle\int_a^b\dfrac{(x+1)^2}{f(x)+g(x)}dx$의 값은? [4점]

① $\dfrac{1}{2}\ln\dfrac{6}{7}$ ② $\ln\dfrac{6}{7}$ ③ $\dfrac{1}{4}\ln\dfrac{7}{6}$

④ $\dfrac{1}{2}\ln\dfrac{7}{6}$ ⑤ $\ln\dfrac{7}{6}$

165

$x > \dfrac{1}{e}$ 에서 정의된 함수 $f(x) = x\ln x$ 의 역함수를 $g(x)$라 할 때,

$$\int_{e}^{2e^2} \frac{1}{x\,f'(g(x))}\,dx$$

의 값은? [4점]

① $\dfrac{\ln 2}{2}$ ② $\ln 2$ ③ 1 ④ $\ln 3$ ⑤ $2\ln 2$

166

최고차항의 계수가 1인 삼차함수 $f(x)$가 다음 조건을 만족시킨다.

> (가) $a > 2$인 실수 a에 대하여 $f(1) = f(2) = f(a)$이다.
>
> (나) $\displaystyle\int_{1}^{2} \frac{f'(x)}{f(x)}\,dx = \ln f(a)$

$f(3) = 2$일 때, a의 값은? (단, $f(a) > 0$) [4점]

① $\dfrac{5}{2}$ ② 3 ③ $\dfrac{7}{2}$ ④ 4 ⑤ $\dfrac{9}{2}$

167

함수 $f(x) = x^3 + x$ 가 있다. 실수 t에 대하여 곡선 $y = f(x)$와 직선 $y = t$의 교점의 x좌표를 $g(t)$라 하자.

$\displaystyle\int_{-4}^{20} \dfrac{x}{f'\left(g\left(\dfrac{1}{2}x\right)\right)} dx$의 값을 구하시오. [4점]

168

실수 전체의 집합에서 연속인 함수 $f(x)$가 다음 조건을 만족시킨다.

(가) $f(x) = \begin{cases} ax + b & (x < 2) \\ g(x) & (x \geq 2) \end{cases}$

(나) $x \geq 2$인 모든 실수 x에 대하여

$f(x^2) = \dfrac{f(x) + e^x}{x}$ 이다.

$\displaystyle\int_{2}^{4} g(x)dx = \int_{0}^{16} f(x)dx = e^2$, $g(2) = e^4$일 때,

$\dfrac{f(-2)}{-e^4}$의 값은? (단, a와 b는 상수이다.) [4점]

① 5   ② $\dfrac{11}{2}$ ③ 6   ④ $\dfrac{13}{2}$ ⑤ 7

169

열린구간 $\left(-\dfrac{\pi}{2},\ \dfrac{\pi}{2}\right)$ 에서 정의된 함수

$$f(x)=\dfrac{a}{2}+\int_0^x \dfrac{\sec t(a\sec t-\tan t)}{\sec t+\tan t}dt$$

에 대하여 $f'(0)=-1$ 일 때, $f\left(\dfrac{\pi}{6}\right)$ 의 값은? [4점]

① $-\dfrac{2+\ln\sqrt{3}}{4}$ ② $-\dfrac{1+\ln 3}{2}$ ③ $-1-\ln 3$

④ $\dfrac{2+\ln\sqrt{3}}{4}$ ⑤ $\dfrac{1+\ln 3}{2}$

170

함수 $f(x)$ 는 실수 전체의 집합에서 도함수가 연속이고 다음 조건을 만족시킨다.

> (가) $x<1$ 일 때, $f'(x)=-4x+a$ 이다.
> (나) $x\geq 0$ 인 모든 실수 x 에 대하여
> $\quad f(x^2+1)=e^{f(-x+1)}+b$ 이다.

$\displaystyle\int_0^1 (1-x)e^{f(x)}dx-\dfrac{1}{2}\int_1^2 f(x)dx=-4$ 를 만족시킬

때, $a+b$ 의 값을 구하시오. (단, $a,\ b$ 는 상수이다.) [4점]

171

미분가능한 함수 $f(x)$가 다음 조건을 만족시킨다.

> (가) $x_1 < x_2$인 임의의 두 실수 x_1, x_2에 대하여
> $f(x_1) > f(x_2)$이다.
> (나) 닫힌구간 $[1, 4]$에서 함수 $f(x)$의 최댓값은
> 5이고 최솟값은 1이다.

$\int_2^8 f\left(\dfrac{1}{2}x\right)dx = 10$일 때, $\int_1^5 f^{-1}(x)dx$의 값을

구하시오. [4점]

172

실수 전체의 집합에서 증가하고 도함수가 실수 전체의 집합에서 연속인 함수 $f(x)$가 다음 조건을 만족시킨다.

> (가) $f(1) = 1$, $\displaystyle\int_1^3 f(x)dx = \dfrac{15}{4}$
> (나) 함수 $f(x)$의 역함수를 $g(x)$라 할 때, $x \geq 1$인
> 모든 실수 x에 대하여 $g(3x) = 3f(x)$이다.

$\displaystyle\int_1^9 xf'(x)dx$의 값은? [4점]

① 37　　② $\dfrac{75}{2}$　　③ 38　　④ $\dfrac{77}{2}$　　⑤ 39

173

실수 전체의 집합에서 정의되고 도함수가 연속인 두 함수 $f(x)$, $g(x)$가 다음 조건을 만족시킨다.

(가) 모든 실수 x에 대하여 $f\big(g(e^x + 1)\big) = e^x$이다.

(나) $\displaystyle\int_2^3 \frac{2x-2}{f'(g(x))}dx = 4$

$\displaystyle\int_{g(2)}^{g(3)} f(x)dx$의 값을 구하시오. [4점]

출제유형 | 부분적분법을 이용하여 정적분의 값을 구하는 문제가 출제된다.

출제유형잡기 | 두 함수 $f(x)$, $g(x)$가 미분가능하고 $f'(x)$, $g'(x)$가 닫힌구간 $[a, b]$에서 연속일 때,

$$\int_a^b f(x)g'(x)dx = \left[f(x)g(x) \right]_a^b - \int_a^b f'(x)g(x)dx$$

임을 이용하여 문제를 해결한다.

$0 \leq x \leq 1$일 때, x에 대한 방정식

$$2\pi \int_0^{4x} |t - 2x| \sin 2\pi t\, dt = 2x - 2x \cos 8\pi x$$

의 서로 다른 실근의 개수를 구하시오. [4점]

175

실수 전체의 집합에서 도함수가 연속인 두 함수 $f(x)$와 $g(x)$가 모든 실수 x에 대하여 다음 조건을 만족시킨다.

> (가) $f(-x) = f(x)$, $f(x+2) = f(x)$
> (나) $g(-x) + g(x) = 0$, $g(x+2) = g(x)$

$\displaystyle\int_{-3}^{7} f(x)\{x + g'(x)\}dx = 100$, $\displaystyle\int_{0}^{1} f(x)dx = 3$이고

$g(1) = 0$일 때, $\left(\displaystyle\int_{0}^{1} f'(x)g(x)dx\right)^2$의 값을 구하시오.

[4점]

176

실수 전체의 집합에서 정의된 함수 $f(x)$에 대하여 $f'(x) = e^{x^2}$이고 $a < 0$인 어떤 실수 a에 대하여 $f(a) = 0$이다. 함수 $f(x)$와 x축, y축으로 둘러싸인 부분의 넓이가 3일 때, e^{a^2}의 값을 구하시오. [4점]

177

실수 전체의 집합에서 $f(-x)=f(x)$이고 도함수가 연속인 함수 $f(x)$가 있다. 실수 전체의 집합에서 함수 $g(x)$가

$$g(x)=\int_0^x f(t)\,e^{f(t)}\,dt$$

일 때, 함수 $g(x)$는 다음 조건을 만족시킨다.

> (가) 함수 $g(x)$는 $x=1$에서 극값 3을 갖는다.
>
> (나) $\displaystyle\int_0^1 e^{f(x)}\,dx=1$

$\displaystyle\int_{-1}^1 x f(x) f'(x) e^{f(x)}\,dx$의 값은? [4점]

① -6 ② -2 ③ 2 ④ 6 ⑤ 10

178

함수 $f(x)$는 실수 전체의 집합에서 $f(x)>0$이고 다음 조건을 만족시킨다.

> (가) $f(1)=2$, $f(3)=1$
>
> (나) $\displaystyle\int_1^3 \ln f(x)\,dx=\dfrac14$

함수 $f(x)$의 역함수 $f^{-1}(x)$가 존재할 때,

$\displaystyle\int_1^2 \dfrac{f^{-1}(x)}{x}\,dx$의 값은? [4점]

① $\ln 2+\dfrac18$ ② $\ln 2+\dfrac14$ ③ $\ln 2+\dfrac12$

④ $2\ln 2+\dfrac14$ ⑤ $2\ln 2+\dfrac12$

정적분으로 나타낸 함수의 미분

출제유형 | 정적분으로 나타낸 함수 $\displaystyle\int_a^x f(t)dt$, $\displaystyle\int_a^x xf(t)dt$를 미분하는 문제가 출제된다.

출제유형잡기 | $\displaystyle\int_a^x f(t)dt$, $\displaystyle\int_a^x xf(t)dt$를 포함하는 함수가 주어질 때, 다음을 이용하여 문제를 해결한다.

(1) $\dfrac{d}{dx}\displaystyle\int_a^x f(t)dt = f(x)$, $\displaystyle\int_a^a f(t)dt = 0$

(2) $\dfrac{d}{dx}\displaystyle\int_a^x xf(t)dt = \displaystyle\int_a^x f(t)dt + xf(x)$

179

양수 k에 대하여 $0 < x < 2\pi$에서 정의된 함수

$$f(x) = \int_0^x (\cos t - k\sin t)dt$$

의 극댓값과 극솟값의 곱은? [4점]

① -2　　② -1　　③ 1　　④ 2　　⑤ 3

180

함수 $f(x) = (\ln x)^2 + 1$와 실수 전체의 집합에서 연속인 함수 $g(x)$에 대하여 양의 실수 전체의 집합에서

$$g(\ln x) = \int_0^{\ln x} f(xe^t)dt - f(x)$$

을 만족시킬 때, $\displaystyle\int_0^1 g(x)dx = -\dfrac{q}{p}$ 이다. $p+q$의 값을 구하시오. (단, p와 q는 서로소인 자연수이다.) [4점]

181

양의 실수 전체의 집합에서 미분가능한 함수 $f(x)$가 모든 양수 x에 대하여

$$xf(x) + 2\int_1^x f(t)dt = 3x + 2\ln x + a$$

를 만족시킨다. $f(1) = 4$일 때, $f(2a)$의 값은? (단, a는 상수이다.) [4점]

① $\dfrac{7}{4}$ ② 2 ③ $\dfrac{9}{4}$ ④ $\dfrac{5}{2}$ ⑤ $\dfrac{11}{4}$

182

미분가능한 함수 $y = f(x)$의 그래프가 모든 실수 x에 대하여

$$f(x) = \int_1^{x+1} t f(t-1) dt$$

이다. $f(-1) = 1$일 때, $\int_{-1}^{0} x(x+1)(x+2)f(x)dx$의 값은? [4점]

① $\dfrac{5}{2}$ ② 3 ③ $\dfrac{7}{2}$ ④ 4 ⑤ $\dfrac{9}{2}$

183

닫힌구간 $[-1, 1]$에서 정의된 함수

$$f(x) = \int_{-1}^{x} \sqrt{1-t^2} \, dt$$

가 있다. 닫힌구간 $[0, 2\pi]$에서 정의된 함수

$$g(\theta) = f(\cos\theta) - f(\sin\theta)$$

의 극솟값과 극댓값의 차는? [4점]

① $\pi - 2$ ② $\dfrac{\pi}{2} - 1$ ③ 0

④ $\dfrac{\pi}{2} + 1$ ⑤ $\pi + 2$

출제유형 | 정적분의 정의와 미분계수의 정의를 이용하여 함수의 극한값을 구하는 문제가 출제된다.

출제유형잡기 | 연속함수 $f(x)$와 상수 a에 대하여 $\lim_{x \to a} \dfrac{1}{x-a} \displaystyle\int_a^x f(t)dt$ 의 값을 구할 때, $f(t)$의 한 부정적분을 $F(t)$라 하면

(1) $\displaystyle\lim_{x \to a} \dfrac{1}{x-a} \int_a^x f(t)dt = \lim_{x \to a} \dfrac{F(x)-F(a)}{x-a}$

(2) $f(a) = F'(a) = \displaystyle\lim_{x \to a} \dfrac{F(x)-F(a)}{x-a}$

임을 이용하여 문제를 해결한다.

184

$0 < a < \pi$일 때, 함수 $f(x) = \dfrac{a}{2}\cos ax$가

$$\lim_{x \to 0} \frac{1}{x^2} \int_0^x f(t)\cos\frac{\pi(x-1)}{2}dt = \frac{\pi^2}{16}$$

을 만족시킬 때, $f\left(\dfrac{4}{3}\right)$의 값은? [4점]

① $\dfrac{\pi}{4}$　② $\dfrac{\pi}{8}$　③ $\dfrac{\pi}{16}$　④ $\dfrac{\pi}{32}$　⑤ $\dfrac{\pi}{64}$

185

함수 $f(x) = \pi \sin(\pi x)$와 함수
$g(x) = \sin|\pi x| + \sin(\pi x)$에 대하여 함수 $h(x)$를

$$h(x) = \begin{cases} \dfrac{1}{a}f(x) + g(x) & (x < 0) \\[2mm] \dfrac{1}{\pi}f(x)g(x) & (x \geq 0) \end{cases}$$

이라 하자. 함수

$$\left| \int_a^x h(t)\,dt \right|$$

가 실수 전체의 집합에서 미분가능할 때, a의 최솟값을
구하시오. (단, $a > 0$) [4점]

186

실수 전체의 집합에서 도함수가 연속인 함수 $f(x)$가 다음
조건을 만족시킨다.

> (가) $f'(x) = (1 - |x|)\sin(\pi - |x|)$
>
> (나) $\displaystyle\lim_{x \to 0} \frac{1}{x} \int_0^{\frac{x}{4}} f(4t + \pi)\,dt = \frac{1}{4}$

$f(-\pi)$의 값은? [4점]

① $\pi - 1$ ② $2\pi - 1$ ③ $2\pi - 2$
④ $2\pi - 3$ ⑤ $2\pi - 5$

187

두 상수 a, b에 대하여 함수

$$f(x) = ax^2 + b\int_0^x f(s)\,ds$$ 가

$$\lim_{x \to 1}\frac{1}{x^2-1}\int_{x-1}^{x+1} f(t)\,dt = 4$$

을 만족시킨다. $f'(2) = 16$일 때, $a+b$의 값은? [4점]

① 1 　　② 2 　　③ 3 　　④ 4 　　⑤ 5

188

구간 $[0, 2)$에서 연속인 함수 $f(x)$의 도함수 $f'(x)$가 모든 자연수 k에 대하여 각 구간

$$\left[2 - \frac{1}{2^{k-2}},\ 2 - \frac{1}{2^{k-1}}\right)$$ 에서 $f'(x) = \sin(2^k \pi x)$이다.

$f(0) = 0$일 때, $\displaystyle\lim_{k \to \infty}\int_0^{2-\frac{1}{2^{k-1}}} f(x)\,dx$의 값은? [4점]

① $\dfrac{1}{3\pi}$ 　② $\dfrac{2}{3\pi}$ 　③ $\dfrac{1}{\pi}$ 　④ $\dfrac{4}{3\pi}$ 　⑤ $\dfrac{5}{3\pi}$

출제유형 | 정적분을 이용하여 급수의 합을 구하는 문제가 출제된다.

출제유형잡기 | 급수의 합은 경우에 따라 여러 가지의 정적분으로 나타낼 수 있음을 알고 이를 이용하여 문제를 해결한다.

$$\lim_{n \to \infty} \sum_{k=1}^{n} f\left(a + \frac{p}{n}k\right)\frac{p}{n}$$

$$= \int_{a}^{a+p} f(x)dx$$

$$= \int_{0}^{p} f(a+x)dx$$

$$= p\int_{0}^{1} f(a+px)dx \quad (단, a, p는 상수이다.)$$

189

함수 $f(x) = a\cos x + b$ 이 있다. $n \geq 2$인 자연수 n과 실수 $m \left(0 < m < \frac{\pi}{2}\right)$에 대하여 닫힌구간 $[0, m]$을 n등분한 각 분점을 차례로 $0 = x_0, x_1, x_2, \cdots,$ $x_n = m$이라 하자. $x_k - x_{k-1}$을 밑변으로 하고 높이가 $f(x_k)$인 직사각형의 넓이를 S_k이라 할 때, 함수 $g(m) = \lim_{n \to \infty} \sum_{k=1}^{n} \tan\frac{mk}{n} S_k$라 하자. $g\left(\frac{\pi}{3}\right) = 2$일 때, $f\left(\frac{\pi}{3}\right)$의 값을 구하시오. (단, $k = 1, 2, 3, \cdots, n$이고, a, b는 유리수이다.) [4점]

190

그림과 같이 곡선 $x^2 + y^2 = 25$ $(y \geq 0)$위의 두 점 A$(5, 0)$, B$(0, 5)$과 2이상의 자연수 n에 대하여 호 AB를 n등분하는 점을 점 A에 가까운 점부터 차례로 P_1, P_2, $\cdots$, P_k, $\cdots$, P_{n-1} $(1 \leq k \leq n-1)$이라 하고, 점 B를 P_n이라 하자. 점 C$(-1, 0)$에 대하여 선분 AC, 선분 CP_k, 호 AP_k로 둘러싸인 도형의 넓이를 $S(k)$라 할 때, $\displaystyle\lim_{n \to \infty} \frac{1}{n} \sum_{k=1}^{n} S(k)$의 값은? [4점]

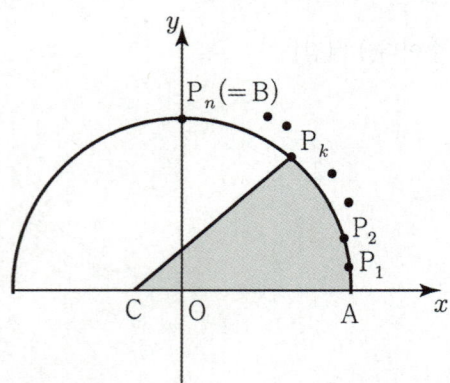

① $\dfrac{25\pi}{4} + \dfrac{10}{\pi}$ ② $\dfrac{25\pi}{4} + \dfrac{5}{\pi}$

③ $\dfrac{25\pi}{2} + \dfrac{10}{\pi}$ ④ $\dfrac{25\pi}{16} + \dfrac{5}{\pi}$

⑤ $\dfrac{25\pi}{8} + \dfrac{5}{\pi}$

191

그림과 같이 닫힌구간 $[1, 2]$를 n등분한 점을 각각

$$x_0(=1),\ x_1,\ x_2,\ x_3,\ \cdots,\ x_n(=2)$$

라 하자. 곡선 $y = e^x$위의 점 $P_k\left(x_k, e^{x_k}\right)$ $(k = 1, 2, 3, \cdots, n)$에서의 접선이 x축, y축과 만나는 점을 각각 Q_k, R_k라 하자. 삼각형 OQ_kR_k의 넓이를 S_k라 할 때, $\displaystyle\lim_{n \to \infty} \sum_{k=1}^{n} \frac{S_k}{k}$의 값은? (단, O는 원점이다.) [4점]

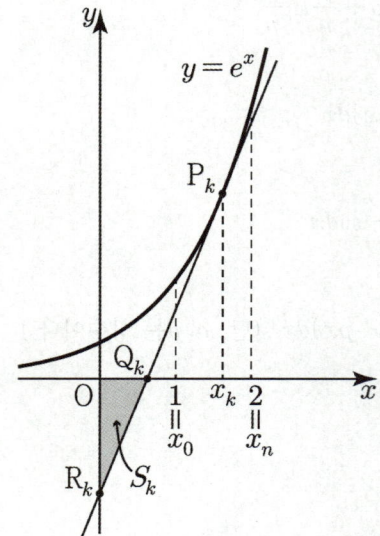

① 1 ② $\dfrac{1}{2}e$ ③ 2

④ e ⑤ $\dfrac{3}{2}e$

192

함수 $f(x) = \dfrac{\ln x}{x}$ 에 대하여

$\displaystyle\lim_{n \to \infty} \sum_{k=1}^{n} \left\{ \dfrac{k}{k^2 - 4n^2} \times \dfrac{k}{n - \ln\left(\dfrac{k}{n}\right)^n} \times f'\left(\dfrac{k}{n}\right) \right\}$ 의 값은?

[4점]

① $-\ln 3$ ② $-\dfrac{\ln 3}{2}$ ③ $-\dfrac{\ln 3}{3}$

④ $-\dfrac{\ln 3}{4}$ ⑤ $-\dfrac{\ln 3}{5}$

193

다음 그림과 같이 닫힌구간 $[0, 2]$를 n등분한 점을 각각

$$x_0(=0),\ x_1,\ x_2,\ \cdots,\ x_n(=2)$$

라 하자. 곡선 $y = \dfrac{1}{e^x}$ 위의 점

$$\mathrm{P}_k\left(x_k, \dfrac{1}{e^{x_k}}\right) (k = 1, 2, 3, \cdots, n)$$

에서의 접선이 x축과 만나는 점을 Q_k라 하자. 삼각형 $\mathrm{OQ}_k\mathrm{P}_k$의 넓이를 S_k라 할 때, $\displaystyle\lim_{n \to \infty} \dfrac{1}{n} \sum_{k=1}^{n} S_k$의 값은? (단, O는 원점이다.) [4점]

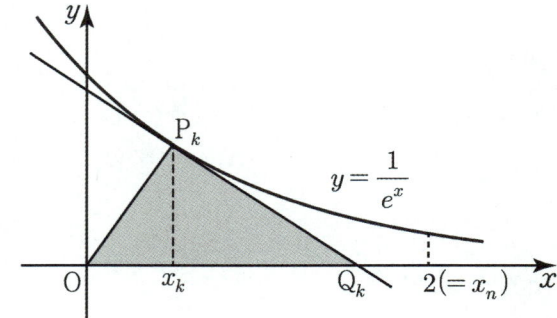

① $\dfrac{1}{2} - \dfrac{1}{e^2}$ ② $1 - \dfrac{1}{e^2}$ ③ $1 - \dfrac{2}{e^2}$

④ $\dfrac{1}{2} - \dfrac{2}{e^2}$ ⑤ $2e - 2$

출제유형 | 곡선과 좌표축 사이의 넓이를 구하는 문제가 출제된다.

출제유형잡기 | 곡선 $y = f(x)$와 x축 및 두 직선 $x = a$, $x = b \ (a < b)$로 둘러싸인 영역의 넓이 S는

$$S = \int_a^b |f(x)| \, dx$$

임을 이용하여 문제를 해결한다.

194

$a_n \geq 0$인 수열 $\{a_n\}$에 대하여

$$a_1 = 0, \quad \int_{a_n}^{a_{n+1}} e^{\frac{1}{2}x} \, dx = 1$$

이다. 곡선 $y = e^{-x}$와 x축 및 두 직선 $x = a_n$, $x = a_{n+1}$로 둘러싸인 도형의 넓이를 S_n이라 할 때, $\displaystyle\lim_{n \to \infty} n^3 S_n$의 값을 구하시오. [4점]

195

양수 a에 대하여 함수 $f(x)=(-ax-1)e^{ax+a}$은

$x=b$에서 최댓값을 갖는다. 함수

$g(a)=\displaystyle\int_b^0 |f(x)|\,dx$의 최솟값은? [4점]

① $1-\dfrac{1}{e}$　　　② $2\left(1-\dfrac{1}{e}\right)$　　　③ $2-\dfrac{1}{e}$

④ $2\left(2-\dfrac{1}{e}\right)$　　　⑤ $2\left(e-\dfrac{1}{e}\right)$

196

$x \geq 0$에서 정의된 함수 $f(x)=e^x(x-1)$에 대하여 t가

실수일 때, $(x-1-t)\{f(x)-t\} \leq 0$을 만족하는 x의

최댓값을 $g(t)$라 하자. $\displaystyle\int_{-1}^1 g(t)dt$의 값은?

(단, $t \geq -1$) [4점]

① $e-2$　　　② $e-\dfrac{1}{2}$　　　③ $e+\dfrac{1}{2}$

④ $e+1$　　　⑤ $e+\dfrac{3}{2}$

197

실수 전체의 집합에서 미분가능한 두 함수 $f(x)$와 $g(x)$가 다음을 만족시킨다.

(가) 닫힌구간 $[0, k]$에서
  $f(x) = -x^2(x-2)^2 + 2$이다.
(나) 모든 실수 x에 대하여
  $\{g'(x)\}^2 - \{f'(x)\}^2 = 1$이다.
(다) $g(k) = 0$, $g(2k) = k$

$\displaystyle\int_k^{2k} f(x)\,dx$의 최댓값을 M, 최솟값을 m이라 할 때,

$M^2 + m^2$의 값을 구하시오. (단, k는 양의 상수이다.)

[4점]

출제유형 | 두 곡선 사이의 넓이를 구하는 문제가 출제된다.

출제유형잡기 | 두 곡선 $y=f(x)$, $y=g(x)$및 두 직선 $x=a$, $x=b$ $(a<b)$로 둘러싸인 영역이 넓이 S는

$$S=\int_{a}^{b}|f(x)-g(x)|\,dx$$

임을 이용하여 문제를 해결한다.

198

그림과 같이 곡선 $y=\dfrac{e^{x}-1}{2}$과 직선 $y=mx$로 둘러싸인 부분의 넓이를 S_1, 곡선 $y=\dfrac{e^{x}-1}{2}$과 두 직선 $y=mx$, $y=\dfrac{e^{2}-1}{2}$로 둘러싸인 부분의 넓이를 S_2라 하자. $S_1=S_2$일 때, 상수 m의 값은?

(단, $0<m<\dfrac{e^{2}-1}{4}$) [4점]

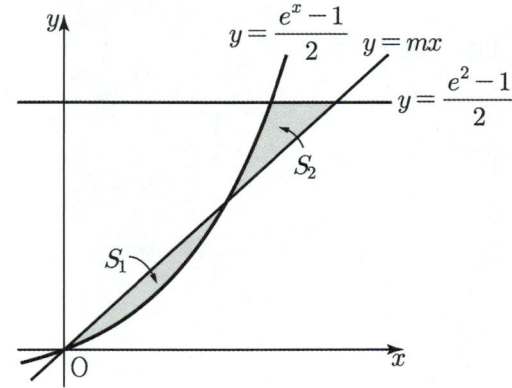

① $\dfrac{(e^{2}-1)^{2}}{4(e^{2}+1)}$
② $\dfrac{(e^{2}-1)^{2}}{6(e^{2}+1)}$
③ $\dfrac{(e^{2}-1)^{2}}{8(e^{2}+1)}$

④ $\dfrac{(e^{2}-1)^{2}}{10(e^{2}+1)}$
⑤ $\dfrac{(e^{2}-1)^{2}}{12(e^{2}+1)}$

199

구간 $[1, \infty)$에서 정의된 함수 $f(x)$가

$$f'(x) = \ln x, \quad f(1) = 0$$

을 만족시킬 때, 함수 $f(x)$의 역함수를 $g(x)$라 하자. 곡선 $y = |g(x) - 2|$과 직선 $y = 1$으로 둘러싸인 부분의 넓이는? [4점]

① $\dfrac{9}{2}\ln 3 - 4\ln 2 - \dfrac{1}{4}$ ② $\dfrac{9}{2}\ln 3 - 4\ln 2 - \dfrac{1}{2}$

③ $\dfrac{9}{2}\ln 3 - 4\ln 2 - 1$ ④ $\dfrac{9}{2}\ln 3 - 4\ln 2 - \dfrac{3}{2}$

⑤ $\dfrac{9}{2}\ln 3 - 4\ln 2 - 2$

200

$t > 1$인 실수 t에 대하여 직선 $y = tx$와 곡선 $y = e^x - 1$이 만나는 점의 x좌표를 $f(t)$ $(f(t) > 0)$라 하고, 직선 $y = tx$와 곡선 $y = e^x - 1$으로 둘러싸인 부분의 넓이를 $S(t)$라 하자. $f(\alpha) = \ln 2$인 상수 α에 대하여 $S'(\alpha) = \dfrac{q}{p}(\ln 2)^2$이다. $p + q$의 값을 구하시오. (단, p, q는 서로소인 자연수이다.) [4점]

201

실수 전체의 집합에서 도함수가 연속인 함수 $f(x)$에 대하여 방정식 $f(x) = 2$의 해집합은 $\{-2, \ a\}$이고 $f(2) = 3$이다. 다음 그림과 같이 곡선 $y = f(x)$와 $y = 2$ 및 직선 $x = 2$로 둘러싸인 두 부분의 넓이를 각각 A, B라 하자. $A - B = 1$일 때. $\displaystyle\int_{-2}^{2} x f'(x) dx$의 값을 구하시오. (단, $-2 < a < 2$) [4점]

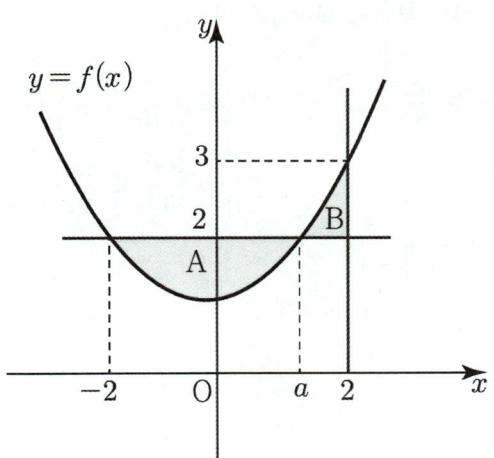

202

함수 $f(x) = xe^x \ (x \geq 0)$의 역함수를 $g(x)$라 하자. 다음 그림과 같이 곡선 $y = g(x)$와 직선

$y = k \ (0 < k < 1)$가 제1사분면에서 만나고 있다.

곡선 $y = g(x)$와 y축 및 직선 $y = k$로 둘러싸인 부분의 넓이를 S_1, 곡선 $y = g(x)$와 두 직선

$y = k$, $x = e$로 둘러싸인 부분의 넓이를 S_2라 하자.

$S_1 = S_2$일 때 상수 k의 값은? [4점]

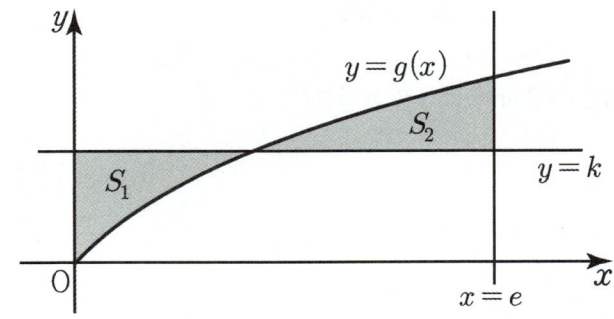

① $\dfrac{1}{2}$ ② $1 - \dfrac{1}{e}$ ③ $\dfrac{2}{3}$

④ $\dfrac{2}{e}$ ⑤ $2 - \dfrac{2}{e}$

출제유형 | 정적분을 이용하여 입체도형의 부피를 구하는 문제가 출제된다.

출제유형잡기 | 닫힌구간 $[a, b]$의 임의의 점 x에서 x축에 수직인 평면으로 입체도형을 자른 단면의 넓이가 $S(x)$이고 함수 $S(x)$가 닫힌구간 $[a, b]$에서 연속일 때, 이 입체도형의 부피 V는

$$V = \int_a^b S(x)\,dx$$

임을 이용하여 문제를 해결한다.

203

$0 \leq x \leq \dfrac{\pi}{2}$에서 정의된 함수 $h(x)$는

$\left(h(x) - \sqrt{x\sin^2 x}\right)\left(h(x) - \sqrt{x\cos^2 x}\right) = 0$을

만족한다. 곡선 $y = h(x)$ $\left(0 \leq x \leq \dfrac{\pi}{2}\right)$와 x축 및

직선 $x = \dfrac{\pi}{2}$로 둘러싸인 부분을 밑면으로 하고 x축에

수직인 평면으로 자른 단면이 모두 정삼각형일 때, 이 입체도형의 부피의 최댓값은? [4점]

① $\dfrac{\pi^2}{4} + \dfrac{\pi}{8}$ 　　　② $\dfrac{\sqrt{3}\,\pi}{16}\left(\dfrac{\pi}{2} + 1\right)$

③ $\dfrac{\pi^2}{8} + \dfrac{\pi}{4}$ 　　　④ $\dfrac{3\pi^2}{32} + \dfrac{\pi}{8}$

⑤ $\dfrac{\sqrt{3}\,\pi}{32}\left(\dfrac{\pi}{2} + 1\right)$

204

그림과 같이 곡선 $y = \sin x - \cos x + 1$

$\left(0 \leq x \leq \dfrac{3\pi}{2}\right)$과 x축, $x = a$, $x = a + \dfrac{\pi}{2}$로 둘러싸인

부분을 밑면으로 하고 x축에 수직인 평면으로 자른

단면이 모두 정사각형인 입체의 부피의 최댓값은? (단,

$0 < a < \pi$) [4점]

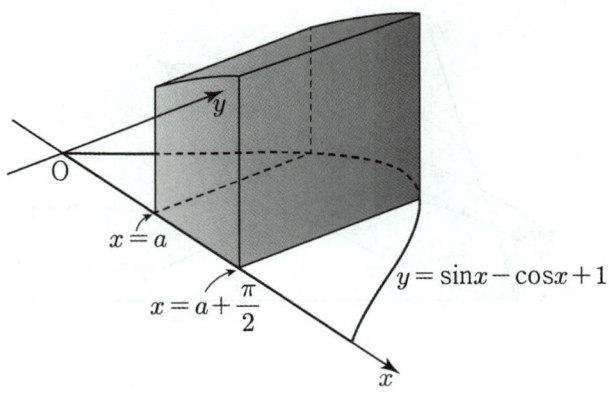

① $\pi + 3$ ② $\pi + 4$ ③ $\pi + 5$

④ $2\pi + 3$ ⑤ $2\pi + 4$

205

실수 전체의 집합에서 연속이고 구간 $[0, \pi]$에서

$f(x) \geq 0$인 함수 $f(x)$가 있다. 양수 t에 대하여 곡선

$y = f(x)$와 x축, y축 및 직선 $x = t \; (0 < t < \pi)$로

둘러싸인 부분을 밑면으로 하고 x축에 수직인 평면으로

자른 단면이 모두 정삼각형인 입체도형의 부피가

$\dfrac{\sqrt{3}}{8} t + \dfrac{\sqrt{3}}{8} \sin t$이다. 구간 $[0, \pi]$에서 곡선

$y = f(x)$와 x축으로 둘러싸인 부분의 넓이를 구하시오.

[4점]

206

다음 그림과 같이 두 곡선 $y = \sqrt{\cos x}$, $y = -\tan x$와 두 직선 $x = -\dfrac{\pi}{6}$, $x = \dfrac{\pi}{6}$로 둘러싸인 도형을 밑면으로 하는 입체도형이 있다. 이 입체도형을 x축에 수직인 평면으로 자른 단면이 모두 정삼각형일 때, 이 입체도형의 부피는? [4점]

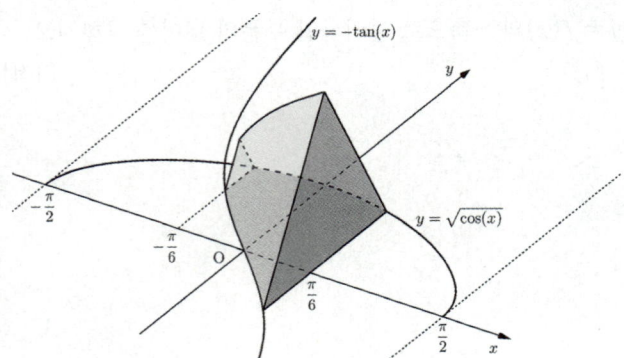

① $\dfrac{\sqrt{2}}{8} + \dfrac{1}{2} - \dfrac{\sqrt{3}}{6}\pi$ ② $\dfrac{\sqrt{3}}{4} + \dfrac{1}{2} - \dfrac{\sqrt{3}}{12}\pi$

③ $\dfrac{\sqrt{3}}{4} + \dfrac{1}{4} - \dfrac{\sqrt{3}}{24}\pi$ ④ $\dfrac{\sqrt{3}}{8} + \dfrac{3}{8} - \dfrac{\sqrt{3}}{24}\pi$

⑤ $\dfrac{\sqrt{3}}{8} + \dfrac{1}{4} - \dfrac{\sqrt{3}}{24}\pi$

207

곡선 $y = -\cos x + 1$과 곡선 $y = \sin x + 1$위의 점 P(0, 1)에서의 접선 l이 있다. 다음 그림과 같이 곡선 $y = -\cos x + 1$ 및 접선 l과 두 직선 $x = 0$, $x = \pi$로 둘러싸인 도형을 밑면으로 하는 입체도형을 x축에 수직인 평면으로 자른 단면이 모두 정삼각형일 때, 이 입체도형의 부피는? [4점]

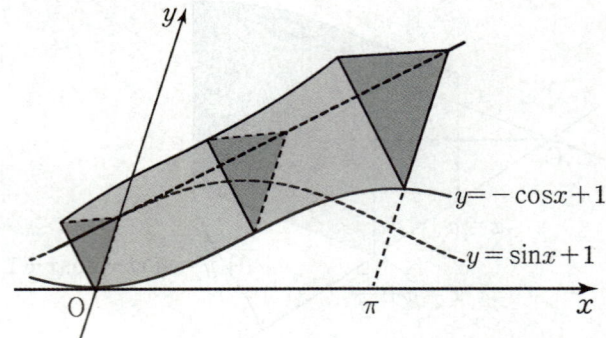

① $\dfrac{\sqrt{3}}{4}\left(-4 + \dfrac{\pi}{2} + \dfrac{\pi^3}{3}\right)$

② $\dfrac{\sqrt{3}}{4}\left(-2 + \dfrac{\pi}{3} + \dfrac{\pi^3}{3}\right)$

③ $\dfrac{\sqrt{3}}{4}\left(-6 + \pi + \dfrac{\pi^3}{3}\right)$

④ $\dfrac{\sqrt{3}}{4}\left(-4 + \dfrac{\pi}{4} + \dfrac{\pi^3}{4}\right)$

⑤ $\dfrac{\sqrt{3}}{4}\left(-4 + \dfrac{\pi}{4} + \dfrac{\pi^3}{6}\right)$

출제유형 | 좌표평면 위를 움직이는 점의 위치가 주어질 때, 점이 움직인 거리를 구하는 문제가 출제된다.

출제유형잡기 | 좌표평면 위를 움직이는 점 P의 시각 t $(a \leq t \leq b)$에서의 위치 (x, y)가 $x = f(t)$, $y = g(t)$일 때, 점 P가 $t = a$에서 $t = b$까지 움직인 거리 s는

$$s = \int_a^b \sqrt{\left(\frac{dx}{dt}\right)^2 + \left(\frac{dy}{dt}\right)^2}\, dt$$

$$= \int_a^b \sqrt{\{f\,'(t)\}^2 + \{g\,'(t)\}^2}\, dt$$

임을 이용하여 문제를 해결한다.

208

실수 전체의 집합에서 이계도함수를 갖는 함수 $f(t)$에 대하여 좌표평면 위를 움직이는 점 P의 시각 t $(t > 0)$에서의 위치 (x, y)가

$$\begin{cases} x = f(t) \\ y = 4\sqrt{e^t} \end{cases}$$

이다. 점 P가 점 $(f(0), 4)$로부터 움직인 거리가 s가 될 때 시각 t와 s는 $\ln|s - t| = t$를 만족한다. $t = 2$일 때 점 P의 속도는 $(1 - e^2, 2e)$이다. 시각 $t = 2$일 때, 점 P의 가속도를 (a, b)라 할 때, $\ln(a^2 b^3)$의 값을 구하시오. [4점]

209

좌표평면 위를 움직이는 점 P의 시각 t $(t \geq 0)$에서의 위치 (x, y)가

$$x = t\cos t, \quad y = t\sin t$$

이다. $t = 0$에서 $t = a$까지 점 P가 움직인 거리를 $f(a)$라 할 때, $\displaystyle\int_{\sqrt{3}}^{2\sqrt{2}} a f'(a)\,da$의 값은? (단, $a > 0$) [4점]

① $\dfrac{17}{3}$　② 6　③ $\dfrac{19}{3}$　④ $\dfrac{20}{3}$　⑤ 7

210

좌표평면 위를 움직이는 점 P는 $t = 0$일 때, 점 $\left(-\dfrac{1}{2}, -1\right)$을 출발하여 시각 t $(0 < t < 2)$에서의 속도 v가

$$v = \left(-\pi\sin\left(\pi t + \dfrac{\pi}{2}\right), \pi\cos\left(\dfrac{\pi}{2}t\right)\right)$$

이다. t $(0 < t < 2)$의 값이 $a < t < b$일 때, 점 P가 제1사분면 위에 있다. $b - a$의 최댓값은? [4점]

① $\dfrac{1}{3}$　② $\dfrac{1}{2}$　③ $\dfrac{3}{4}$　④ $\dfrac{5}{6}$　⑤ 1

출제유형 | 곡선 $y = f(x)$가 주어질 때,
$a \leq x \leq b$에서 곡선 $y = f(x)$의 길이를 구하는 문제가 출제된다.

출제유형잡기 | $a \leq x \leq b$에서 곡선 $y = f(x)$의 길이 l은

$$l = \int_a^b \sqrt{1 + \{f'(x)\}^2}\, dx$$

임을 이용하여 문제를 해결한다.

211

함수 $f(x)$가

$$f(x) = \int_0^x \sqrt{e^t(e^t + 2)}\, dt$$

라 하자. $x = 1$에서 $x = a\,(a > 1)$까지 곡선 $y = f(x)$의 길이가 $e^5 - e + 4$일 때, a의 값을 구하시오. [4점]

212

함수 $f(x) = \sqrt{e^x + 1}$ 의 역함수를 $g(x)$라 할 때, $x = 2$에서 $x = 3$까지의 곡선 $y = g(x)$의 길이는? [4점]

① $1 + \ln\dfrac{3}{2}$ ② $1 + \ln 2$ ③ $1 + \ln\dfrac{5}{2}$

④ $1 + \ln 3$ ⑤ $1 + \ln\dfrac{7}{2}$

213

좌표평면 위를 움직이는 점 P의 시각 t $(t > 0)$에서의 위치는 곡선 $y = e^{2x} + 2\sqrt{2}\,e^{-x}$ 위의 $x = \dfrac{\ln t}{2}$인 점이고 좌표평면 위를 움직이는 점 Q의 시각 t $(t > 0)$에서의 위치는 곡선 $y = -\dfrac{1}{4x}$ 위의 $x = \dfrac{1}{2t}$인 점이다. 선분 PQ를 2 : 1로 내분하는 점을 R라 할 때, 시각 $t = 1$에서 $t = 2$까지 점 R가 움직인 거리는? [4점]

① $\dfrac{1}{18}(\ln 2 + 1)$ ② $\dfrac{1}{15}(\ln 2 + 1)$

③ $\dfrac{1}{12}(\ln 2 + 1)$ ④ $\dfrac{1}{9}(\ln 2 + 1)$

⑤ $\dfrac{1}{6}(\ln 2 + 1)$

214

$x=0$에서 $x=t\left(0<t<\dfrac{\pi}{2}\right)$까지 함수

$f(x)=\dfrac{1}{4}x+\dfrac{1}{8}\sin2x-\dfrac{1}{2}\tan x$의 곡선의 길이를

$l(t)$라 하자. 실수 $k\left(0<k<\dfrac{\pi}{2}\right)$에 대하여

$l(k)-f(k)=1$을 만족시키는 실수 k의 값은? [4점]

① $\dfrac{\pi}{6}$　② $\dfrac{\pi}{4}$　③ 1　④ $\dfrac{\pi}{3}$　⑤ $\dfrac{3}{2}$

215

정의역이 $\left\{x\left|\ \dfrac{\pi}{3}<x<\dfrac{\pi}{2}\right.\right\}$인 함수

$f(x)=\displaystyle\int_{\frac{\pi}{3}}^{x}\ln(\sin\theta)\,d\theta$가 있다. $\dfrac{\pi}{3}<t<\dfrac{\pi}{2}$인 실수 t에

대하여 $\dfrac{\pi}{3}\leq x\leq t$일 때, 곡선 $y=f'(x)$의 곡선의

길이를 $l(t)$라 하자. $\displaystyle\lim_{t\to\frac{\pi}{2}-}l(t)+\lim_{t\to\frac{\pi}{3}+}\ln\left\{\dfrac{l(t)}{3t-\pi}\right\}$의

값은? [4점]

① $\ln\dfrac{2}{3}$　② $\ln\dfrac{3}{2}$　③ 1　④ $\ln2$　⑤ $2\ln3$

216

$$\lim_{n \to \infty} n \int_0^{\frac{2}{n}} \left(\frac{\sqrt{1+x}}{\sqrt{4+\sin x}} \right) dx$$ 의 값은? [4점]

① $\dfrac{1}{4}$ ② $\dfrac{1}{2}$ ③ $\dfrac{3}{4}$ ④ 1 ⑤ $\dfrac{5}{4}$

217

함수 $f(x) = \displaystyle\int_x^{x+\frac{\pi}{3}} |\sin t| \, dt$ 의 최댓값을 M, 최솟값을 m이라 할 때, $M+m$의 값은? [4점]

① $2 - \sqrt{3}$ ② $3 - \sqrt{3}$ ③ $4 - \sqrt{3}$
④ $5 - 2\sqrt{3}$ ⑤ $6 - 2\sqrt{3}$

218

구간 $[0, 3]$에서 정의된 함수 $f(x)$는

$$f(x) = \begin{cases} \sin(\pi x) & (0 \leq x < 1) \\ -\sqrt{3}\cos\left(\dfrac{1}{2}\pi x\right) & (1 \leq x \leq 3) \end{cases}$$

이다.

실수 a $(0 \leq a \leq 1)$에 대하여 $\displaystyle\int_a^{a+2} f(x)\,dx$의

최댓값은? [4점]

① $\dfrac{5+3\sqrt{3}}{2\pi}$ ② $\dfrac{7+3\sqrt{3}}{2\pi}$ ③ $\dfrac{3+4\sqrt{3}}{2\pi}$

④ $\dfrac{5+4\sqrt{3}}{2\pi}$ ⑤ $\dfrac{7+4\sqrt{3}}{2\pi}$

219

실수 전체의 집합에서 연속함수 $f(x)$는 $f(x) > 0$이고
$f'(x) = 4x^3 f(x)$를 만족하고 극솟값 e을 가진다.
함수 $f(x)$위의 점 $(1, f(1))$에서의 접선의 x절편을 k라
할 때 $4k$의 값을 구하시오. [4점]

220

열린구간 $(0, \pi)$에서 정의된 함수 $f(x) = \cos x$의 역함수를 $g(x)$라 하자. $\displaystyle\int_{\frac{1}{2}}^{\frac{\sqrt{2}}{2}} \frac{1}{x^2 \sin g(x)} dx$의 값은?

[4점]

① $\sqrt{3} - \dfrac{1}{2}$ ② $\sqrt{3} - 1$ ③ 1

④ $\sqrt{3}$ ⑤ $\sqrt{3} + 1$

221

$x \geq t$에서 정의된 함수 $f(x) = e^{x-1}$에 대하여 다음 조건을 만족시키는 직선 $y = g(x)$의 기울기의 최댓값을 $h(t)$라 하자.

(가) $g(x) + g(-x) = 0$

(나) $f^{-1}(x) = g(x)$의 실근이 존재한다.

$\displaystyle\int_0^2 h(x) dx$의 값은? (단, $f^{-1}(x)$는 $f(x)$의 역함수이다.) [4점]

① $1 + e$ ② $2 - \dfrac{2}{e}$ ③ $3 - \dfrac{3}{e}$

④ $3 - \dfrac{2}{e}$ ⑤ 3

222

모든 실수 전체의 집합에서 이계도함수가 존재하는 함수 $f(x)$ 가 다음 조건을 만족시킨다.

> (가) 모든 실수 x에 대하여
> $f(x) > 0, f'(x) < 0$이다.
> (나) $f(x)f''(x) = \{f'(x)\}^2$

$f(1) = 1$ 일 때, $y = f(x)$ 위의 점 $(1, 1)$에서의 접선이 x, y축과 만나는 점을 A, B 라 하자. 원점을 O 라 할 때 삼각형 OAB의 넓이의 최솟값은? [4점]

① 1 ② $\sqrt{2}$ ③ 2 ④ $\sqrt{5}$ ⑤ 3

223

최고차항의 계수가 1인 사차함수 $f(x)$에 대하여 함수 $g(x)$는 다음과 같다.

$$g(x) = \begin{cases} \dfrac{f(x)}{x^2 + |x| - 6} & (|x| \neq 2) \\ a & (|x| = 2) \end{cases}$$

$g(x)$는 실수 전체에서 미분가능하고, 방정식 $f(x) = 0$은 서로 다른 세 실근을 갖는다.

$a \times \displaystyle\int_0^1 (x+3)g(x)dx$의 값이 $\dfrac{q}{p}$일 때 $p + q$의 값을 구하시오. (단, p, q는 서로소인 자연수이다.) [4점]

224

양의 실수 전체의 집합에서 미분가능한 함수 $f(x)$의 도함수 $f'(x)$가

$$f'(x)=\begin{cases} e^{1-x^2} & (0 < x < 1) \\ 2x - \dfrac{1}{x} & (x \geq 1) \end{cases}$$

이고 $\displaystyle\int_0^1 f(x)dx = \int_1^2 f(x)dx$ 이다. 양수 t에 대하여 곡선 $y = f(x)$ 위의 점 $(t, f(t))$에서의 접선의 방정식을 $y = g(x)$라 하자. 함수 $h(t)$가

$$h(t)= \int_0^1 \{g(x)- f(x)\}dx + \int_1^2 \{f(x)- g(x)\}dx$$

일 때, $\displaystyle\int_0^2 t\,h(t)dt$의 값은? [4점]

① $-\dfrac{e}{2}-\dfrac{8}{3}$ ② $-\dfrac{e}{2}-\dfrac{17}{6}$ ③ $-\dfrac{e}{2}-3$

④ $-\dfrac{e}{2}-\dfrac{19}{6}$ ⑤ $-\dfrac{e}{2}-\dfrac{10}{3}$

225

함수 $f(x) = x^2 + 2x$에 대하여 함수 $F(x)$를 $F(x) = \displaystyle\int_0^x f(t)dt$ 라 하자. 실수 전체 집합에서 미분 가능한 함수 $g(x)$가 모든 실수 x에 대하여 $F(g(x)) = 5F(x)$ 만족시킨다. $16g'(1)$ 의 값을 구하시오. [4점]

226

실수 전체의 집합에서 연속인 함수 $f(x)$는 $f(x) \geq 0$ 이고 $g(x) = \displaystyle\int \sqrt{f(x)}\, dx$인 함수 $g(x)$에 대하여

$\sqrt{g(k^2) - g((k-1)^2)} = k^2$이 성립한다.

$h(x) = \displaystyle\int_x^4 \sqrt{f(t^2)}\, dt$일 때, $\displaystyle\int_0^4 h(x)\, dx$의 값을

하시오. (단, k는 $\dfrac{1}{2}$보다 큰 상수이다.) [4점]

227

닫힌구간 $[0, 4]$에서 정의된 함수 $f(x) = x + x \sin x$와 함수 $g(x) = x - x \cos x$가 있다.

$0 < x < 4$에서 함수 $y = f(x)$의 그래프 위의 점 P에서의 접선 l이 원점을 지날 때, 접선 l과 함수 $f(x)$의 그래프로 둘러싸인 부분의 넓이를 S라 하자.

$0 < x < 4$에서 함수 $y = g(x)$의 그래프 위의 점 Q에서의 접선 m이 원점을 지날 때, 접선 m과 함수 $g(x)$의 그래프로 둘러싸인 부분의 넓이를 T라 하자.

$T + S$의 값은? [4점]

① $\dfrac{5}{8}\pi^2 - 3$　　② $\dfrac{3}{4}\pi^2 - 3$　　③ $\dfrac{7}{8}\pi^2 - 3$

④ $\dfrac{5}{8}\pi^2 + 1$　　⑤ $\dfrac{3}{4}\pi^2 + 2$

228

$f(1) = 1$이고 역함수가 존재하는 함수 $f(x)$에 대하여 함수 $g(x)$가

$$g(x) = \int_0^{f(x)} \{x - f^{-1}(t)\} dt$$

이다. $g(1) = 3$일 때, 곡선 $y = g(x)$의 $x = 1$에서의 접선과 x축, y축으로 둘러싸인 부분의 넓이를 구하시오. (단, $f^{-1}(x)$는 함수 $f(x)$의 역함수이다.) [4점]

229

$f(0) = 0$인 함수 $f(x)$에 대하여 함수 $g(x)$가 모든 실수 x에 대하여 $g(x) > -x$,

$$g(x) = \int_0^x \{tf'(t) + f'(t)g(t)\} dt - x + 1$$이 성립한다.

$f(2) = 6$일 때, $g(2)$의 값은 $e^a + b$이다. $a - b$의 값을 구하시오. (단, a, b는 정수이다.) [4점]

230

이계도함수가 존재하는 $f(x)$가 모든 실수 x에 대하여

$$f(x)=e^x + \int_0^x f(t)\sin(x-t)dt$$

을 만족할 때, $f''(1)+f'(1)-2f(1)$의 값을 구하시오.

[4점]

231

모든 실수 x에 대하여 $f(x)>0$, $f'(x)>0$인 함수 $f(x)$와 도함수 $f'(x)$가 $f(2\sqrt{2})=1$, $2f(x)f'(x)=\sqrt{1+\{f(x)\}^2}$ 을 만족할 때, 함수 $f(x)$의 역함수 $g(x)$에 대하여 $g(2)$의 값은? [4점]

① $\dfrac{\sqrt{5}}{4}$ ② $\dfrac{\sqrt{2}}{3}$ ③ $\dfrac{\sqrt{2}}{2}$

④ $2\sqrt{2}$ ⑤ $2\sqrt{5}$

쉬사준킬 – 미적분 **153**

232

$\dfrac{12}{\pi}\displaystyle\int_{\frac{\pi}{6}}^{\frac{\pi}{3}}\left(\dfrac{\tan x}{1+\tan x}\right)dx$ 의 값을 구하시오. [4점]

233

$\displaystyle\int_{-1}^{1}\left(\dfrac{x^2}{1+2^x}\right)dx = k$ 일 때, $12k$의 값을 구하시오. [4점]

$\dfrac{12}{\pi}\displaystyle\int_{\frac{\pi}{6}}^{\frac{\pi}{3}}\left(\dfrac{\tan x}{1+\tan x}\right)dx$ 의 값을 구하시오. [4점]

$\displaystyle\int_{-1}^{1}\left(\dfrac{x^2}{1+2^x}\right)dx = k$ 일 때, $12k$의 값을 구하시오. [4점]

234

함수 $f(x) = \int_1^x e^{t^2}\,dt$ 에 대하여 $\int_0^1 f(x)\,dx$ 의 값은?

[4점]

① $-\dfrac{1}{2}e$ ② $\dfrac{1}{2}(1-e)$ ③ $-\dfrac{1}{2}$

④ $\dfrac{1}{4}(1-e)$ ⑤ $\dfrac{1}{2}(2-e)$

235

함수 $f(x) = \int_{\frac{\pi}{2}}^x \left(\dfrac{\sin t}{t}\right) dx$ 에 대하여 $\int_0^{\frac{\pi}{2}} f(x)\,dx$ 의 값을 k 라 할 때, $100k^2$ 의 값을 구하시오. [4점]

236

구간 $(0, 5\pi)$의 두 양수 a, b에 대하여 함수

$$f(x) = \cos(a\sin x + b)$$

가 다음 조건을 만족시킬 때, $a+b$의 최댓값은? [4점]

(가) 방정식 $f'(x) = a$의 해가 존재한다.

(나) $\displaystyle\int_0^{\frac{\pi}{2}} f(x)\cos x\,dx = -\dfrac{2}{a}$

① 6π　　② $\dfrac{13\pi}{2}$　　③ 7π　　④ $\dfrac{15\pi}{2}$　　⑤ 8π

237

모든 실수 x에 대하여 $f'(x) > 0$인 함수 $f(x)$가 다음 조건을 만족시킨다.

(가) $f(1) = 2$, $f(2) = 5$

(나) $\displaystyle\int_2^5 \dfrac{x}{f^{-1}(x)}\,dx = \dfrac{25}{4}$

$\displaystyle\int_1^2 \left(\dfrac{f(x)}{x}\right)^2 dx$의 값을 구하시오. (단, $f^{-1}(x)$는 $f(x)$의 역함수이다.) [4점]

238

자연수 n에 대하여 두 곡선 $y = x^n(x-1)$, $y = x^{n+1}(x-1)$으로 둘러싸인 도형의 넓이를 S_n이라고 할 때, $\displaystyle\sum_{n=1}^{\infty} S_n$의 값은 S이다. $6S$의 값을 구하시오.

[4점]

239

실수 전체에서 미분가능한 함수 $f(x)$가 $f(0) = 0$이고 닫힌구간 $[0, 4]$에서 $2 \le f'(x) \le 6$이다.

$\alpha \le \displaystyle\int_0^4 f(x)\,dx \le \beta$를 만족하는 α의 최댓값을 M, β의 최솟값을 m이라 할 때, $M + m$의 값을 구하시오.

[4점]

240

함수 $f(x) = \int_0^2 t\,|e^t - e^x|\,dt$ 는 $x = m$일 때 최솟값을 갖는다. m의 값은? [4점]

① $\dfrac{\sqrt{3}}{3}$ ② $\dfrac{\sqrt{2}}{2}$ ③ 1 ④ $\sqrt{2}$ ⑤ $\sqrt{3}$

241

양의 실수 전체의 집합에서 연속이고 역함수가 존재하는 함수 $f(x)$가 다음 조건을 만족시킨다.

(가) $x \geq 1$일 때, $f(x) = \dfrac{2x}{x^2 + 1}$

(나) 모든 양의 실수 x에 대하여 $f(x) = f^{-1}(x)$이다.

함수 $y = f(x)$의 그래프와 x축 및 두 직선 $x = f(3)$, $x = 3$으로 둘러싸인 부분의 넓이는? [4점]

① $\dfrac{14}{5}$ ② $\dfrac{12}{5}$ ③ $4\ln 5 - \dfrac{8}{5}$

④ $2\ln 5 - \dfrac{2}{5}$ ⑤ $2\ln 5 - \dfrac{4}{5}$

242

실수 전체의 집합에서 정의된 함수 $f(x)$가 상수 a에 대하여 다음 조건을 만족시킨다.

(가) $-1 \le x \le 1$일 때, $f(x) = \dfrac{2x}{x^2+1}$ 이다.

(나) 모든 실수 x에 대하여
$f(x+2) = f(x) + a$이다.

$\displaystyle\int_0^{10a} f(x)dx$의 값을 구하시오. [4점]

243

다음 그림과 같이 두 곡선 $f(x) = (\ln x)^2 + p \ln x$, $g(x) = (\ln x)^2 + q \ln x$이 있다. $f(x)$와 x축으로 둘러싸인 넓이를 S_p, $g(x)$와 x축으로 둘러싸인 부분의 넓이를 T_q라 하자. T_q의 값이 자연수일 때, 그 값을 k라 하자. S_k의 값은? (단, $p > 0$, $q < 0$) [4점]

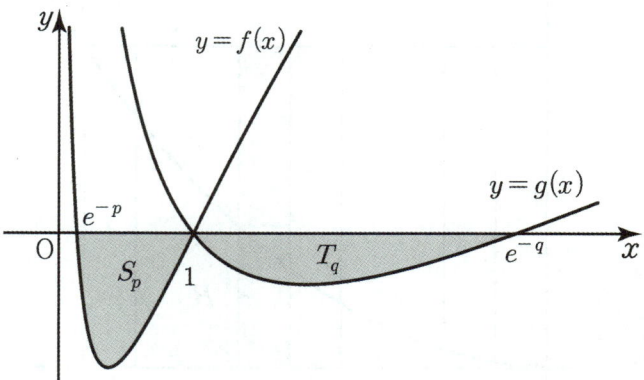

① $\dfrac{4}{e^2}$ 　　② $\dfrac{5}{e^3}+1$ 　　③ $\dfrac{6}{e^4}+2$

④ $\dfrac{7}{e^5}+3$ 　　⑤ $\dfrac{8}{e^6}+4$

244

함수 $f(x) = x^3$에 대하여 A_n과 B_n은 다음과 같다.

$$A_n = \sum_{k=1}^{n} \left\{ 1 - f\left(\frac{k-1}{n} \right) \right\} \frac{1}{n}, \quad B_n = \sum_{k=1}^{n} f\left(\frac{k}{n} \right) \frac{1}{n}$$

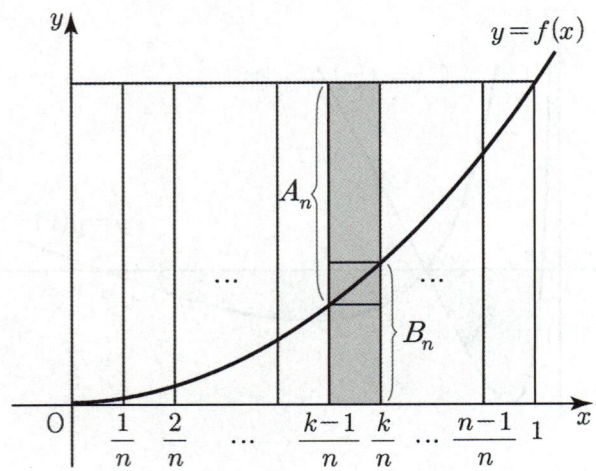

$\lim_{n \to \infty} (A_n - B_n)$의 값은? [4점]

① $\dfrac{1}{4}$ ② $\dfrac{1}{3}$ ③ $\dfrac{1}{2}$ ④ $\dfrac{3}{4}$ ⑤ 1

245

다음 그림과 같이 $x \geq 0$에서 정의된 두 곡선

$$y = -\frac{1}{x+1} + \frac{1}{2}x + 1, \ y = -\frac{2}{x+1} + \frac{1}{2}x + 3$$과 y축

및 직선 $x = e^2 - 1$로 둘러싸인 도형을 밑면으로 하는 입체도형이 있다. 이 입체도형을 x축에 수직인 평면으로 자른 단면이 모두 정사각형일 때, 이 입체도형의 부피는?

[4점]

① $4e^2 - \dfrac{1}{e^2} - 11$ ② $4e^2 - \dfrac{1}{e^2} - 10$

③ $4e^2 - \dfrac{1}{e^2} - 9$ ④ $4e^2 - \dfrac{1}{e^2} - 8$

⑤ $4e^2 - \dfrac{1}{e^2} - 7$

246

다음 그림과 같이 함수 $f(x) = xe^{\frac{x}{2}}$ 에 대하여 좌표평면 위의 두 점 $A(x,\,0)$, $B(x,\,f(x))$를 이은 선분을 한 변으로 하는 정사각형을 x 축에 수직인 평면 위에 그린다. 점 A 의 x좌표가 $x=1$ 에서 $x=2$까지 변할 때, 이 정사각형이 만드는 입체도형의 부피는? [4점]

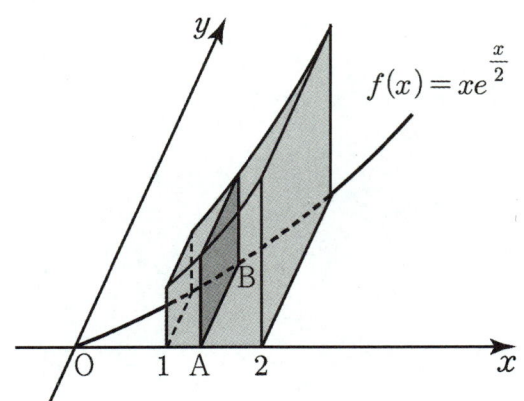

① $2e^2 - e$ ② e^2 ③ $2e^2$

④ 4 ⑤ 8

247

실수 전체의 집합에서 연속인 함수 $f(x)$ 가 다음 조건을 만족시킨다.

(가) $x \geq b$일 때, $f(x) = a(x-b)^2 + c$ 이다.
    (단, a, b, c는 상수이다.)
(나) 모든 실수 x 에 대하여
$$\frac{f(x)}{2} = \int_0^x \sqrt{1 + f(t)}\, dt \text{이다.}$$

$\displaystyle\int_{-2}^{2} f(x)dx$의 값은? [4점]

① 4 ② 5 ③ 6 ④ 7 ⑤ 8

248

곡선 $y = e^x$ $(0 \leq x \leq 2)$ 위의 임의의 두 점 P, Q에 대하여 선분 PQ의 중점 R이 움직이는 영역의 넓이는? (단, 두 점 P, Q가 일치할 때 점 R는 점 P 또는 점 Q로 생각한다.) [4점]

① 1　　② 2　　③ e　　④ 3　　⑤ $e+1$

249

실수 전체의 집합에서 이계도함수를 갖고 $f(0) = 1$, $f(1) = 4$를 만족시키는 모든 함수 $f(x)$에 대하여 $\displaystyle\int_0^1 \sqrt{1 + \{f'(x)\}^2}\,dx$ 의 최솟값을 m이라 할 때, m^2의 값을 구하시오. [4점]

250

좌표평면 위를 움직이는 점 P의 시각 t $(t \geq 0)$에서의 위치 (x, y)가 $x = \cos t$, $y = 1$일 때, 시각 $t = 0$에서 시각 $t = 2\pi$까지 점 P가 움직인 거리와 점 P가 나타내는 곡선의 길이의 합을 구하시오. [4점]

랑데뷰
N 제

쉬사준킬
미적분

랑데뷰
N 제

하루 중 90%는 겸손하게 10%는 자신있게...

빠른 정답

수열의 극한

미분법

유형 1 지수함수와 로그함수의 극한

53	30	54	4	55	32	56	④	57	②
58	100								

유형 2 지수함수와 로그함수의 미분

59	③	60	④	61	③	62	④	63	3
64	36								

유형 3 삼각함수 사이의 관계

65	④

유형 4 삼각함수의 덧셈정리

66	④	67	②	68	182	69	22	70	4
71	⑤	72	③	73	180				

유형 5 삼각함수의 극한의 활용

74	1

유형 6 삼각함수의 미분

75	③	76	②	77	③	78	61	79	6

유형 7 여러 가지 미분법

80	13	81	②	82	⑤	83	④	84	②
85	④								

유형 8 역함수의 미분법

86	3	87	⑤	88	⑤	89	①	90	③
91	2								

유형 9 이계도함수

92	13	93	⑤	94	6

유형 10 접선의 방정식

95	③	96	②	97	①	98	④	99	③

유형 11 함수의 증가와 감소, 극대와 극소

100	20	101	①	102	31	103	⑤	104	21
105	18								

유형 12 함수의 그래프와 최대, 최소

106	2	107	45	108	③

유형 13 방정식과 부등식에의 활용

109	120	110	25	111	③

유형 14 속도와 가속도

112	②	113	①	114	3

단원평가

115	3	116	7	117	④	118	25	119	[1] ② [2] ③
120	7	121	④	122	27	123	3	124	④
125	④	126	300	127	4	128	28	129	2
130	④	131	41	132	③	133	④	134	⑤
135	④	136	9	137	9	138	3	139	②
140	①	141	⑤	142	①	143	⑤	144	①
145	③	146	②	147	2	148	②	149	4
150	25	151	36	152	32	153	③	154	①

하루 중 90%는 겸손하게 10%는 자신있게...

상세 해설

유형 1 수열의 극한에 대한 기본성질

01 정답 ②

$a_{n+1} - a_n = b_n$ 이라 하면 $\lim\limits_{n \to \infty} b_n = \dfrac{1}{4}$ 이므로

$\lim\limits_{n \to \infty} (a_{n+20} - a_n)$

$= \lim\limits_{n \to \infty} \{(a_{n+20} - a_{n+19}) + (a_{n+19} - a_{n+18}) + \cdots + (a_{n+1} - a_n)\}$

$= \lim\limits_{n \to \infty} (b_{n+19} + b_{n+18} + \cdots + b_n)$

$= \dfrac{1}{4} + \dfrac{1}{4} + \cdots + \dfrac{1}{4} = \dfrac{1}{4} \times 20 = 5$

유형 2 수열의 극한

02 정답 1

$y = x(x-m)(x-2m) = x^3 - 3mx^2 + 2m^2 x$

$f(x) = x^3 - 3mx^2 + 2m^2 x$ 라 하면

$f'(x) = 3x^2 - 6mx + 2m^2$ 이므로 $f'(0) = 2m^2$ 이다.

따라서 직선 $y = 2m^2 x$ 는 곡선 $y = f(x)$ 의 $(0, 0)$ 에서의 접선이다.

접선과 곡선의 접점이 아닌 교점의 x좌표가 n이므로

$S_n = \dfrac{n^4}{12}$ 이다.

따라서 $\lim\limits_{n \to \infty} \dfrac{12 S_n}{n^4 + 1} = 1$ 이다.

03 정답 ②

$\lim\limits_{n \to \infty} a_n$

$= \lim\limits_{n \to \infty} \left(\sqrt{an^2 + 2bn + 1} - n \right)$

$= \lim\limits_{n \to \infty} \dfrac{(a-1)n^2 + 2bn + 1}{\sqrt{an^2 + 2bn + 1} + n}$ 에서

a가 자연수이므로

(i) $a \neq 1$ 이면

$\lim\limits_{n \to \infty} a_n = \infty$ 로 발산하고

(ii) $a = 1$ 이면

$\lim\limits_{n \to \infty} a_n = b$

(i), (ii)에서 $a = 1$ 이고 $\lim\limits_{n \to \infty} a_n = b$ 이다.

한편, $\lim\limits_{n \to \infty} \dfrac{f(a_n) - c}{a_n - b} = b^2 + 1$ 에서 $\cdots \bigcirc$

$a_n = t$ 로 놓으면

$n \to \infty$ 일 때, $t \to b$ 이므로

$\lim\limits_{t \to b} \dfrac{f(t) - c}{t - b} = b^2 + 1$

$t \to b$ 일 때, (분모)$\to 0$이므로 (분자)$\to 0$ 에서

$\lim\limits_{t \to b} \{f(t) - c\} = 0$

그러므로 $c = \lim\limits_{t \to b} f(t) = f(b) \cdots \bigcirc\!\!\bigcirc$

이때, $f(x) = \dfrac{1}{3} x^3 + \dfrac{1}{2} x^2$ 에서 $f'(x) = x^2 + x$ 이므로

$\lim\limits_{t \to b} \dfrac{f(t) - f(b)}{t - b} = f'(b) = b^2 + b$

$\bigcirc$에서 $b^2 + b = b^2 + 1$ 에서 $b = 1$ 이다.

$\bigcirc\!\!\bigcirc$에서 $c = f(1) = \dfrac{1}{3} + \dfrac{1}{2} = \dfrac{5}{6}$

그러므로

$a = 1$, $b = 1$, $c = \dfrac{5}{6}$

$\therefore a + b + c = \dfrac{17}{6}$

04 정답 ④

$S_n = \dfrac{1}{2} \left(a_n + \dfrac{4}{a_n} \right)$ 에서

$n = 1$ 일 때,

$a_1 = S_1 = \dfrac{1}{2} \left(a_1 + \dfrac{4}{a_1} \right)$ \qquad $\therefore a_1 = 2 \, (\because a_n > 0)$

$n \geq 2$ 일 때, $a_n = S_n - S_{n-1}$ 이므로

$S_n = \dfrac{1}{2} \left(a_n + \dfrac{4}{a_n} \right)$

$\quad = \dfrac{1}{2} \left\{ (S_n - S_{n-1}) + \dfrac{4}{S_n - S_{n-1}} \right\}$

$S_n + S_{n-1} = \dfrac{4}{S_n - S_{n-1}}$

$\therefore S_n{}^2 - S_{n-1}{}^2 = 4$

즉, 수열 $\{S_n{}^2\}$ 은 첫째항이 $S_1{}^2 = (2)^2 = 4$, 공차가 4인 등차수열이므로

$S_n{}^2 = 4 + (n-1) \cdot 4 = 4n$

$\therefore S_n = \sqrt{4n} \, (\because S_n > 0)$

따라서 $a_n = S_n - S_{n-1}$ 이므로

$a_n = \sqrt{4n} - \sqrt{4n - 4}$

$\therefore \lim\limits_{n \to \infty} \sqrt{n} \, a_n = \lim\limits_{n \to \infty} \sqrt{n} \left(\sqrt{4n} - \sqrt{4n - 4} \right)$

$\qquad\qquad = \lim\limits_{n \to \infty} \dfrac{4\sqrt{n}}{\sqrt{4n} + \sqrt{4n - 4}} = \dfrac{4}{4} = 1$

05 정답 5

$p_n = \dfrac{n\beta_n + \alpha_n}{n+1}$, $q_n = \dfrac{n\beta_n - \alpha_n}{n-1}$ 이므로

$$p_n + q_n = \frac{(n\beta_n + \alpha_n)(n-1) + (n\beta_n - \alpha_n)(n+1)}{n^2 - 1}$$

$$= \frac{2n^2\beta_n - 2\alpha_n}{n^2 - 1}$$

$$= \frac{(2n^2 + 2)\beta_n}{n^2 - 1} - 2\frac{\alpha_n + \beta_n}{n^2 - 1} \cdots \text{㉠}$$

$x^2 + 2n^2 x - n^2 = 0$의 두 근이 α_n, β_n이므로

$\alpha_n + \beta_n = -2n^2$, $\beta_n = -n^2 + \sqrt{n^4 + n^2}$ 을 ㉠에 대입하면

$\lim\limits_{n\to\infty}(p_n + q_n)$

$$= \lim_{n\to\infty} \frac{(2n^2+2)\beta_n}{n^2-1} - 2\lim_{n\to\infty}\frac{\alpha_n + \beta_n}{n^2 - 1}$$

$$= \lim_{n\to\infty} \frac{(2n^2+2)\beta_n}{n^2-1} - 2\lim_{n\to\infty}\frac{-2n^2}{n^2 - 1}$$

$$= 2\lim_{n\to\infty}\beta_n + 4 \ \left(\because \lim_{n\to\infty}\beta_n \text{이 수렴} \right)$$

한편,

$$\lim_{n\to\infty}\left(-n^2 + \sqrt{n^4 + n^2}\right) = \lim_{n\to\infty}\left(\frac{n^2}{\sqrt{n^4 + n^2} + n^2} \right) = \frac{1}{2} \text{이므로}$$

$$\lim_{n\to\infty}(p_n + q_n) = 2 \times \frac{1}{2} + 4 = 5$$

유형 3 수열의 극한의 대소 관계

---

06 정답 ④

$n^2 + 6n < n^2 a_n + 2n b_n < n^2 + 6n + 1 \cdots \text{㉠}$

$2n^2 - n < 2n^2 a_n - n b_n < 2n^2 - n + 1 \cdots \text{㉡}$

㉠$+2\times$㉡에서

$n^2 + 6n < n^2 a_n + 2n b_n < n^2 + 6n + 1$

$4n^2 - 2n < 4n^2 a_n - 2n b_n < 4n^2 - 2n + 2$

$5n^2 + 4n < 5n^2 a_n < 5n^2 + 4n + 3$

$$\frac{5n^2 + 4n}{5n^2} < a_n < \frac{5n^2 + 4n + 3}{5n^2}$$

이때 $\lim\limits_{n\to\infty}\dfrac{5n^2+4n}{5n^2} = \lim\limits_{n\to\infty}\dfrac{5n^2+4n+3}{5n^2} = 1$이므로 수열의

극한의 대소 관계에 의하여

$$\therefore \lim_{n\to\infty}a_n = 1$$

㉠$\times 2 - $㉡에서

$2n^2 + 12n < 2n^2 a_n + 4n b_n < 2n^2 + 12n + 2$

$2n^2 - n < 2n^2 a_n - n b_n < 2n^2 - n + 1$

$13n - 1 < 5n b_n < 13n + 2$

$$\frac{13n - 1}{5n} < b_n < \frac{13n + 2}{5n}$$

이때 $\lim\limits_{n\to\infty}\dfrac{13n-1}{5n} = \lim\limits_{n\to\infty}\dfrac{13n+2}{5n^2} = \dfrac{13}{5}$이므로 수열의 극한의

대소 관계에 의하여

$$\therefore \lim_{n\to\infty}b_n = \frac{13}{5}$$

$$\lim_{n\to\infty}(a_n + b_n) = 1 + \frac{13}{5} = \frac{18}{5}$$

---

07 정답 ①

$n^3 - 2n^2 < a_n < n^3 + 2n^2$ 에서

$n(n^2 - 2n) < a_n < n(n^2 + 2n) \cdots \text{㉠}$

㉠의 각 변을 n으로 나누면

$$n^2 - 2n < \frac{a_n}{n} < n^2 + 2n$$

이때 $\sum\limits_{k=1}^{n}(k^2 - 2k) < \sum\limits_{k=1}^{n}\dfrac{a_k}{k} < \sum\limits_{k=1}^{n}(k^2 + 2k)$ 이므로

각 변을 n^3으로 나누면

$$\frac{\sum\limits_{k=1}^{n}(k^2 - 2k)}{n^3} < \frac{\sum\limits_{k=1}^{n}\dfrac{a_k}{k}}{n^3} < \frac{\sum\limits_{k=1}^{n}(k^2 + 2k)}{n^3}$$

한편

$$\sum_{k=1}^{n}(k^2 - 2k) = \frac{n(n+1)(2n+1)}{6} - n(n+1)$$

$$= \frac{n(n+1)\{(2n+1)-6\}}{6}$$

$$= \frac{n(n+1)(2n-5)}{6}$$

$$\sum_{k=1}^{n}(k^2 + 2k) = \frac{n(n+1)(2n+1)}{6} + n(n+1)$$

$$= \frac{n(n+1)\{(2n+1)+6\}}{6}$$

$$= \frac{n(n+1)(2n+7)}{6}$$

이고,

$$\lim_{n\to\infty}\frac{\sum\limits_{k=1}^{n}(k^2 - 2k)}{n^3} = \lim_{n\to\infty}\frac{\dfrac{n(n+1)(2n+1)}{6}}{n^3} = \frac{1}{3}$$

$$\lim_{n\to\infty}\frac{\sum\limits_{k=1}^{n}(k^2 + 2k)}{n^3} = \lim_{n\to\infty}\frac{\dfrac{n(n+1)(2n+7)}{6}}{n^3} = \frac{1}{3}$$

이므로 수열의 극한의 대소 관계에 의하여

$$\lim_{n\to\infty}\frac{\sum\limits_{k=1}^{n}\dfrac{a_k}{k}}{n^3} = \frac{1}{3}$$

08 정답 ①

등비수열 $\{a_n\}$의 첫째항을 a, 공비를 r라 하면
(가)에서 $r \neq 0$, $r \neq 1$이다.

$a_n = ar^{n-1}$, $S_n = \dfrac{a(r^n - 1)}{r - 1}$이므로

$$\lim_{n \to \infty} \frac{S_n - a_n}{S_{n+1}} = \lim_{n \to \infty} \frac{S_{n-1}}{S_{n+1}} = \lim_{n \to \infty} \frac{\dfrac{a(r^{n-1} - 1)}{r - 1}}{\dfrac{a(r^{n+1} - 1)}{r - 1}}$$

$$= \lim_{n \to \infty} \frac{r^{n-1} - 1}{r^{n+1} - 1}$$

(i) $r = -1$일 때,

$r^{n+1} - 1 = (-1)^{n+1} - 1$의 값은 0, -2가 반복되므로

$\displaystyle\lim_{n \to \infty} \dfrac{r^{n-1} - 1}{r^{n+1} - 1}$의 값은 존재하지 않는다.

(ii) $|r| > 1$일 때,

$$\lim_{n \to \infty} \frac{r^{n-1} - 1}{r^{n+1} - 1} = \lim_{n \to \infty} \frac{\dfrac{1}{r^2} - \dfrac{1}{r^{n+1}}}{1 - \dfrac{1}{r^{n+1}}} = \frac{1}{r^2}$$

조건 (나)에서 $\dfrac{1}{r^2} = \dfrac{ar}{a + 2ar} = \dfrac{r}{1 + 2r}$이므로

$r^3 = 2r + 1$, $r^3 - 2r - 1 = 0$, $(r+1)(r^2 - r - 1) = 0$

$\therefore r = -1$ 또는 $r = \dfrac{1 \pm \sqrt{5}}{2}$

$|r| > 1$이므로 $r = \dfrac{1 + \sqrt{5}}{2}$

(iii) $0 < |r| < 1$일 때,

$$\lim_{n \to \infty} \frac{r^{n-1} - 1}{r^{n+1} - 1} = \frac{-1}{-1} = 1$$

$\dfrac{a_2}{a_1 + 2a_2} = \dfrac{r}{1 + 2r} = 1$에서 $r = -1$이 되어 $0 < |r| < 1$에
모순이다.

(i), (ii), (iii)에 의하여 $r = \dfrac{1 + \sqrt{5}}{2}$이다.

09 정답 ⑤

$$\lim_{n \to \infty} \frac{a^{n+1} + 2b^{n+1}}{a^n b + ab^n} = \lim_{n \to \infty} \frac{\dfrac{a^{n+1}}{a^n} + \dfrac{2b^{n+1}}{a^n}}{\dfrac{a^n b}{a^n} + \dfrac{ab^n}{a^n}}$$

$$= \lim_{n \to \infty} \frac{a + 2b\left(\dfrac{b}{a}\right)^n}{b + a\left(\dfrac{b}{a}\right)^n} = \frac{a}{b} = \frac{3}{2}$$

따라서 $\dfrac{a^2 + b^2}{ab} = \dfrac{a}{b} + \dfrac{b}{a} = \dfrac{3}{2} + \dfrac{2}{3} = \dfrac{13}{6}$

10 정답 22

[검토자 : 서영만T]

등비수열 $\{a_n\}$이 수렴하고 공비를 r라 하면 (가)에서 값이 다른
것이 존재하므로 $-1 < r < 1$이다.

조건 (가)를 만족시키는 3개의 자연수를 a, b, c $(a > b > c)$
또는 4개의 자연수를 a, b, c, d $(a > b > c > d)$, $\cdots$
라 하자.

$a = 9$일 때, $r = \dfrac{1}{3}$ 또는 $r = \dfrac{2}{3}$이면 (가)를 만족시킨다.

$r = \dfrac{1}{3}$일 때, $(a, b, c) = (9, 3, 1)$

$r = \dfrac{2}{3}$일 때, $(a, b, c) = (9, 6, 4)$

$c = 8$일 때, $r = \dfrac{1}{2}$이면 (가)를 만족시킨다.

$(a, b, c, d) = (8, 4, 2, 1)$

$c = 4$일 때, $r = \dfrac{1}{2}$이면 (가)를 만족시킨다.

$(a, b, c) = (4, 2, 1)$

한편, 조건 (나)에서

$$\lim_{n \to \infty} \frac{a_2 a_n + a_{2n}}{a_{n+1} + 2a_n}$$

$$= \lim_{n \to \infty} \frac{a_1{}^2 r^n + a_1 r^{2n-1}}{a_1 r^n + 2a_1 r^{n-1}}$$

$$= \frac{a_1 r}{r + 2} = \frac{64}{5}$$

(i) $r = \dfrac{1}{3}$일 때,

$$\frac{a_1 \times \dfrac{1}{3}}{\dfrac{1}{3} + 2} = \frac{a_1}{7} = \frac{64}{5}$$

$$a_1 = \frac{7 \times 2^6}{5}$$

$$a_n = \frac{7 \times 2^6}{5} \times \left(\frac{1}{3}\right)^{n-1}$$

$$= \frac{7 \times 2^6}{5 \times 3^{n-1}}$$이므로 (가)에 모순이다.

(ii) $r = \dfrac{2}{3}$일 때,

$$\frac{a_1 \times \dfrac{2}{3}}{\dfrac{2}{3} + 2} = \frac{a_1}{4} = \frac{2^6}{5}$$

$$a_1 = \frac{2^8}{5}$$

$$a_n = \frac{2^6}{5} \times \left(\frac{2}{3}\right)^{n-1} = \frac{2^{n+5}}{5 \times 3^{n-1}}$$이므로 (가)에 모순이다.

(iii) $r = \dfrac{1}{2}$일 때,

$$\frac{a_1 \times \dfrac{1}{2}}{\dfrac{1}{2}+2} = \frac{a_1}{5} = \frac{2^6}{5}$$

$$a_1 = 2^6$$

$$a_n = 2^6 \times \left(\frac{1}{2}\right)^{n-1}$$

$a_3 = 16$, $a_4 = 8$, $a_5 = 4$, $a_6 = 2$, $a_7 = 1$, $a_8 = \dfrac{1}{2}$, $\cdots$

이므로 $A = \{4, 5, 6, 7\}$이다.

따라서 집합 A의 모든 원소의 합은 $4+5+6+7 = 22$이다.

11 정답 518

$a_n = 6 \times 3^{n-1} = 2 \times 3^n$ 이므로

$$f(x) = \lim_{n \to \infty} \frac{x^n - 2 \times 3^n}{x^n + 2 \times 3^n} \ (x > 0)$$

(i) $0 < x < 3$일 때

$$f(x) = \lim_{n \to \infty} \frac{x^n - 2 \times 3^n}{x^n + 2 \times 3^n} = \lim_{n \to \infty} \frac{\left(\dfrac{x}{3}\right)^n - 2}{\left(\dfrac{x}{3}\right)^n + 2} = \frac{0-2}{0+2} = -1$$

(ii) $x = 3$일 때

$$f(3) = \lim_{n \to \infty} \frac{3^n - 2 \times 3^n}{3^n + 2 \times 3^n} = \lim_{n \to \infty} \frac{-3^n}{3 \times 3^n} = -\frac{1}{3}$$

(iii) $k > 3$일 때

$$f(x) = \lim_{n \to \infty} \frac{x^n - 2 \times 3^n}{x^n + 2 \times 3^n} = \lim_{n \to \infty} \frac{1 - 2 \times \left(\dfrac{3}{x}\right)^n}{1 + 2 \times \left(\dfrac{3}{x}\right)^n} = \frac{1-0}{1+0} = 1$$

따라서 함수 $f(x)$는 구간 $(0, \infty)$에서 다음 그림과 같다.

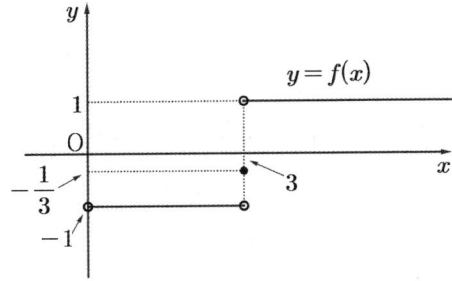

$x=3$에서 $g(f(x))$가 연속이기 위해서는 $g(x)$가 삼차함수로 모든 실수에서 연속인 함수이므로 다음의 세 값이 모두 같아야 한다.

$$\begin{cases} \lim\limits_{x \to 3-} g(f(x)) = g(-1) \\ g(f(3)) = g\left(-\dfrac{1}{3}\right) \\ \lim\limits_{x \to 3+} g(f(x)) = g(1) \end{cases}$$

즉, $g(-1) = g\left(-\dfrac{1}{3}\right) = g(1)$이다.

따라서 최고차항의 계수가 1인 삼차함수 $g(x)$는

$g(x) = (x+1)\left(x+\dfrac{1}{3}\right)(x-1) + k$로 나타낼 수 있다.

$$g(8) = 9 \times \frac{25}{3} \times 7 + k = 525 + k$$

$$g(2) = 3 \times \frac{7}{3} \times 1 + k = 7 + k$$

$$g(8) - g(2) = 518$$

12 정답 510

$f(1) = \dfrac{2\sqrt{2}}{3}$, $f(2) = \dfrac{4}{3}$, $f(3) = \dfrac{2\sqrt{2}}{3}$, $f(4) = 0$,

$f(5) = -\dfrac{2\sqrt{2}}{3}$, $f(6) = -\dfrac{4}{3}$ $f(7) = -\dfrac{2\sqrt{2}}{3}$,

$f(8) = 0 \ \cdots$를 반복하면,

$$f(x) = \begin{cases} \dfrac{2\sqrt{2}}{3} & (x = 8t+1) \\ \dfrac{4}{3} & (x = 8t+2) \\ \dfrac{2\sqrt{2}}{3} & (x = 8t+3) \\ 0 & (x = 8t+4) \\ -\dfrac{2\sqrt{2}}{3} & (x = 8t+5) \\ -\dfrac{4}{3} & (x = 8t+6) \\ -\dfrac{2\sqrt{2}}{3} & (x = 8t+7) \\ 0 & (x = 8t+8) \end{cases}$$ (단, t는 0이상의 정수)

$-1 < f(x) < 1$일 때,

$$h(x) = \lim_{n \to \infty} \frac{\{f(x)\}^n}{\{f(x)\}^n + 3} = 0$$

$|f(x)| > 1$일 때,

$$h(x) = \lim_{n \to \infty} \frac{\{f(x)\}^n}{\{f(x)\}^n + 3}$$
$$= \lim_{n \to \infty} \frac{1}{1 + \dfrac{3}{\{f(x)\}^n}} = 1 \text{ 이므로}$$

$$h(x) = \begin{cases} 0 & (x = 8t+1) \\ 1 & (x = 8t+2) \\ 0 & (x = 8t+3) \\ 0 & (x = 8t+4) \\ 0 & (x = 8t+5) \\ 1 & (x = 8t+6) \\ 0 & (x = 8t+7) \\ 0 & (x = 8t+8) \end{cases}$$ (단, t는 0이상의 정수)

$$\begin{aligned} \sum_{k=1}^{m} h(k) = \ & 0+1+0+0+0+1+0+0 \\ & +0+1+0+0+0+1+0+0 \\ & \qquad\qquad\qquad \vdots \\ & +0+1+0+0+0+1+ \cdots = 32 \end{aligned}$$

가 되는 최소의 m은 $m = 8 \times 15 + 6 = 126$ 이고,

최대의 m은 $m = 8 \times 16 + 1 = 129$이다.

모든 자연수 m의 합은 $126 + 127 + 128 + 129 = 510$이다.

13 정답 2

$y = -x^\alpha$에서 $y' = -\alpha x^{\alpha-1}$이므로 점 $P(n, -n^\alpha)$에서의
접선의 방정식은
$$y = -\alpha n^{\alpha-1}(x-n) - n^\alpha$$
$$= -\alpha n^{\alpha-1}x + (\alpha-1)n^\alpha$$
이다.
따라서 $Q(0, (\alpha-1)n^\alpha)$이다.
$\overline{PQ} = \overline{PR}$이므로 $\overline{PQ}^2 = \overline{PR}^2$에서
$$n^2 + \alpha^2 n^{2\alpha} = (n-t)^2 + n^{2\alpha}$$
$$(n-t)^2 = n^2 + (\alpha^2-1)n^{2\alpha}$$
$$t-n = \sqrt{n^2 + (\alpha^2-1)n^{2\alpha}}$$
한편,
직선 PR이 x축과 이루는 예각의 크기를 θ라 하면
$m = \tan\theta$이다.
$$\tan\theta = \frac{n^\alpha}{t-n}$$
따라서
$$\lim_{n\to\infty} m$$
$$= \lim_{n\to\infty} \frac{n^\alpha}{t-n}$$
$$= \lim_{n\to\infty} \frac{n^\alpha}{\sqrt{n^2 + (\alpha^2-1)n^{2\alpha}}}$$
$$= \frac{1}{\sqrt{\alpha^2-1}} = \frac{\sqrt{3}}{3} = \frac{1}{\sqrt{3}}$$
$$\alpha^2 - 1 = 3$$
$$\therefore \ \alpha = 2 \text{이다.}$$

14 정답 5

주어진 두 직선은 수직이므로, 구하는 사각형의 넓이는
$\frac{1}{2} \times$ 대각선의곱 이다.

이때, $x^2 - 2x - n = 0$의 두 근의 차는 $\sqrt{4+4n}$ 이므로,
대각선의 길이는 $\sqrt{5}\sqrt{4+4n}$ 이고,

$x^2 + \frac{1}{2}x - n = 0$의 두 근의 차는 $\sqrt{\frac{1}{4}+4n}$ 이므로, 대각선의

길이는 $\frac{\sqrt{5}}{2}\sqrt{\frac{1}{4}+4n}$ 이다.

따라서 구하는 값은
$$\lim_{n\to\infty} \frac{1}{n} \times \frac{1}{2} \times \frac{5}{2} \times \sqrt{4+4n} \times \sqrt{\frac{1}{4}+4n} = 5 \text{이다.}$$

15 정답 ④

$A_n(n, a^n-1)$, $A_{n+1}(n+1, a^{n+1}-1)$이므로
$l_n = \sqrt{1^2 + (a^{n+1}-a^n)^2}$ 이다.
$$l_n = \sqrt{a^{2n+2} - 2a^{2n+1} + a^{2n} + 1}$$
$$l_{n+1} = \sqrt{a^{2n+4} - 2a^{2n+3} + a^{2n+2} + 1}$$
$$\lim_{n\to\infty} \frac{l_{n+1}}{l_n} = \lim_{n\to\infty} \frac{\sqrt{a^{2n+2}(a-1)^2+1}}{\sqrt{a^{2n}(a-1)^2+1}} \text{이다.}$$
(i) $a > 1$일 때,
$$\lim_{n\to\infty} \frac{l_{n+1}}{l_n} = \lim_{n\to\infty} \frac{\sqrt{a^2(a-1)^2 + \dfrac{1}{a^{2n}}}}{\sqrt{(a-1)^2 + \dfrac{1}{a^{2n}}}} = \frac{a(a-1)}{a-1} = a$$
$$a = \frac{10}{a^2+1}$$
$$a^3 + a - 10 = 0$$
$$(a-2)(a^2+3a+5) = 0$$
$$\therefore \ a = 2$$
(ii) $0 < a < 1$일 때,
$$\lim_{n\to\infty} \frac{l_{n+1}}{l_n} = = \lim_{n\to\infty} \frac{\sqrt{a^{2n+2}(a-1)^2+1}}{\sqrt{a^{2n}(a-1)^2+1}} = 1$$
$$1 = \frac{10}{a^2+1}$$
$$a^2 = 9$$
$$a = \pm 3 \ (\text{모순})$$
(i), (ii)에서 a의 값은 2이다.

16 정답 38

최고차항의 계수가 1인 이차함수 $g(x)$를
$g(x) = x^2 + ax + b$라 하자.
$$g(n) \times g\left(\frac{1}{n}\right)$$
$$= (n^2 + an + b)\left(\frac{1}{n^2} + \frac{a}{n} + b\right)$$
$$= 1 + an + bn^2 + \frac{a}{n} + a^2 + abn + \frac{b}{n^2} + \frac{ab}{n} + b^2$$
$$= bn^2 + \cdots$$
$n \to \infty$이므로 최고차항을 비교하면
$$\lim_{n\to\infty} \frac{f(n)}{g(n) \times g\left(\frac{1}{n}\right)} = \lim_{n\to\infty} \frac{f(n)}{bn^2 + \cdots} = 3$$
에서 다항함수 $f(x)$는 최고차항의 계수가 $3b$인 이차함수이다.
따라서 $f(x) = 3bx^2 + cx + d$라 할 수 있다.
$$f(n) \times f(2n) \times f\left(\frac{1}{n^2}\right)$$
$$= (3bn^2 + cn + d)(12bn^2 + 2cn + d)\left(\frac{3b}{n^4} + \frac{c}{n^2} + d\right)$$

$$= (36b^2 n^4 + \cdots)\left(\frac{3b}{n^4} + \frac{c}{n^2} + d\right)$$

$$= 36b^2 d n^4 + \cdots$$

따라서

$$\lim_{n \to \infty} \frac{\{g(n)\}^p}{f(n) \times f(2n) \times f\left(\frac{1}{n^2}\right)}$$

$$= \lim_{n \to \infty} \frac{\{n^2 + an + b\}^p}{36b^2 d n^4 + \cdots} = \frac{1}{q} \text{에서}$$

$$f(0) \times \{g(0)\}^2 = d \times b^2 = 1 \text{이므로}$$

$$= \lim_{n \to \infty} \frac{\{n^2 + an + b\}^p}{36 n^4 + \cdots} = \frac{1}{q}$$

이 성립하기 위해서는 $p = 2$이고 $q = 36$이다.

$p + q = 38$

17 정답 36

[그림 : 배용제T]

(i) $x^2 - 4a^2 + 1 > 1$, $x^2 > 4a^2$

즉, $x < -2a$ 또는 $x > 2a$일 때,

$f(x) = x^2 - 4a^2 + 1$

(ii) $x^2 - 4a^2 + 1 = 1$, $x^2 = 4a^2$

즉, $x = \pm 2a$일 때,

$f(x) = 2$

(iii) $-1 < x^2 - 4a^2 + 1 < 1$일 때,

$x^2 > 4a^2 - 2$ 또는 $x^2 < 4a^2$

$x < -\sqrt{4a^2 - 2}$ 또는 $x > \sqrt{4a^2 - 2}$ 또는

$-2a < x < 2a$이므로

$-2a < x < -\sqrt{4a^2 - 2}$ 또는 $\sqrt{4a^2 - 2} < x < 2a$일 때,

$f(x) = 3$

(iv) $x^2 - 4a^2 + 1 = -1$, $x^2 = 4a^2 - 2$

즉, $x = \pm\sqrt{4a^2 - 2}$일 때,

$f(x) = 1$

(v) $x^2 - 4a^2 + 1 < -1$, $x^2 < 4a^2 - 2$

즉, $-\sqrt{4a^2 - 2} < x < \sqrt{4a^2 - 2}$일 때,

$f(x) = x^2 - 4a^2 + 1$

(i)~(v)에서 함수 $f(x)$의 그래프는 다음과 같다.

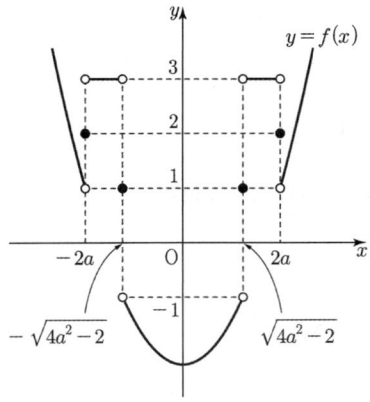

$x = 2a$에서 함수 $(g \circ f)(x)$가 연속이기 위해서는

$g(3) = g(2) = g(1)$

$x = \sqrt{4a^2 - 2}$에서 함수 $(g \circ f)(x)$가 연속이기 위해서는

$g(3) = g(1) = g(-1)$

즉, $g(-1) = g(1) = g(2) = g(3)$이다.

따라서 함수 $g(x)$는

$g(x) = (x+1)(x-1)(x-2)(x-3) + k$꼴이다.

$g(4) = 5 \times 3 \times 2 \times 1 + k = 30 + k$, $g(0) = -6 + k$이므로

$g(4) - g(0) = 36$

18 정답 ①

[그림 : 이호진T]

$\angle A_n B_n C_n = \dfrac{\pi}{2}$이므로 직각삼각형 $A_n B_n C_n$에서

$$\overline{A_n C_n} = \sqrt{(2n)^2 + n^2} = \sqrt{5}\,n$$

삼각형 $A_n B_n D_n$은 $\angle A_n D_n B_n = \dfrac{\pi}{2}$이므로 직각삼각형이다.

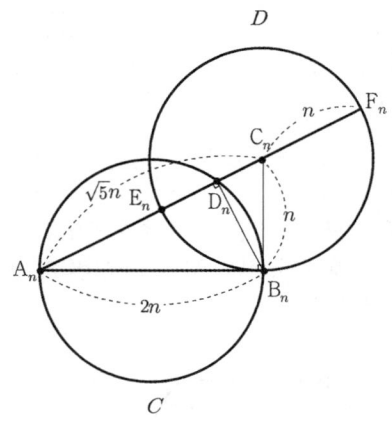

두 직각삼각형 $A_n B_n C_n$, $A_n B_n D_n$에서

$\overline{A_n C_n} : \overline{A_n B_n} = \overline{A_n B_n} : \overline{A_n D_n}$이 성립한다.

$$\sqrt{5}\,n : 2n = 2n : \overline{A_n D_n}$$

$$\therefore \overline{A_n D_n} = \frac{4}{\sqrt{5}}n$$

따라서

$$\overline{C_n D_n} = \sqrt{5}\,n - \frac{4}{\sqrt{5}}n = \frac{n}{\sqrt{5}} \quad \cdots \text{㉠}$$

직선 $A_n C_n$이 원 D와 만나는 점 중 E_n이 아닌 점을 F_n이라 하면

$$\overline{A_n F_n} = \overline{A_n C_n} + \overline{C_n F_n} = \sqrt{5}\,n + n = (\sqrt{5} + 1)n$$

원과 비례관계에서

$\overline{A_n E_n} \times \overline{A_n F_n} = \overline{A_n B_n}^2$이므로

$$\overline{A_n E_n} \times (\sqrt{5} + 1)n = 4n^2$$

$$\overline{A_n E_n} = \frac{4n}{\sqrt{5} + 1} = (\sqrt{5} - 1)n \quad \cdots \text{㉡}$$

㉠, ㉡에서

$$\lim_{n \to \infty} \frac{\overline{A_n E_n} \times \overline{C_n D_n}}{n^2 + 1}$$

$$= \lim_{n \to \infty} \frac{\left(1 - \dfrac{1}{\sqrt{5}}\right) n^2}{n^2 + 1}$$

$$= 1 - \frac{1}{\sqrt{5}}$$

19 정답 ④

코사인법칙에 의해,

$$\overline{AB}^2 = n^2 + 16 - 2 \times n \times 4 \times \cos \frac{2}{3}\pi$$

$$= n^2 + 4n + 16$$

외각의 이등분선의 성질에 의해,

$$4 : \sqrt{n^2 + 4n + 16} = a_n : n + a_n$$

$$a_n \sqrt{n^2 + 4n + 16} = 4(n + a_n)$$

$$a_n (\sqrt{n^2 + 4n + 16} - 4) = 4n$$

$$a_n = \frac{4n}{\sqrt{n^2 + 4n + 16} - 4} = \frac{4n(\sqrt{n^2 + 4n + 16} + 4)}{n^2 + 4n} \text{ 이므로,}$$

$$\lim_{n \to \infty} a_n = 4 \text{ 이다.}$$

[랑데뷰팁]

다음 문제는 그림으로 직관적인 유추가 가능하다.

n을 충분히 크게 하면, 선분 AB는 선분 BC와 평행한 직선으로 근사한다.

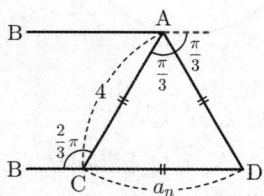

다음 그림과 같이 △ACD는 정삼각형 형태로 점점 만들어짐을 유추할 수 있다.

따라서 $n \to \infty$일 때, $a_n \to 4$임을 그림으로 직관적인 유추가 가능하다.

유형 6 급수의 계산

20 정답 ⑤

[출제자 : 정일권T]

[검토자 : 최수영T]

$$S_m = \sum_{n=1}^{\infty} \frac{mn + m^2}{(n + m + 1)!}$$

$$= m \sum_{n=1}^{\infty} \left(\frac{1}{(m+n)!} - \frac{1}{(m+n+1)!} \right)$$

$$= m \lim_{k \to \infty} \sum_{n=1}^{k} \left(\frac{1}{(m+n)!} - \frac{1}{(m+n+1)!} \right)$$

$$= m \lim_{k \to \infty} \left(\frac{1}{(m+1)!} - \frac{1}{(m+k+1)!} \right)$$

$$= \frac{m}{(m+1)!}$$

$$a_1 = S_1 = \frac{1}{2}$$

$$a_5 = S_5 - S_4$$

$$= \frac{5}{6!} - \frac{4}{5!}$$

$$= -\frac{19}{720}$$

$$\therefore \left| \frac{a_5}{a_1} \right| = \left| -\frac{19}{720} \times 2 \right| = \frac{19}{360}$$

21 정답 113

$$S_m = (2^{m+1} - 1) \sum_{n=1}^{\infty} \frac{2^n}{4^{n + \frac{m+1}{2}}}$$

$$= \sum_{n=1}^{\infty} \frac{2^{n+m+1} - 2^n}{2^{2n+m+1}}$$

$$= \sum_{n=1}^{\infty} \left(\frac{1}{2^n} - \frac{1}{2^{n+m+1}} \right)$$

$$= \frac{1}{2} + \frac{1}{2^2} + \cdots + \frac{1}{2^{m+1}}$$

$$= \frac{\frac{1}{2} \left(1 - \frac{1}{2^{m+1}} \right)}{1 - \frac{1}{2}}$$

$$= 1 - \frac{1}{2^{m+1}}$$

$$a_1 = S_1 = 1 - \frac{1}{4} = \frac{3}{4}$$

$$a_m = S_m - S_{m-1} \ (m \geq 2)$$

$$= \left(1 - \frac{1}{2^{m+1}} \right) - \left(1 - \frac{1}{2^m} \right) \ (m \geq 2)$$

$$= \frac{1}{2^m} - \frac{1}{2^{m+1}} \ (m \geq 2)$$

$$a_5 = \frac{1}{32} - \frac{1}{64} = \frac{1}{64}$$

$$a_1 + a_5 = \frac{3}{4} + \frac{1}{64} = \frac{49}{64}$$

$p = 64$, $q = 49$이므로 $p + q = 113$

[다른 풀이]

$$S_m = (2^{m+1} - 1) \sum_{n=1}^{\infty} \frac{2^n}{4^{n + \frac{m+1}{2}}}$$

$$= \left(2^{m+1} - 1\right) \sum_{n=1}^{\infty} \frac{2^n}{2^{2n+m+1}}$$

$$= \left(2^{m+1} - 1\right) \sum_{n=1}^{\infty} \frac{1}{2^{n+m+1}}$$

$$= \left(2^{m+1} - 1\right) \left(\frac{\dfrac{1}{2^{m+2}}}{1 - \dfrac{1}{2}} \right)$$

$$= \left(2^{m+1} - 1\right) \times \frac{1}{2^{m+1}}$$

$$= 1 - \frac{1}{2^{m+1}}$$

이하 동일

22 정답 ④

$\angle ABC = \dfrac{\pi}{2}$ 인 직각삼각형 ABC에서

$\overline{AC}^2 = \overline{AB}^2 + \overline{BC}^2$ 이 성립한다.

$\sqrt{a_n} = \sqrt{a_{n+1}} + b_n$ 에서 $b_n = \sqrt{a_n} - \sqrt{a_{n+1}}$ 이다.

한편, $\overline{AB} : \overline{AC} = \sqrt[4]{2} : \sqrt[4]{3}$ 에서 $a_{n+1} : a_n = 2 : 3$

$3a_{n+1} = 2a_n$ 에서 $a_{n+1} = \dfrac{2}{3} a_n$

따라서 수열 $\{a_n\}$은 공비가 $\dfrac{2}{3}$인 등비수열이다.

$\therefore \ a_n = a_1 \left(\dfrac{2}{3}\right)^{n-1}$

$b_n = \sqrt{a_n} - \sqrt{a_{n+1}} = \sqrt{a_1 \left(\dfrac{2}{3}\right)^{n-1}} - \sqrt{a_1 \left(\dfrac{2}{3}\right)^n}$ 이므로

$$\sum_{n=1}^{\infty} b_n$$

$$= \sum_{n=1}^{\infty} \left\{ \sqrt{a_1 \left(\dfrac{2}{3}\right)^{n-1}} - \sqrt{a_1 \left(\dfrac{2}{3}\right)^n} \right\}$$

$$= \sqrt{a_1} = 10$$

따라서 $a_1 = 100$

23 정답 ③

$a_1 = 1$

$a_2 = -\dfrac{1}{2^2}$

$a_3 = \dfrac{1}{3^2}$

$a_4 = -\dfrac{1}{4^2}$

...

$a_n = \dfrac{(-1)^{n-1}}{n^2}$

b_n은 a_n과 a_{n+1} 중 작은 값이므로

$b_1 = a_2 = -\dfrac{1}{2^2}$, $b_2 = a_2 = -\dfrac{1}{2^2}$, $b_3 = a_4 = -\dfrac{1}{4^2}$, ...

따라서

$b_1 = -\dfrac{1}{4}$, $b_2 = -\dfrac{1}{4}$, $b_3 = -\dfrac{1}{16}$,

$b_4 = -\dfrac{1}{16}$, $b_5 = -\dfrac{1}{36}$, ...

$b_n = \begin{cases} a_n & (a_n < a_{n+1}) \\ a_{n+1} & (a_n \geq a_{n+1}) \end{cases}$ 에서

$b_{2n-1} = \begin{cases} a_{2n-1} & (a_{2n-1} < a_{2n}) \\ a_{2n} & (a_{2n-1} \geq a_{2n}) \end{cases}$ 에서

$b_{2n-1} = a_{2n} = \dfrac{(-1)^{2n-1}}{(2n)^2} = -\dfrac{1}{4n^2}$ 이므로

$b_{2n+1} = -\dfrac{1}{4(n+1)^2}$

따라서 $\sqrt{b_{2n-1} b_{2n+1}} = \sqrt{\dfrac{1}{16n^2(n+1)^2}} = \dfrac{1}{4n(n+1)}$ 이다.

$$\sum_{n=1}^{\infty} \sqrt{b_{2n-1} b_{2n+1}}$$

$$= \sum_{n=1}^{\infty} \frac{1}{4n(n+1)} = \frac{1}{4} \sum_{n=1}^{\infty} \left(\frac{1}{n} - \frac{1}{n+1} \right) = \frac{1}{4}$$

유형 7 급수와 수열의 극한 사이의 관계

24 정답 49

[검토 : 정찬도T]

$\lim\limits_{n \to \infty} S_n = \alpha$ (수렴)이므로 급수의 성질에 의하여 $\lim\limits_{n \to \infty} c_n = 0$이다.

따라서 $1 \leq \lim\limits_{n \to \infty} \dfrac{S_n - c_n}{4c_n + 2} \leq 3$에서 $1 \leq \dfrac{\alpha}{2} \leq 3$,

$2 \leq \alpha \leq 6$이다.

1이 아닌 두 자연수 a, b에 대하여 수열 $\{a_n\}$의 공비를 a, 수열 $\{b_n\}$의 공비를 b라 하면

$a_n = a^{n-1}$, $b_n = b^{n-1}$이다.

따라서 $S_n = \dfrac{2a^n + b^{n-1}}{a^{n-1} + b^n}$이다.

(i) $a > b$인 경우

$$\alpha = \lim_{n \to \infty} \frac{2a^n + b^{n-1}}{a^{n-1} + b^n} = \lim_{n \to \infty} \frac{2a + \left(\dfrac{b}{a}\right)^{n-1}}{1 + b\left(\dfrac{b}{a}\right)^{n-1}} = 2a$$

$2 \leq 2a \leq 6$에서 $1 \leq a \leq 3$

따라서 $a = 3$, $b = 2$이다.

이때 $\alpha = 6$이다.

(ii) $a < b$인 경우

$$\alpha = \lim_{n \to \infty} \frac{2a^n + b^{n-1}}{a^{n-1} + b^n} = \lim_{n \to \infty} \frac{2a \left(\dfrac{a}{b}\right)^{n-1} + 1}{\left(\dfrac{a}{b}\right)^{n-1} + b} = \frac{1}{b}$$

$2 \le \dfrac{1}{b} \le 6$에서 $\dfrac{1}{6} \le b \le \dfrac{1}{2}$으로 b가 자연수가 아니므로

모순이다.

(i), (ii)에서

$a = 3$, $b = 2$이므로 $a_n = 3^{n-1}$, $b_n = 2^{n-1}$이다.

$a_4 = 3^3 = 27$, $b_5 = 2^4 = 16$

$\therefore \ \alpha + a_4 + b_5 = 49$

25 정답 ①

$S_n = -2n^2 + an$에서

$a_n = S_n - S_{n-1}$

$= -2n^2 + an - \{-2(n-1)^2 + a(n-1)\}$

$= -2n^2 + an - (-2n^2 + 4n - 2 + an - a)$

$= -4n + a + 2 \ (n \ge 2)$

이때, $S_1 = a_1 = a - 2$이므로

$a_n = -4n + a + 2 \ (n \ge 1)$

즉, 수열 $\{a_n\}$은 첫째항이 $a-2$이고 공차가 -4인

등차수열이다.

$$\sum_{n=1}^{\infty} \frac{1}{a_n a_{n+1}} = \lim_{n \to \infty} \sum_{k=1}^{\infty} \frac{1}{a_k a_{k+1}}$$

$$= \lim_{n \to \infty} \sum_{k=1}^{n} \frac{1}{a_{k+1} - a_k} \left(\frac{1}{a_k} - \frac{1}{a_{k+1}} \right)$$

$$= \lim_{n \to \infty} \sum_{k=1}^{n} \frac{1}{-4} \left(\frac{1}{a_k} - \frac{1}{a_{k+1}} \right)$$

$$= \lim_{n \to \infty} \frac{-1}{4} \left(\frac{1}{a_1} - \frac{1}{a_{n+1}} \right)$$

$$= -\frac{1}{4(a-2)} \ \left(\because \lim_{n \to \infty} \frac{1}{a_{n+1}} = 0 \right)$$

$-\dfrac{1}{4(a-2)} = -\dfrac{1}{4}$에서 $a = 3$

$a_n = -4n + 5$이고 수열 $\{a_n\}$은 제2항부터 음수항이다.

따라서

$$\sum_{n=1}^{\infty} \frac{1}{|a_n a_{n+1}|}$$

$$= \left| \frac{1}{a_1 a_2} \right| + \sum_{n=2}^{\infty} \frac{1}{a_n a_{n+1}}$$

$$= \left| \frac{1}{a_1 a_2} \right| - \frac{1}{a_1 a_2} + \sum_{n=1}^{\infty} \frac{1}{a_n a_{n+1}}$$

$$= \frac{1}{3} + \frac{1}{3} + \sum_{n=1}^{\infty} \frac{1}{a_n a_{n+1}}$$

$$= \frac{2}{3} + \left(-\frac{1}{4} \right) = \frac{5}{12}$$

26 정답 ③

$$\lim_{n \to \infty} \sum_{k=1}^{n} \frac{ak^3 + (k+1)(k^2 - k + 1) - \sqrt{k} + \sqrt{k+2} - 1}{\sqrt{k} \sqrt{k+1} \sqrt{k+2}}$$

가 수렴하므로

$$\lim_{n \to \infty} \frac{an^3 + (n+1)(n^2 - n + 1) - \sqrt{n} + \sqrt{n+2} - 1}{\sqrt{n} \sqrt{n+1} \sqrt{n+2}} = 0$$

$$\lim_{n \to \infty} \frac{an^3 + n^3 + \sqrt{n+2} - \sqrt{n}}{\sqrt{n} \sqrt{n+1} \sqrt{n+2}} = 0$$에서 분모의 차수가 분자보다

커야 하므로 $a = -1$이다.

따라서

$$\lim_{n \to \infty} \sum_{k=1}^{n} \frac{ak^3 + (k+1)(k^2 - k + 1) - \sqrt{k} + \sqrt{k+2} - 1}{\sqrt{k} \sqrt{k+1} \sqrt{k+2}}$$

$$= \lim_{n \to \infty} \sum_{k=1}^{n} \frac{\sqrt{k+2} - \sqrt{k}}{\sqrt{k} \sqrt{k+1} \sqrt{k+2}}$$

$$= \lim_{n \to \infty} \sum_{k=1}^{n} \left(\frac{1}{\sqrt{k} \sqrt{k+1}} - \frac{1}{\sqrt{k+1} \sqrt{k+2}} \right)$$

$$= \frac{1}{\sqrt{2}}$$

$a = -1$, $b = \dfrac{1}{\sqrt{2}}$ 이므로

$$\left(\frac{a}{b} \right)^2 = (-\sqrt{2})^2 = 2$$이다.

유형 8 등비급수의 수렴 조건

27 정답 ③

[출제자 : 황보성호T]

[검토자 : 김상호T]

두 등비수열 $\{a_n\}$, $\{b_n\}$의 공비를 각각 r, s $(r > 0,\ s > 0)$라

하자.

(가)에서

$$\lim_{n \to \infty} \frac{(-1)^n \times a_n + 3b_n}{3a_n + (-1)^n \times b_n}$$

$$= \lim_{n \to \infty} \frac{(-1)^n \times a_1 \times r^{n-1} + 3b_1 \times s^{n-1}}{3a_1 \times r^{n-1} + (-1)^n \times b_1 \times s^{n-1}}$$에서

(i) $r > s > 0$인 경우

$$\lim_{n \to \infty} \frac{(-1)^n \times a_1 \times r^{n-1} + 3b_1 \times s^{n-1}}{3a_1 \times r^{n-1} + (-1)^n \times b_1 \times s^{n-1}}$$

$$= \lim_{n \to \infty} \frac{(-1)^n \times a_1 + 3b_1 \times \left(\dfrac{s}{r} \right)^{n-1}}{3a_1 + (-1)^n \times b_1 \times \left(\dfrac{s}{r} \right)^{n-1}}$$

$$= \lim_{n \to \infty} \frac{(-1)^n}{3}$$

수열이 진동하므로 조건 (가)를 만족하지 못한다.

(ii) $s>r>0$인 경우

$$\lim_{n\to\infty}\frac{(-1)^n\times a_1\times r^{n-1}+3b_1\times s^{n-1}}{3a_1\times r^{n-1}+(-1)^n\times b_1\times s^{n-1}}$$

$$=\lim_{n\to\infty}\frac{(-1)^n\times a_1\times\left(\dfrac{r}{s}\right)^{n-1}+3b_1}{3a_1\times\left(\dfrac{r}{s}\right)^{n-1}+(-1)^n\times b_1}$$

$$=\lim_{n\to\infty}\frac{3}{(-1)^n}$$

마찬가지로 수열이 진동하므로 조건 (가)를 만족하지 못한다.

(iii) $r=s$인 경우

$$\lim_{n\to\infty}\frac{(-1)^n\times a_1\times r^{n-1}+3b_1\times s^{n-1}}{3a_1\times r^{n-1}+(-1)^n\times b_1\times s^{n-1}}$$

$$=\lim_{n\to\infty}\frac{(-1)^n\times a_1\times r^{n-1}+3b_1\times r^{n-1}}{3a_1\times r^{n-1}+(-1)^n\times b_1\times r^{n-1}}$$

$$=\lim_{n\to\infty}\frac{(-1)^n\times a_1+3b_1}{3a_1+(-1)^n\times b_1}$$

수열이 수렴하려면 $\dfrac{-a_1+3b_1}{3a_1-b_1}=\dfrac{a_1+3b_1}{3a_1+b_1}$이어야 한다.

즉, $-3a_1{}^2+8a_1b_1+3b_1{}^2=3a_1{}^2+8a_1b_1-3b_1{}^2$

$6a_1{}^2=6b_1{}^2$에서 $a_1>0$, $b_1>0$이므로 $a_1=b_1$

$a_1=b_1$, $r=s$이므로 $a_n=b_n$

(나)에서

$$\sum_{n=1}^{\infty}(a_n+b_n)=\sum_{n=1}^{\infty}2a_n=\frac{2a_1}{1-r}=12,\ a_1=6(1-r)\quad\cdots\ ㉠$$

$$a_2=a_1\times r=\frac{3}{2}\quad\cdots\ ㉡$$

㉠, ㉡을 연립하여 풀면 $r=\dfrac{1}{2}$, $a_1=3$

$$\therefore a_3+b_3=2a_3=2\times3\times\left(\frac{1}{2}\right)^2=\frac{3}{2}$$

28 정답 ①

$\sum_{n=1}^{\infty}\left(\dfrac{5}{r^2+r+3}\right)^n$이 수렴하기 위해서는

$-1<\dfrac{5}{r^2+r+3}<1$이어야 하고

$r^2+r+3=\left(r+\dfrac{1}{2}\right)^2+\dfrac{11}{4}>0$이므로 양변에

r^2+r+3을 곱하면

$-(r^2+r+3)<5<r^2+r+3$

$r^2+r+3>-5$이거나 $r^2+r+3>5$이다.

$r^2+r+8>0$의 해는 모든 실수이고

$r^2+r-2>0$의 해는 $(r+2)(r-1)>0$에서

$r<-2$이거나 $r>1$이다. $\cdots$㉠

$\sum_{n=1}^{\infty}\left(\dfrac{r^2-3r}{4}\right)^n$이 수렴하기 위해서는

$-4<r^2-3r<4$이어야 한다.

$r^2-3r+4>0$의 해는 모든 실수이고

$r^2-3r-4<0$의 해는 $(r-4)(r+1)<0$에서

$-1<r<4$이다. $\cdots$㉡

㉠, ㉡에서 두 급수가 모두 수렴할 r의 범위는 $1<r<4$이다.

따라서 정수 r은 2 또는 3이므로 $2+3=5$이다.

유형 9 등비급수의 합

29 정답 23

[출제자 : 황보성호T]

[검토자 : 안형진T]

① $p=1$이면 $\{a_n\}=-10,\ -9,\ \cdots,\ -1,\ 0,\ 0,\ \cdots$

$\sum_{n=1}^{\infty}a_n=-55<0$이므로 조건을 만족하지 않는다.

② $p=2$이면 $\{a_n\}=-10,\ -8,\ \cdots,\ -2,\ 0,\ 0,\ \cdots$

$\sum_{n=1}^{\infty}a_n=-30<0$이므로 조건을 만족하지 않는다.

③ $p=3$이면 $\{a_n\}=-10,\ -7,\ -4,\ -1,\ 2,\ \dfrac{2}{3},\ \cdots$

$\sum_{n=1}^{\infty}a_n=-22+\dfrac{2}{1-\dfrac{1}{3}}=-22+3=-19<0$이므로 조건을

만족하지 않는다.

④ $p=4$이면 $\{a_n\}=-10,\ -6,\ -2,\ 2,\ \dfrac{2}{3},\ \cdots$

$\sum_{n=1}^{\infty}a_n=-18+\dfrac{2}{1-\dfrac{1}{3}}=-18+3=-15<0$이므로 조건을

만족하지 않는다.

⑤ $p=5$이면 $\{a_n\}=-10,\ -5,\ 0,\ 0,\ \cdots$

$\sum_{n=1}^{\infty}a_n=-15<0$이므로 조건을 만족하지 않는다.

⑥ $p=6$이면 $\{a_n\}=-10,\ -4,\ 2,\ \dfrac{2}{3},\ \cdots$

$\sum_{n=1}^{\infty}a_n=-14+\dfrac{2}{1-\dfrac{1}{3}}=-14+3=-11<0$이므로 조건을

만족하지 않는다.

⑦ $p=7$이면 $\{a_n\}=-10,\ -3,\ 4,\ \dfrac{4}{3},\ \cdots$

$\sum_{n=1}^{\infty}a_n=-13+\dfrac{4}{1-\dfrac{1}{3}}=-13+6=-7<0$이므로

조건을 만족하지 않는다.

⑧ $p=8$이면 $\{a_n\}=-10,\ -2,\ 6,\ 2,\ \dfrac{2}{3},\ \cdots$

$$\sum_{n=1}^{\infty} a_n = -12 + \frac{6}{1-\frac{1}{3}} = -12 + 9 = -3 < 0$$이므로

조건을 만족하지 않는다.

⑨ $p=9$이면 $\{a_n\}=-10,\ -1,\ 8,\ \dfrac{8}{3},\ \cdots$

$$\sum_{n=1}^{\infty} a_n = -11 + \frac{8}{1-\frac{1}{3}} = -11 + 12 = 1 > 0$$이므로 조건을

만족한다.

자연수 p의 최솟값은 $m=9$

$$\therefore \sum_{n=1}^{\infty} |a_n| = 11 + 12 = 23$$

30 정답 36

[출제자 : 이호진T]
[검토자 : 최현정T]

초항을 a, 공비를 r이라 하였을 때,

$$\frac{a^2}{1-r^2} = 9 \ \cdots \bigcirc, \quad \frac{-a^2}{1+r^2} = -\frac{45}{13} \ \cdots \bigcirc$$

($\bigcirc$결과가 양수인데, $\bigcirc$의 값이 음수인 것을 통해 초항과 공비가 음수임을 추측 할 수 있다.)

두 식을 연립하면 $r^2=\dfrac{4}{9}$에서 $r=-\dfrac{2}{3}$, $a^2=5$이다.

따라서

$$20 \times \left(\sum_{n=1}^{\infty} a_n \right)^2 = 20 \times \left(\frac{-\sqrt{5}}{1+\frac{2}{3}} \right)^2 = 36$$

31 정답 3

[출제자 : 이호진T]
[검토자 : 필재T]

$$a_n = 4 \times \left(-\frac{1}{3} \right)^{n-1} = -12 \times \left(-\frac{1}{3} \right)^n$$이므로

$$\tan \frac{\pi}{a_n} = \tan \frac{(-3)^n \pi}{-12}$$에서

$\tan x$는 원점 대칭 함수이므로

$$a_n \times \tan \frac{\pi}{a_n} = 12 \times \left(-\frac{1}{3} \right)^n \times \tan \frac{(-3)^n \pi}{12}$$가 된다.

따라서 주어진 급수를 정리해보면

$$4\tan\frac{\pi}{4} + \frac{4}{3}\tan\frac{3\pi}{4} + \frac{4}{9}\tan\frac{9\pi}{4} + \frac{4}{27}\tan\frac{27\pi}{4} + \cdots$$와 같이

정리 할 수 있다.

이는 아래와 같이 등비급수임을 알 수 있다.

$$4 - \frac{4}{3} + \frac{4}{9} - \frac{4}{27} \cdots = \frac{4}{1+\frac{1}{3}} = 3$$

따라서 구하는 값은 3이다.

32 정답 13

$\overline{OC} = 2^n$이므로 직각삼각형 OCH에서

$$\overline{CH} = \sqrt{(2^n)^2 - (2^{n-1})^2}$$
$$= \sqrt{4^n - 4^{n-1}}$$
$$= \sqrt{3} \cdot 2^{n-1}$$

$\overline{BH} = \overline{CH}$이므로 $\overline{BC} = \sqrt{3} \cdot 2^n$이다.

원에서 비율관계에 의해

$$\overline{PA}^2 = \overline{PB} \times \overline{PC}$$가 성립한다.

따라서

$$9 \cdot 4^{n-1} = a_n \left(a_n + \sqrt{3} \cdot 2^n \right)$$
$$(a_n)^2 + 2\left(\sqrt{3} \times 2^{n-1} \right) a_n - 9 \cdot 4^{n-1} = 0$$
$$a_n = -\sqrt{3} \cdot 2^{n-1} \pm \sqrt{3 \cdot 4^{n-1} + 9 \cdot 4^{n-1}}$$

$a_n > 0$이므로

$$a_n = -\sqrt{3} \cdot 2^{n-1} + 2\sqrt{3} \cdot 2^{n-1} = \sqrt{3} \cdot 2^{n-1}$$

따라서 $(a_n)^2 = 3 \cdot 4^{n-1} = \dfrac{3}{4} \cdot 4^n$이다.

$$\sum_{n=1}^{\infty} \frac{1}{(a_n)^2}$$
$$= \sum_{n=1}^{\infty} \frac{4}{3} \left(\frac{1}{4} \right)^n$$
$$= \frac{4}{3} \times \frac{\frac{1}{4}}{1-\frac{1}{4}} = \frac{4}{3} \times \frac{1}{3} = \frac{4}{9}$$

$p=9$, $q=4$이므로 $p+q=13$이다.

[다른 풀이]-김진성T

$\overline{BH} = \sqrt{4^n - 4^{n-1}} = \sqrt{3} \times 2^{n-1}$이고

$\overline{PH}^2 + \overline{OH}^2 = \overline{PA}^2 + \overline{OA}^2$를 이용하면

$$\left(a_n + \sqrt{3} \times 2^{n-1} \right)^2 + 4^{n-1} = 9 \times 4^{n-1} + 4^{n-1}$$에서

$$a_n = \sqrt{3} \times 2^{n-1}$$이다.

33 정답 3

복소수의 실수부분이 a_n이고 허수부분이 b_n이므로 다음 표와 같다.

n	i^{n-1}	$(\alpha+\beta i)i^{n-1}$	a_n	b_n
1	1	$\alpha+\beta i$	α	β
2	i	$-\beta++\alpha i$	$-\beta$	α
3	-1	$-\alpha-\beta i$	$-\alpha$	$-\beta$
4	$-i$	$\beta-\alpha i$	β	$-\alpha$
5	1	$\alpha+\beta i$	α	β
$\vdots$	$\vdots$	$\vdots$	$\vdots$	$\vdots$

$a_{n+4}=a_n$, $b_{n+4}=b_n$이므로

$a_1=\alpha$, $a_3=-\alpha$, $b_5=b_1=\beta$, $b_7=b_3=-\beta$이다.

$a_1 \times a_3 \times b_5 \times b_7=9 \rightarrow \alpha^2\beta^2=9$이다.

$\alpha > \beta$이므로 순서쌍 (α,β)는 다음과 같다.

$(3,1)$, $(3,-1)$, $(1,-3)$, $(-1,-3)$ $\cdots\cdots$ ㉠

$\dfrac{\displaystyle\sum_{n=1}^{\infty}\left(a_{4n-1}c_{2n}\right)}{\displaystyle\sum_{n=1}^{\infty}\left(b_{4n-3}c_n\right)}=\dfrac{b_{4n-2}}{a_{4n}}$에서 $a_{4n-1}=-\alpha$, $b_{4n-3}=\beta$,

$a_{4n}=\beta$, $b_{4n-2}=\alpha$이고 급수 $\displaystyle\sum_{n=1}^{\infty}c_n$이 수렴하므로

등비수열 $\{c_n\}$의 공비를 r이라 하면 $-1<r<1$이다.

$\displaystyle\sum_{n=1}^{\infty}\left(a_{4n-1}c_{2n}\right)$

$=-\alpha\displaystyle\sum_{n=1}^{\infty}c_{2n}$

$=-\alpha\times\dfrac{c_2}{1-r^2}$

$=-\alpha\times\dfrac{c_1 r}{1-r^2}$

$\displaystyle\sum_{n=1}^{\infty}\left(b_{4n-3}c_n\right)$

$=\beta\times\displaystyle\sum_{n=1}^{\infty}c_n$

$=\beta\times\dfrac{c_1}{1-r}$

이므로

$\dfrac{\displaystyle\sum_{n=1}^{\infty}\left(a_{4n-1}c_{2n}\right)}{\displaystyle\sum_{n=1}^{\infty}\left(b_{4n-3}c_n\right)}=\dfrac{\alpha}{\beta} \rightarrow \dfrac{-\alpha\times\dfrac{c_1 r}{(1-r)(1+r)}}{\beta\times\dfrac{c_1}{1-r}}=\dfrac{\alpha}{\beta}$

$\rightarrow -\dfrac{r}{1+r}=1 \rightarrow r=-\dfrac{1}{2}$

$\displaystyle\sum_{n=1}^{\infty}c_n=\dfrac{\alpha}{\beta} \rightarrow \dfrac{c_1}{1-\left(-\dfrac{1}{2}\right)}=\dfrac{\alpha}{\beta}$

$c_1=\dfrac{\alpha}{\beta}\times\dfrac{3}{2}$

㉠에서 $\alpha=3$, $\beta=-1$일 때, $c_1=-\dfrac{9}{2}$로 최소이다.

그러므로

$\displaystyle\sum_{n=1}^{\infty}c_{2n}=\dfrac{c_2}{1-\dfrac{1}{4}}=\dfrac{-\dfrac{9}{2}\times\left(-\dfrac{1}{2}\right)}{\dfrac{3}{4}}=3$

이다.

유형 10 등비급수의 활용

---

34 정답 ②

$n=1$일 때, $a_1=\dfrac{1}{\sqrt{2}}$, $b_1=-\dfrac{1}{\sqrt{2}}$

$n=2$일 때, $\left(\dfrac{1-i}{\sqrt{2}}\right)^2=-i$이므로 $a_2=0$, $b_2=-1$

$n=3$일 때, $\left(\dfrac{1-i}{\sqrt{2}}\right)^3=\dfrac{-1-i}{\sqrt{2}}$이므로 $a_3=-\dfrac{1}{\sqrt{2}}$,

$b_3=-\dfrac{1}{\sqrt{2}}$

$n=4$일 때, $\left(\dfrac{1-i}{\sqrt{2}}\right)^4=-1$이므로 $a_4=-1$, $b_4=0$

$\vdots$

에서

모든 자연수 n에 대하여 $a_n^2+b_n^2=1$이다.

$\displaystyle\sum_{n=1}^{\infty}\left(a_n^2+b_n^2-r\right)^{n-1}$

$=\displaystyle\sum_{n=1}^{\infty}(1-r)^{n-1}$

$=\dfrac{1}{1-(1-r)}=\dfrac{3}{2}$ $(\because -1<1-r<1)$

$\dfrac{1}{r}=\dfrac{3}{2}$

그러므로 $r=\dfrac{2}{3}$이다.

35 정답 ①

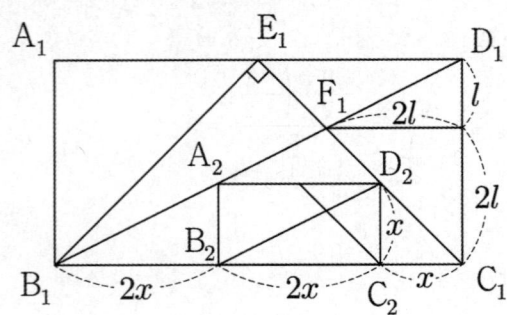

직사각형 $A_1B_1C_1D_1$에서 $\overline{B_1D_1}=\sqrt{5}$ 이다.

점 F_1에서 선분 C_1D_1에 내린 수선의 발을 H_1이라 하자.

$\overline{D_1H_1}=l\,(l>0)$이라 하면 $\overline{F_1H_1}=\overline{C_1H_1}=2l$

$\overline{C_1D_1}=3l=1$

$l=\dfrac{1}{3}$이므로 $\overline{D_1H_1}=\dfrac{1}{3}$, $\overline{F_1H_1}=\dfrac{2}{3}$

따라서 $\overline{D_1F_1}=\dfrac{\sqrt{5}}{3}$, $\overline{B_1F_1}=\dfrac{2\sqrt{5}}{3}\cdots$ ㉠

$\angle A_1E_1B_1=\overline{D_1E_1C_1}=\dfrac{\pi}{4}$이므로 $\angle B_1E_1F_1=\dfrac{\pi}{2}$이다.

따라서 세 점 B_1, E_1, F_1을 지나는 원은 지름이 선분 B_1F_1인 원이다.

㉠에서 원이 반지름의 길이는 $\dfrac{\sqrt{5}}{3}$이므로

$$S_1=\pi\left(\dfrac{\sqrt{5}}{3}\right)^2=\dfrac{5}{9}\pi$$

$\overline{C_2D_2}=x$라 두면

$\overline{C_1C_2}=x$, $\overline{B_2C_2}=2x$, $\overline{B_1B_2}=2x$이고

$x+2x+2x=2$에서 $x=\dfrac{2}{5}$

이다.

따라서 도형의 닮음비는 $\dfrac{2}{5}$가 되고 넓이비는 $\dfrac{4}{25}$이므로 공비는

$\dfrac{4}{25}$이다.

그러므로

$$\dfrac{\dfrac{5}{9}\pi}{1-\dfrac{4}{25}}=\dfrac{125}{189}\pi$$

36 정답 ⑤

직각삼각형 $M_1B_1N_1$의 넓이와 정사각형 $M_1N_1C_1D_1$에서 부채꼴 $D_1C_1M_1$을 제외한 부분의 넓이의 합이 S_1이다.

$$S_1=\dfrac{1}{2}+\left(1-\dfrac{\pi}{4}\right)=\dfrac{3}{2}-\dfrac{\pi}{4}$$

$\overline{A_2B_2}=x$라 하면 $\overline{B_2C_2}=2x$이고 $\angle M_1B_1N_1=\dfrac{\pi}{4}$이므로

직각이등변삼각형 $A_2B_1B_2$에서 $\overline{B_1B_2}=x$이다.

점 D_2에서 선분 A_1D_1에 내린 수선의 발을 H라 하면

직각삼각형 D_1D_2H에서

$\overline{D_1D_2}=1$, $\overline{D_2H}=1-x$, $\overline{D_1H}=2-3x$ $\left(\because \overline{B_1C_2}=\overline{A_1H}\right)$

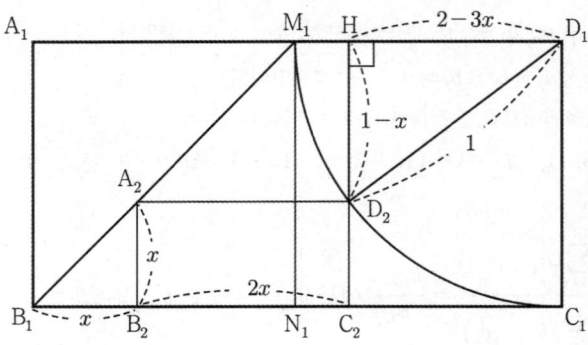

따라서

$(2-3x)^2+(1-x)^2=1$

$10x^2-14x+4=0$

$5x^2-7x+2=0$

$(x-1)(5x-2)=0$

$x=\dfrac{2}{5}$

따라서 공비는 $\dfrac{4}{25}$이다.

$$\sum_{n=1}^{\infty}S_n=\dfrac{\dfrac{3}{2}-\dfrac{\pi}{4}}{1-\dfrac{4}{25}}=\dfrac{25}{21}\left(\dfrac{3}{2}-\dfrac{\pi}{4}\right)$$

수열의 극한 단원 평가

37 정답 19

$$a_n+b_n=\left\{p\times(-1)^n+q\right\}+\left\{\dfrac{1}{3}\times(-1)^{n+1}-\dfrac{2}{3}\right\}$$

$$=\left(p-\dfrac{1}{3}\right)(-1)^n+q-\dfrac{2}{3}$$ 이므로

수열 $\{a_n+b_n\}$이 수렴하려면 $p-\dfrac{1}{3}=0$,

즉 $p=\dfrac{1}{3}$ 이어야 한다.

$p = \dfrac{1}{3}$ 일 때,

$$a_n b_n = \left\{ \dfrac{1}{3} \times (-1)^n + q \right\} \left\{ \dfrac{1}{3} \times (-1)^{n+1} - \dfrac{2}{3} \right\}$$

$$= \left\{ \dfrac{1}{3} \times (-1)^n + q \right\} \left\{ -\dfrac{1}{3} \times (-1)^n - \dfrac{2}{3} \right\}$$

$$= -\dfrac{1}{9} \times (-1)^{2n} + \left(-\dfrac{2}{9} - \dfrac{1}{3}q \right)(-1)^n - \dfrac{2}{3}q$$

$$= \left(-\dfrac{q}{3} - \dfrac{2}{9} \right)(-1)^n - \dfrac{1}{9} - \dfrac{2}{3}q \text{이므로}$$

수열 $\{a_n b_n\}$ 이 수렴하려면

$-\dfrac{q}{3} - \dfrac{2}{9} = 0$, 즉 $q = -\dfrac{2}{3}$ 이어야 한다.

따라서

$$\lim_{n \to \infty} (a_n + b_n) = q - \dfrac{2}{3} = -\dfrac{2}{3} - \dfrac{2}{3} = -\dfrac{4}{3}$$

$$\lim_{n \to \infty} a_n b_n = -\dfrac{1}{9} - \dfrac{2}{3}q = -\dfrac{1}{9} + \dfrac{4}{9} = \dfrac{1}{3}$$

따라서 $\displaystyle \lim_{n \to \infty} \left\{ (a_n)^2 + (b_n)^2 \right\}$

$$= \lim_{n \to \infty} \left\{ (a_n + b_n)^2 - 2a_n b_n \right\}$$

$$= \lim_{n \to \infty} (a_n + b_n)^2 - \lim_{n \to \infty} 2a_n b_n$$

$$= \dfrac{16}{9} - \dfrac{6}{9} = \dfrac{10}{9}$$

따라서 $\alpha = 9$, $\beta = 10$ 이므로 $\alpha + \beta = 19$

38 정답 10

(i) $2a > 6b$ 일 때

$$\lim_{n \to \infty} \dfrac{12 \times (2a)^n + 12 \times (6b)^n}{(2a)^{n+1} + (6b)^{n+1}} = \lim_{n \to \infty} \dfrac{12}{2a} = \dfrac{6}{a}$$

가능한 $a = 1, 2, 3, 6$ 이다.

$a = 1, 2, 3$ 일 때, 가능한 b 는 없다.

$a = 6$ 일 때, $b = 1$

따라서 $(6, 1)$ 로 1개

(ii) $2a < 6b$ 일 때

$$\lim_{n \to \infty} \dfrac{12 \times (2a)^n + 12 \times (6b)^n}{(2a)^{n+1} + (6b)^{n+1}} = \lim_{n \to \infty} \dfrac{12}{6b} = \dfrac{2}{b}$$

가능한 $b = 1, 2$ 이다.

$b = 1$ 일 때, $a = 1, 2$

$b = 2$ 일 때, $a = 1, 2, 3, 4, 5$

따라서 7개

(iii) $2a = 6b$ 일 때

$$\lim_{n \to \infty} \dfrac{12 \times (2a)^n + 12 \times (6b)^n}{(2a)^{n+1} + (6b)^{n+1}} = \lim_{n \to \infty} \dfrac{24}{12b} = \dfrac{2}{b}$$

가능한 $b = 1, 2$ 이다.

$b = 1$ 일 때, $a = 3$

$b = 2$ 일 때, $a = 6$

따라서 2개

(i), (ii), (iii)에서 순서쌍 (a, b) 의 개수는
$1 + 7 + 2 = 10$ 이다.

39 정답 ③

함수 $g(x)$ 를 구하면

(i) $|x - a| > 1$ 일 때,

$$g(x) = \lim_{n \to \infty} \dfrac{3|x-a|^n + 2}{|x-a|^n + 1} = \lim_{n \to \infty} \dfrac{3 + \dfrac{2}{|x-a|^n}}{1 + \dfrac{1}{|x-a|^n}} = 3$$

(ii) $|x - a| = 1$ 일 때,

$$g(x) = \lim_{n \to \infty} \dfrac{3|x-a|^n + 2}{|x-a|^n + 1} = \dfrac{3 + 2}{1 + 1} = \dfrac{5}{2}$$

(iii) $|x - a| < 1$ 일 때,

$$g(x) = \lim_{n \to \infty} \dfrac{3|x-a|^n + 2}{|x-a|^n + 1} = 2$$

이때, $|x - a| = 1$ 에서 $x = a - 1$ 또는 $x = a + 1$ 이므로 함수 $y = g(x)$ 의 그래프는 다음 그림과 같다.

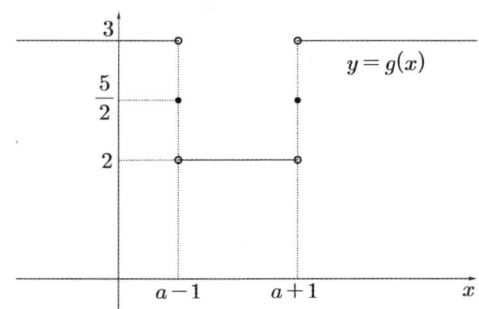

$h(x) = f(g(x))$ 가 실수 전체 집합에서 연속이므로 $x = a - 1$ 과 $x = a + 1$ 에서도 연속이다.

(i) $x = a - 1$ 일 때 $f(g(x))$ 가 연속이기 위해서는

$g(x)$ 의 좌극한 3, 함숫값 $\dfrac{5}{2}$, 우극한 2이 모두 같아야 하므로

$x = a - 1$ 에서 연속일 조건은

$$f(3) = f\left(\dfrac{5}{2} \right) = f(2) \text{이다.}$$

(ii) $x = a + 1$ 일 때 $f(g(x))$ 가 연속이기 위해서는

$g(x)$ 의 좌극한 2, 함숫값 $\dfrac{5}{2}$, 우극한 3이 모두 같아야 하므로

$x = a + 1$ 에서 연속일 조건은

$$f(2) = f\left(\dfrac{5}{2} \right) = f(3) \text{이다.}$$

따라서 삼차함수 $f(x)$ 는

$$f(x) = (x - 2)\left(x - \dfrac{5}{2} \right)(x - 3) + k \text{라 할 수 있다.}$$

$$2f(2) - f(0) - f(1)$$
$$= 2k - (-15 + k) - (-3 + k)$$
$$= 18$$

40 정답 ②

$$f(x) = \lim_{n \to \infty} \frac{\left(\dfrac{x+1}{k}\right)^{2n} - 4}{\left(\dfrac{x+1}{k}\right)^{2n} + 2} \quad (k > 0)$$

$|x+1| > k$, $|x+1| < k$, $|x+1| = k$으로 나눠서 생각해 보면

(i) $x > k-1$이면 $f(x) = 1$

(ii) $x = k-1$이면 $f(x) = \dfrac{1-4}{1+2} = -1$

(iii) $-k-1 < x < k-1$이면 $f(x) = \dfrac{-4}{2} = -2$

(iv) $x = -k-1$이면 $f(x) = \dfrac{1-4}{1+2} = -1$

(v) $x < -k-1$이면 $f(x) = 1$

따라서 함수 $f(x)$의 그래프는 다음 그림과 같다.

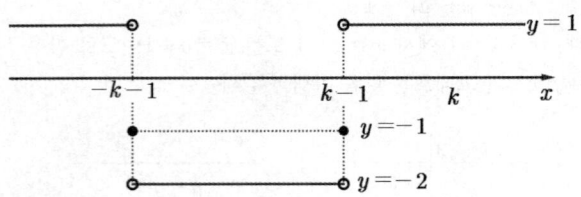

$$g(x) = \begin{cases} (f \circ f)(x) & (x = k) \\ (x-k)^2 - 1 & (x \neq k) \end{cases}$$
가 $x = k$에서 연속이고

$\lim\limits_{x \to k} g(x) = \lim\limits_{x \to k} (x-k)^2 - 1 = -1$이므로

$f(f(k)) = -1 \cdots \bigcirc$이다.

$f(x)$의 치역이 $\{-2, -1, 1\}$이므로 $f(k)$가 될 수 있는 값은 -2 또는 -1 또는 1이다.

그런데 $k > k-1$이므로 $f(k) = 1$이다.

따라서 $f(f(k)) = f(1) = -1$에서

$-1 - k = 1$ 또는 $k-1 = 1$ 에서 $k = -2$ 또는 $k = 2$이다.

$k > 0$이므로 $k = 2$이다.

따라서

$$f(x) = \lim_{n \to \infty} \frac{\left(\dfrac{x+1}{2}\right)^{2n} - 4}{\left(\dfrac{x+1}{2}\right)^{2n} + 2}, \quad g(x) = \begin{cases} (f \circ f)(x) & (x = 2) \\ (x-2)^2 - 1 & (x \neq 2) \end{cases}$$

$g(f(k)) = g(f(2)) = g(1) = (1-2)^2 - 1 = 0$

41 정답 ③

(i) $|x| > 1$일 때, $f(x) = \lim\limits_{n \to \infty} \dfrac{2x + \dfrac{1}{x^{n-1}} + \dfrac{3}{x^n}}{1 + \dfrac{1}{x^n}} = 2x$

(ii) $|x| < 1$일 때, $f(x) = x + 3$

(iii) $x = 1$일 때, $f(1) = 3$

한편 방정식 $f(x) - mx - 1 = 0 \Rightarrow f(x) = mx + 1$이므로

$y = f(x)$와 $y = mx + 1$이 만나지 않는 m의 범위는 다음 그림과 같이 $-1 \le m \le 1$, $m = 3$이다.

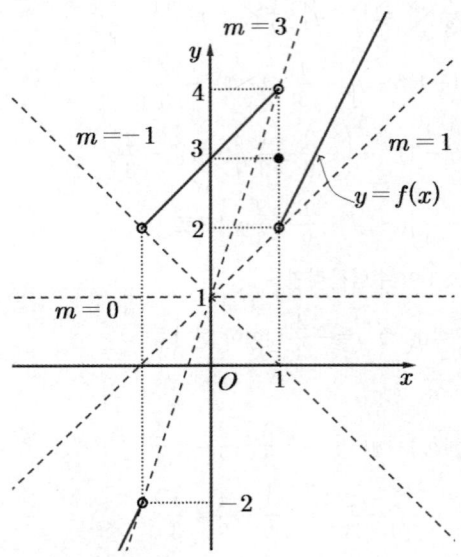

따라서 만족하는 정수 m은 $-1, 0, 1, 3$으로 4개다.

42 정답 320

[출제자 : 김진성T]

[검토자 : 최수영T]

$0 < r < 1$이면 반드시 $a_n < 3$ 가 되는 $n = k$가 존재한다.

그러면 $n \ge k$에 대하여 $b_n = \sin \dfrac{n\pi}{3}$이므로

$\sum\limits_{n=1}^{\infty} (2b_{4n-3} - 7b_{4n-2} + 7b_{4n-1} - 2b_{4n})$ 가 존재하지 않는다.

$r = 1$이면 $a_1 < 3$이면 $b_n = \sin \dfrac{n\pi}{3}$ 이므로 조건 (가)에 모순이고, $a_1 \ge 3$이면

$\sum\limits_{n=1}^{\infty} (2b_{4n-3} - 7b_{4n-2} + 7b_{4n-1} - 2b_{4n}) = 0$이 되어서 조건 (가)에 모순이다.

$1 < r$ 이면 $a_1 = a$, $a_n = ar^{n-1}$이라 하자. $a_{k-1} < 3$이고 $a_k \ge 3$ 인 k에 대하여

$\sum\limits_{n=k}^{\infty} (2b_{4n-3} - 7b_{4n-2} + 7b_{4n-1} - 2b_{4n})$ 이 수렴하기 위해서는

$2a_{4n-3} - 7a_{4n-2} + 7a_{4n-1} - 2a_{4n} = 0$임을 이용하면

$2r^3 - 7r^2 + 7r - 2 = 0$ 에서 $r = 2$ 를 구할 수 있다.

한편, $\sin \dfrac{n\pi}{3}$의 값을 나열해 보면

$$\frac{\sqrt{3}}{2}, \ \frac{\sqrt{3}}{2}, \ 0, \ -\frac{\sqrt{3}}{2}, \ -\frac{\sqrt{3}}{2}, \ 0, \ \cdots$$

이 순서대로 $b_1, b_2, b_3, \cdots$라 하면 $4b_1 b_4 + b_5 = 2$에 모순이므로

$b_5 \neq -\dfrac{\sqrt{3}}{2}$인 값을 가져야 한다. $b_5 = 2 - 4b_1 b_4 = 5$이므로

$b_5 = a_5 = 5$ $(a_5 > 3)$으로 조건에 맞으므로

$n \ge 5$에서 $b_n = a_n = 5 \times 2^{n-1}$ 이므로 $a_7 = 320$ 이다.

43 정답 ④

$$y = \frac{-2x+17}{x-9} = \frac{-2(x-9)-1}{x-9}$$

$$= -\frac{1}{x-9} - 2$$

점근선이 $x=9$, $y=-2$인 그래프이다.

등차수열 $\{a_n\}$은 공차가 양수이므로 $\lim_{n\to\infty} a_n = \infty$이다.

그림과 같이 $y=a_n$과 $y=-\frac{1}{x-9}-2$의 교점의 x좌표는

$\lim_{n\to\infty} x_n = 9$이다.

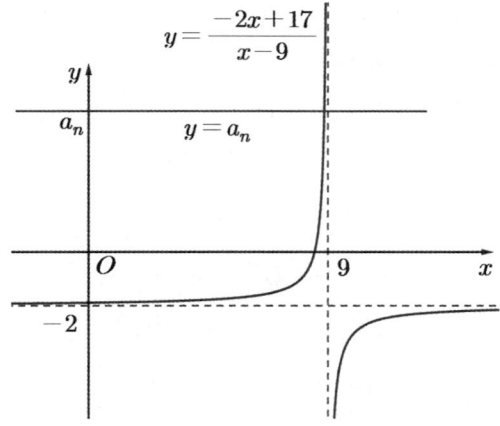

따라서

$a_1 = y = -\frac{15}{8}$이므로 $-\frac{1}{x_1-9}-2=-\frac{15}{8}$에서

$x_1 = 1$이다.

$$\sum_{n=1}^{\infty}\left(\frac{1}{\sqrt{x_{n+1}}}-\frac{1}{\sqrt{x_n}}\right)$$

$$= \lim_{n\to\infty}\left(\frac{1}{\sqrt{x_{n+1}}}-\frac{1}{\sqrt{x_1}}\right)$$

$$= \frac{1}{3}-1 = -\frac{2}{3}$$

44 정답 ②

$$y' = -x^2 + 2\left(a_{n+1}-\frac{1}{2}a_n\right)x + 2\{a_{n+1}a_n+(a_1-1)^2\}$$

모든 실수 x에서 감소하므로 $\frac{D}{4} \le 0$

$$\frac{D}{4} = \left(a_{n+1}-\frac{1}{2}a_n\right)^2 + 2a_{n+1}a_n + 2(a_1-1)^2 \le 0$$

$$(a_{n+1})^2 + a_{n+1}a_n + \frac{1}{4}a_n{}^2 + 2(a_1-1)^2 \le 0$$

$$\left(a_{n+1}+\frac{1}{2}a_n\right)^2 + 2(a_1-1)^2 \le 0$$

$$a_{n+1} = -\frac{1}{2}a_n, \quad a_1 = 1$$

$$\sum_{n=1}^{\infty} a_n = \frac{1}{1+\frac{1}{2}} = \frac{2}{3}$$

45 정답 ⑤

$S_1 = a_1$이므로 $S_n = a_n + \frac{5^{n+1}}{2\times 5^{n-1}+3^n}+c$ 의 식에

$n=1$을 대입하여 c를 구하자.

$$S_1 = a_1 + \frac{25}{2+3}+c$$

따라서 $c=-5$

$n \ge 2$일 때 $S_n - S_{n-1} = a_n$이므로 $S_n - a_n = S_{n-1}$이다.

따라서

$$S_n - a_n = S_{n-1} = \frac{5^{n+1}}{2\times 5^{n-1}+3^n}-5$$

$$\sum_{n=1}^{\infty} a_n = \lim_{n\to\infty} S_n = \lim_{n\to\infty} S_{n-1}$$

$$= \lim_{n\to\infty}\left(\frac{5^{n+1}}{2\times 5^{n-1}+3^n}-5\right)$$

$$= \frac{25}{2}-5 = \frac{15}{2}$$

46 정답 3

0보다 크고 $9n+1$보다 작은 3의 배수는

$3, 6, 9, \cdots, \cdots, 9n-3, 9n$이다. $\cdots \bigcirc$

자연수 $a_1, a_2, a_3, \cdots, a_{2n-1}, a_{2n}$ 중에서

m_n은 첫째항이 3이고 공차가 3, 항수가 $2n$인 등차수열의 합과 같다.

$$m_n = \frac{2n\{6+(2n-1)3\}}{2} = 6n^2+3n$$

M_n은 첫째항이 $9n$이고 공차가 -3, 항수가 $2n$인 등차수열의 합과 같다.

$$M_n = \frac{2n\{18n+(2n-1)(-3)\}}{2} = 12n^2+3n$$

따라서

$$\lim_{n\to\infty}\frac{M_n+m_n}{M_n-m_n} = \lim_{n\to\infty}\frac{18n^2+6n}{6n^2} = 3$$

47 정답 ③

$$\frac{2n-3}{4}\pi < a_n < \frac{2n-1}{4}\pi$$

$$\frac{2n-3}{4n}\pi < \frac{a_n}{n} < \frac{2n-1}{4n}\pi$$

$$\lim_{n\to\infty}\frac{2n-3}{4n}\pi \le \lim_{n\to\infty}\frac{a_n}{n} \le \lim_{n\to\infty}\frac{2n-1}{4n}\pi$$

$$\frac{1}{2}\pi \le \lim_{n\to\infty}\frac{a_n}{n} \le \frac{1}{2}\pi$$이므로 $\lim_{n\to\infty}\frac{a_n}{n} = \frac{\pi}{2}$

$$(2n-3)\pi < b_n < (2n-1)\pi$$

$$\frac{2n-3}{n}\pi < \frac{b_n}{n} < \frac{2n-1}{n}\pi$$

$$\lim_{n\to\infty}\frac{2n-3}{n}\pi \le \lim_{n\to\infty}\frac{b_n}{n} \le \lim_{n\to\infty}\frac{2n-1}{n}\pi$$

$2\pi \le \lim\limits_{n\to\infty}\dfrac{b_n}{n} \le 2\pi$이므로 $\lim\limits_{n\to\infty}\dfrac{b_n}{n}=2\pi$

$$\lim_{n\to\infty}\frac{b_n-a_n}{n}=2\pi-\frac{\pi}{2}=\frac{3}{2}\pi$$

48 정답 5

[그림 : 최성훈T]

[검토자 : 최수영T]

그림과 같이 $\angle\mathrm{CBD}=\theta$, $\angle\mathrm{DOE}=\alpha$라 하자.

호 CD에 대한 원주각의 크기가 θ이므로 중심각의 크기인
$\angle\mathrm{COD}=2\theta$이다.

이등변삼각형 BOC에서 $\angle\mathrm{CBO}=\angle\mathrm{BCO}=2\theta$이므로
$\angle\mathrm{BOC}=\pi-4\theta$이다.

점 O에서 선분 BC에 내린 수선의 발을 H라 하면
$\overline{\mathrm{BH}}=1$이므로 직각삼각형 BOH에서 $\cos 2\theta=\dfrac{1}{n}$이다.

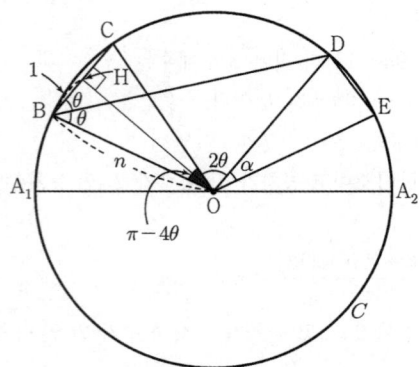

이등변삼각형 BOD에서 $\angle\mathrm{BOD}=\pi-2\theta$이므로

$$\overline{\mathrm{BD}}^2=n^2+n^2-2\times n\times n\times\cos(\pi-2\theta)$$
$$=2n^2+2n^2\cos 2\theta$$
$$=2n^2+2n$$
$$\therefore \overline{\mathrm{BD}}=\sqrt{2n^2+2n}$$

이등변삼각형 DOE에서 $\angle\mathrm{DOE}=\alpha$라 하면

$$\overline{\mathrm{DE}}^2=n^2+n^2-2\times n\times n\times\cos\alpha$$
$$=2n^2-2n^2\cos\alpha$$

$\overline{\mathrm{DE}}=\dfrac{\overline{\mathrm{BD}}}{2}\ \rightarrow\ \overline{\mathrm{DE}}^2=\dfrac{\overline{\mathrm{BD}}^2}{4}$

$2n^2-2n^2\cos\alpha=\dfrac{2n^2+2n}{4}$

$2n^2\cos\alpha=2n^2-\dfrac{n^2+n}{2}$

$\cos\alpha=\dfrac{3}{4}-\dfrac{1}{4n}$

따라서

$$\sin\alpha=\sqrt{1-\cos^2\alpha}=\sqrt{1-\left(\frac{9}{16}-\frac{3}{8n}+\frac{1}{16n^2}\right)}$$
$$=\sqrt{\frac{7}{16}+\frac{3}{8n}-\frac{1}{16n^2}}$$

그러므로

$$\lim_{n\to\infty}\sin(\angle\mathrm{DOE})=\lim_{n\to\infty}\sin\alpha=\frac{\sqrt{7}}{4}$$

$p=4$, $q=1$이므로 $p+q=5$이다.

49 정답 ①

$\mathrm{P}_n(0,n)$, $\mathrm{P}_{n+1}(0,n+1)$, $\mathrm{R}_n(n^2,0)$,
$\mathrm{R}_{n+1}((n+1)^2,0)$이므로

사각형 $\mathrm{P}_n\mathrm{Q}_n\mathrm{Q}_{n+1}\mathrm{P}_{n+1}$에서 $\overline{\mathrm{P}_n\mathrm{Q}_n}=n^2$,
$\overline{\mathrm{P}_{n+1}\mathrm{Q}_{n+1}}=(n+1)^2$, $\overline{\mathrm{P}_n\mathrm{P}_{n+1}}=1$이므로

$$S_n=\frac{1}{2}\times(n^2+n^2+2n+1)\times 1=n^2+n+\frac{1}{2}$$

사각형 $\mathrm{Q}_n\mathrm{R}_n\mathrm{R}_{n+1}\mathrm{Q}_{n+1}$에서 $\overline{\mathrm{Q}_n\mathrm{R}_n}=n$,
$\overline{\mathrm{Q}_{n+1}\mathrm{R}_{n+1}}=n+1$, $\overline{\mathrm{R}_n\mathrm{R}_{n+1}}=(n+1)^2-n^2$이므로

$$T(n)=\frac{1}{2}\times(2n+1)\times(2n+1)=2n^2+2n+\frac{1}{2}$$

따라서

$$\lim_{n\to\infty}\frac{\sqrt{S_n}-n}{\sqrt{T_n}-\sqrt{2}\,n}$$
$$=\lim_{n\to\infty}\frac{\sqrt{n^2+n+\dfrac{1}{2}}-n}{\sqrt{2n^2+2n+\dfrac{1}{2}}-\sqrt{2}\,n}$$
$$=\lim_{n\to\infty}\frac{\left(n+\dfrac{1}{2}\right)\left(\sqrt{2n^2+2n+\dfrac{1}{2}}+\sqrt{2}\,n\right)}{\left(2n+\dfrac{1}{2}\right)\left(\sqrt{n^2+n+\dfrac{1}{2}}+n\right)}$$
$$=\frac{2\sqrt{2}}{4}=\frac{\sqrt{2}}{2}$$

50 정답 13

[출제자 : 이소영T]

[검토자 : 김경민T]

$\displaystyle\sum_{k=1}^{n}\frac{3S_k}{k+2}=S_n$에서 $n\ge 2$인 모든 자연수 n에 대하여

$b_n=S_n-S_{n-1}=\displaystyle\sum_{k=1}^{n}\frac{3S_k}{k+2}-\sum_{k=1}^{n-1}\frac{3S_k}{k+2}=\frac{3S_n}{n+2}$이므로

$3S_n=(n+2)b_n$이고, $3S_{n-1}=(n+1)b_{n-1}$이다.

두 식을 빼면 $3b_n=(n+2)b_n-(n+1)b_{n-1}$

$(n-1)b_n=(n+1)b_{n-1}$

$\dfrac{b_n}{b_{n-1}}=\dfrac{n+1}{n-1}\ (n\ge 2)$

n에 2부터 대입하여 변끼리 곱하면

$$\frac{b_2}{b_1} \times \frac{b_3}{b_2} \times \frac{b_4}{b_3} \times \cdots \times \frac{b_n}{b_{n-1}}$$

$$= \frac{3}{1} \times \frac{4}{2} \times \frac{5}{3} \times \cdots \times \frac{n}{n-2} \times \frac{n+1}{n-1}$$

$$\frac{b_n}{b_1} = \frac{n(n+1)}{2}, \ b_1 = 3 \text{이므로}$$

$$b_n = \frac{3n(n+1)}{2} \text{이다.}$$

$$\lim_{n \to \infty} \frac{r \times 5^n + \sum\limits_{k=1}^{n} a_k}{5^{n+1} + a_n} = \sum_{n=1}^{\infty} \frac{1}{b_n} \text{에서}$$

$$\sum_{n=1}^{\infty} \frac{1}{b_n} = \sum_{n=1}^{\infty} \frac{2}{3n(n+1)}$$

$$= \lim_{n \to \infty} \sum_{k=1}^{n} \frac{2}{3}\left(\frac{1}{k} - \frac{1}{k+1}\right)$$

$$= \lim_{n \to \infty} \frac{2}{3}\left(1 - \frac{1}{n+1}\right)$$

$$= \frac{2}{3} \text{이므로}$$

$$\lim_{n \to \infty} \frac{r \times 5^n + \sum\limits_{k=1}^{n} a_k}{5^{n+1} + a_n} = \frac{2}{3}$$

첫째항이 양수이고 공비가 $r \, (r > 0)$인 등비수열 $\{a_n\}$을

$a_n = a_1 r^{n-1} \ (a_1 > 0, \ r > 0)$이라 하면

$$\lim_{n \to \infty} \frac{r \times 5^n + \sum\limits_{k=1}^{n} a_1 r^{k-1}}{5^{n+1} + a_1 r^{n-1}} = \frac{2}{3}$$

$$\lim_{n \to \infty} \frac{r \times 5^n + \frac{a_1(r^n - 1)}{r-1}}{5^{n+1} + a_1 r^{n-1}} = \frac{2}{3}$$

(i) $0 < r < 5$이면 $\dfrac{r}{5} = \dfrac{2}{3}$이므로 $r = \dfrac{10}{3}$이다.

(ii) $r = 5$이면 $\dfrac{5 + \dfrac{a_1}{4}}{5 + \dfrac{a_1}{5}} = \dfrac{2}{3}$이므로

$$2\left(5 + \frac{a_1}{5}\right) = 3\left(5 + \frac{a_1}{4}\right)$$

$$\frac{3}{4}a_1 - \frac{2}{5}a_1 = -5$$

$$15a_1 - 8a_1 = -100$$

$$7a_1 = -100$$

$a_1 = -\dfrac{100}{7}$이므로 첫째항이 양수라는 조건을 만족하지 않는다.

(iii) $r > 5$이면 $\dfrac{\dfrac{a_1}{r-1}}{\dfrac{a_1}{r}} = \dfrac{2}{3}$

$$3\left(\frac{a_1}{r-1}\right) = \frac{2a_1}{r}$$

$$\frac{3}{r-1} = \frac{2}{r}$$

$$3r = 2r - 2$$

$r = -2$이므로 범위를 만족하지 않는다.

따라서 $r = \dfrac{10}{3}$이 되므로 $p+q = 13$이다.

51 정답 8

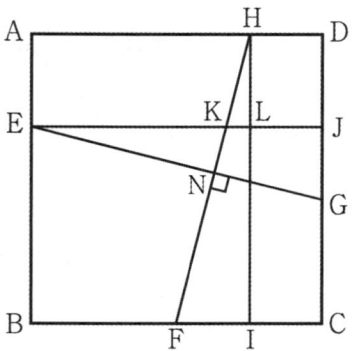

점 B를 원점, 선분 BC와 AB를 x, y축으로 하는 좌표평면을 생각하자.

E에서 $\overline{CD}$에 내린 수선의 발을 J라 두면

$\overline{EG} = \sqrt{9n^2 + 4}$, $\overline{EJ} = 3n$이다.

따라서 $\overline{JG} = 2$이므로 직선 EG는 기울기가

$-\dfrac{2}{3n}$인 직선이다.

따라서 직선 HF는 기울기가 $\dfrac{3n}{2}$이고,

H에서 x축에 내린 수선의 발을 I라 하면

$\overline{HI} = 3n$이므로 $\overline{FI} = 2$이다. 따라서 $\overline{HF} = \sqrt{9n^2 + 4}$

따라서 두 삼각형 HFI, EGJ는 합동이다.

따라서 $\overline{EG} = \overline{HF} = \sqrt{9n^2 + 4}$

$$S_n = \frac{1}{2} \times \sqrt{9n^2 + 4} \times \sqrt{9n^2 + 4} = \frac{9n^2 + 4}{2} = \frac{9}{2}n^2 + 2$$

따라서

$$\lim_{n \to \infty} \frac{36n^2}{S_n} = \lim_{n \to \infty} \frac{36n^2}{\frac{9}{2}n^2 + 2} = 8$$

[다른 풀이]-최재영T

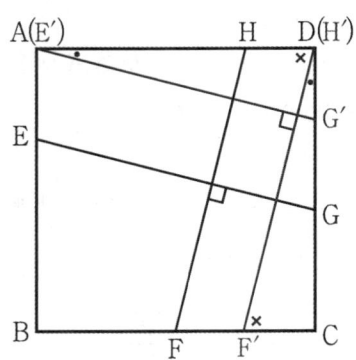

$\overline{EG}=\overline{E'G'}$, $\overline{FH}=\overline{F'H'}$이다.

또한 삼각형 E′G′H′과 삼각형 H′F′C은

합동이므로 $\overline{E'G'}=\overline{F'H'}=\sqrt{9n^2+4}$ 이다.

따라서 $S_n=\dfrac{1}{2}(\sqrt{9n^2+4})^2$이므로, $\displaystyle\lim_{n\to\infty}\dfrac{36n^2}{S_n}=8$이다.

52 정답 ③

[그림 : 이현일T]

삼각형 A_1B_1C에서 $\overline{B_1C}=x$, $\angle A_1B_1C=\theta\left(\cos\theta=\dfrac{11}{16}\right)$라

하고 코사인법칙을 적용하면

$6^2=4^2+x^2-2\times4\times x\times\cos\theta$

$36=16+x^2-\dfrac{11}{2}x$

$x^2-\dfrac{11}{2}x-20=0$

$2x^2-11x-40=0$

$(x-8)(2x+5)=0$

$x=8$

$\therefore\ \overline{B_1C}=8$

각의 이등분선 성질에 의해

$\overline{A_1B_1}:\overline{A_1C}=\overline{B_1E_1}:\overline{E_1C}=2:3$이므로

$\overline{B_1E_1}=8\times\dfrac{2}{5}=\dfrac{16}{5}$

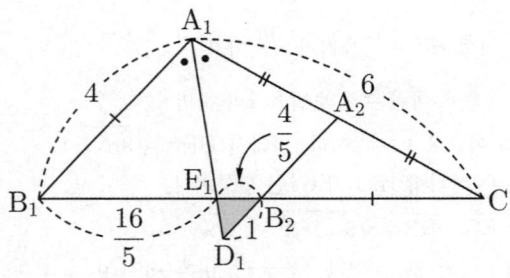

A_2가 선분 A_1C의 중점이고 $\overline{A_1B_1}\,/\!/\,\overline{A_2B_2}$이므로

삼각형 A_1B_1C와 삼각형 A_2B_2C는 닮음비가 $2:1$이다.

따라서 $\overline{B_2C}=\overline{B_1B_2}=4$

그러므로 $\overline{B_2E_1}=4-\dfrac{16}{5}=\dfrac{4}{5}\cdots\bigcirc$

$\angle B_1A_1D_1=\angle A_1D_1A_2\ (\because$ 엇각$)$

$\angle D_1A_1A_2=\angle A_1D_1A_2$이므로 삼각형 $A_2A_1D_1$은

$\overline{A_1A_2}=\overline{A_2D_1}=3$인 이등변삼각형이다.

따라서 $\overline{B_2D_1}=3-2=1\cdots\bigcirc$

삼각형 $B_2D_1E_1$에서 $\angle A_2B_2C=\angle D_1B_2E_1=\theta$에서

$\sin\theta=\sqrt{1-\left(\dfrac{11}{16}\right)^2}=\dfrac{3\sqrt{15}}{16}$이므로 ㉠, ㉡에 의해

$S_1=\dfrac{1}{2}\times\dfrac{4}{5}\times1\times\dfrac{3\sqrt{15}}{16}=\dfrac{3\sqrt{15}}{40}$

삼각형 A_1B_1C와 삼각형 A_2B_2C는 닮음비가 $2:1$이므로

등비급수의 공비는 $\dfrac{1}{4}$이다.

따라서

$\displaystyle\sum_{n=1}^{\infty}S_n=\dfrac{\dfrac{3\sqrt{15}}{40}}{1-\dfrac{1}{4}}=\dfrac{\sqrt{15}}{10}$

미분법

유형 1 지수함수와 로그함수의 극한

53 정답 30

$\displaystyle\lim_{x\to b}\dfrac{f(x)+g(x)}{(x-b)\ln a}=-\dfrac{65}{32}$에서 (분모)$\to0$이므로

(분자)$\to0$이어야 한다.

$\therefore\ f(b)+g(b)=0$

$a>1$에서 함수 $f'(x)=(-a^{-x}-a^x)\ln a<0$이고

$f(0)=0$이므로 함수 $f(x)$는 원점을 지나는 감소함수이다.

따라서 함수 $g(x)$도 원점을 지나는 감소함수이다. 그러므로

$f(b)+g(b)=0$을 만족시키는 실수 b는 0뿐이다.

$\displaystyle\lim_{x\to b}\dfrac{f(x)+g(x)}{(x-b)\ln a}$

$=\displaystyle\lim_{x\to0}\dfrac{f(x)+g(x)}{x\ln a}$

$=\dfrac{f'(0)+g'(0)}{\ln a}$

$f'(0)=-2\ln a$이므로 $g'(0)=-\dfrac{1}{2\ln a}$

$=-2-\dfrac{1}{2(\ln a)^2}=-\dfrac{65}{32}$

$-\dfrac{1}{2(\ln a)^2}=-\dfrac{1}{32}$

$(\ln a)^2=4$

$\ln a=2$

$\therefore\ a=e^2\ (\because a>1)$

따라서

$f(x)=e^{-2x}-e^{2x}$

$f(\ln2)=e^{-2\ln2}-e^{2\ln2}=\dfrac{1}{4}-4=-\dfrac{15}{4}$

따라서 $-8f(\ln2)=30$

54 정답 4

(가)에서

(분모) $\to 0$이므로 (분자)$\to 0$이어야 한다.

따라서 $2f(1)-g(1)=0$

$2a-c=0$

$\therefore\ c=2a$

$$\lim_{x\to 1}\frac{2f(x)-g(x)}{x-1}$$

$$=\lim_{x\to 1}\frac{2\left(a^x-\log_b x\right)-\left(c^x+\log_b x\right)}{x-1}$$

$$=\lim_{x\to 1}\frac{2a^x-c^x}{x-1}-3\lim_{x\to 1}\frac{\log_b x}{x-1}$$

$$=2a\ln a-c\ln c-\frac{3}{\ln b}$$

$$=2a\ln a-2a\ln(2a)-\frac{3}{\ln b}$$

$$=-2a\ln 2-\frac{3}{\ln b}$$

따라서

$$\lim_{x\to 1}\frac{2f(x)-g(x)}{x-1}+\frac{3}{\ln b}=-2a\ln 2$$

$\therefore\ a=2$

$\therefore\ c=4$

그러므로 $f(x)=2^x-\log_b x,\ g(x)=4^x+\log_b x$

$g(2)-f(4)=16+\log_b 2-16+\log_b 4$

$\qquad\qquad=3\log_b 2=-3$

$\therefore\ b=\dfrac{1}{2}$

따라서 $a\times b\times c=4$이다.

55 정답 32

[그림 : 서태욱T]

$e^x-1=t$에서 $x=\ln(1+t)$이므로 점 $A\left(\ln(1+t),\,t\right)$이고

$\ln(1+x)=t$에서 $x=e^t-1$이므로 점 $B\left(e^t-1,\,t\right)$이다.

$$S(t)=\frac{1}{2}\times\overline{AB}\times t$$

$$\qquad=\frac{1}{2}\times\left\{e^t-1-\ln(1+t)\right\}\times t$$

에서

$$\lim_{t\to 0+}\frac{e^t-1-\ln(1+t)}{t}$$

$$=\lim_{t\to 0+}\frac{e^t-1}{t}-\lim_{t\to 0+}\frac{\ln(1+t)}{t}$$

$$=1-1=0$$

$$\lim_{t\to 0+}\frac{e^t-1-\ln(1+t)}{t^2}$$

$$=\lim_{t\to 0+}\frac{e^t-\dfrac{1}{1+t}}{2t}$$

$$=\lim_{t\to 0+}\frac{e^t+\dfrac{1}{(1+t)^2}}{2}=1$$

에서

$$\lim_{t\to 0+}\frac{S(t)}{f(t)}$$

$$=\lim_{t\to 0+}\frac{\dfrac{1}{2}t\left\{e^t-1-\ln(1+t)\right\}}{f(t)}$$ 가 수렴하기 위해서는

$f(t)$가 t^3을 인수로 가져야 한다.

$f(t)$는 최고차항의 계수가 1인 사차함수이므로

$f(t)=t^3(t+a)$라 할 수 있다.

$$=\lim_{t\to 0+}\frac{\dfrac{1}{2}t\left\{e^t-1-\ln(1+t)\right\}}{t^3(t+a)}$$

$$=\lim_{t\to 0+}\frac{\dfrac{1}{2}}{(t+a)}=\frac{1}{2a}=\frac{1}{4}$$

따라서 $a=2$

$\therefore\ f(x)=x^3(x+2)$

$f(2)=8\times 4=32$

56 정답 ④

$$\lim_{n\to\infty}n(x^{1+\frac{1}{n}}-x)=\lim_{n\to\infty}\frac{x^{1+\frac{1}{n}}-x}{\dfrac{1}{n}}$$

이때 $\dfrac{1}{n}=h$라 하면 $n\to\infty$일 때 $h\to 0+$이므로

$$\lim_{n\to\infty}n\left(x^{1+\frac{1}{n}}-x\right)=\lim_{n\to\infty}\frac{x^{1+\frac{1}{n}}-x}{\dfrac{1}{n}}$$

$$=\lim_{h\to 0+}\frac{x^{1+h}-x}{h}$$

$$=x\lim_{h\to 0+}\frac{x^h-1}{h}$$

$$=x\ln x$$

또한 함수 $f(x)$가 $x=1$에서 연속이고 함수 $y=x\ln x$는

$x=1$에서 연속이므로 함수 $y=\lim\limits_{n\to\infty}\dfrac{ax-2a+2}{x^n+2}$이 $x=1$에서

연속이면 된다.

즉, $0<x<1$일 때,

$$\lim_{n\to\infty}\frac{ax-2a+2}{x^n+2}=\frac{ax-2a+2}{2}$$

$x=1$일 때, $\dfrac{-a+2}{3}$

$x > 1$일 때,

$$\lim_{n \to \infty} \frac{ax - 2a + 2}{x^n + 2} = \lim_{n \to \infty} \frac{\dfrac{ax - 2a + 2}{x^n}}{1 + \dfrac{2}{x^n}} = 0$$

이므로 $\displaystyle \lim_{x \to 1-} \frac{ax - 2a + 2}{2} = \frac{-a + 2}{2} = 0$이다.

$\therefore \ a = 2$

따라서

$$f(x) = \lim_{n \to \infty} \left\{ n(x^{1 + \frac{1}{n}} - x) - \frac{2x - 2}{x^n + 2} \right\} 에서$$

$$f(x) = \begin{cases} x \ln x - x + 1 \ (0 < x < 1) \\ x \ln x \qquad\quad (x \geq 1) \end{cases} 이다.$$

그러므로

$$f\left(\frac{1}{e} \right) = -\frac{1}{e} - \frac{1}{e} + 1 = 1 - \frac{2}{e}, \ f(e) = e 이다.$$

따라서

$$f\left(\frac{1}{e} \right) \times f(e) = \left(1 - \frac{2}{e} \right)e = e - 2$$

57 정답 ②

[그림 : 이정배T]

$A(0, 1)$, $P(t, e^t)$에서 선분 AP의 중점을 M이라 하면

$$M\left(\frac{t}{2}, \frac{e^t + 1}{2} \right)$$

$\overline{AP}$의 수직이등분선의 기울기는 $-\dfrac{t}{e^t - 1}$이므로

$\overline{AP}$의 수직이등분선은

$$y = -\frac{t}{e^t - 1}\left(x - \frac{t}{2} \right) + \frac{e^t + 1}{2} 이다.$$

$\overline{AQ} = \overline{PQ}$이므로 $\overline{AP}$의 수직이등분선과 $y = x$의 교점이 Q이다.

따라서

$$x = -\frac{t}{e^t - 1}\left(x - \frac{t}{2} \right) + \frac{e^t + 1}{2}$$

$$\left(1 + \frac{t}{e^t - 1} \right)x = \frac{t^2}{2(e^t - 1)} + \frac{e^t + 1}{2}$$

$$\left(\frac{e^t + t - 1}{e^t - 1} \right)x = \frac{t^2}{2(e^t - 1)} + \frac{e^t + 1}{2}$$

$$x = \frac{e^t - 1}{e^t + t - 1}\left(\frac{t^2}{2(e^t - 1)} + \frac{e^t + 1}{2} \right)$$

$$\quad = \frac{t^2}{2(e^t + t - 1)} + \frac{e^{2t} - 1}{2(e^t + t - 1)}$$

$$\therefore \ f(t) = \frac{e^{2t} + t^2 - 1}{2(e^t + t - 1)}$$

따라서

$$\lim_{t \to 0} f(t)$$

$$= \lim_{t \to 0} \left\{ \frac{e^{2t} + t^2 - 1}{t} \times \frac{t}{2(e^t + t - 1)} \right\}$$

$$= \lim_{t \to 0} \left(\frac{e^{2t} - 1}{t} + t \right) \times \lim_{t \to 0} \frac{1}{2\left(\dfrac{e^t - 1}{t} + 1 \right)}$$

$$= 2 \times \frac{1}{4} = \frac{1}{2}$$

58 정답 100

$n \geq 2$일 때, $l_n = 1 - \dfrac{1}{n^2} = \dfrac{n^2 - 1}{n^2}$이고 $l_1 = 1$이므로

$$\therefore l_1 \times l_2 \times l_3 \times l_4 \times \cdots \times l_n$$

$$= (1)\left(\frac{2^2 - 1}{2^2} \right)\left(\frac{3^2 - 1}{3^2} \right)\left(\frac{4^2 - 1}{4^2} \right) \cdots \left(\frac{n^2 - 1}{n^2} \right)$$

$$= \frac{1 \cdot 3}{2 \cdot 2} \times \frac{2 \cdot 4}{3 \cdot 3} \times \frac{3 \cdot 5}{4 \cdot 4} \times \cdots \times \frac{(n-1) \cdot (n+1)}{n \cdot n}$$

$$= \frac{n + 1}{2n}$$

따라서

$$\lim_{n \to \infty} \ln\left\{ (2 \times l_1 \times l_2 \times l_3 \times l_4 \times \cdots \times l_n)^{100n} \right\}$$

$$= \lim_{n \to \infty} \ln\left(2 \cdot \frac{n + 1}{2n} \right)^{100n}$$

$$= \lim_{n \to \infty} \ln\left(1 + \frac{1}{n} \right)^{n \cdot 100} = \ln e^{100} = 100$$

유형 2 지수함수와 로그함수의 미분

59 정답 ③

[그림 : 이정배T]

곡선 $y = \ln x$위의 점 $B(t, \ln t)$에서의 접선의 기울기는 $\dfrac{1}{t}$이므로 직선 AB의 방정식은

$$y - \ln t = -t(x - t)$$

이고 점 A의 좌표는 $\left(t + \dfrac{\ln t}{t}, 0 \right)$이다.

삼각형 ABC의 넓이 $f(t)$는

$$f(t) = \frac{1}{2} \times \frac{\ln t}{t} \times 2\ln t = \frac{(\ln t)^2}{t} 이다.$$

따라서

$$f'(t) = \frac{2\ln t \times \dfrac{1}{t} \times t - (\ln t)^2}{t^2}$$

$$\quad = \frac{2\ln t - (\ln t)^2}{t^2}$$

$$f'(e) = \frac{2 - 1}{e^2} = \frac{1}{e^2}$$

60 정답 ④

함수 $f(x) = \ln x$에 대하여

$f'(x) = \dfrac{1}{x}$이고 $x_1 < x_2$일 때, 평균값정리에 의하여,

$\dfrac{f(x_2) - f(x_1)}{x_2 - x_1} = f'(c)$ 를 만족하는 c가 구간

(x_1, x_2)안에 존재한다.

따라서 구하는 집합 S는

$S = \{ f'(c) \mid c \in (x_1, x_2),\ 2 \le x_1 \le 4,\ 2 \le x_2 \le 4,\ x_1 < x_2 \}$

$\quad = \{ x \mid f'(4) < x < f'(2) \} = \left\{ x \ \middle| \ \dfrac{1}{4} < x < \dfrac{1}{2} \right\}$

61 정답 ③

$g(x)$가 실수 전체의 집합에서 연속이므로 $g(x)$는 $x = 0$에서 연속이다.

따라서 $\displaystyle\lim_{x \to 0-} g(x) = g(0) = \lim_{x \to 0+} g(x)$이 성립한다.

$f'(x) = e^x + x e^x = e^x(x+1)$에서

$f'(x) - f(x) - 1 = e^x - 1$이므로

$\displaystyle\lim_{x \to 0-} g(x) = \lim_{x \to 0-} \dfrac{e^x - 1}{x} = 1$

$g(0) = a = 1$

$\displaystyle\lim_{x \to 0+} \dfrac{\ln(b+x)\tan(cx)}{x^2 e^{2x}}$

$= \displaystyle\lim_{x \to 0+} \dfrac{\ln(b+x)\tan(cx)}{x^2 e^{2x}} = 1$에서

$b = 1$, $c = 1$

따라서 $a + b + c = 3$

62 정답 ④

$x \to 1$일 때, 분모 $\to 0$이므로 분자 $\to 0$이다.
따라서 $f(g(1)) = 1$

$\displaystyle\lim_{x \to 1} \dfrac{f(g(x)) - x}{e^{x-1} - 1}$

$\displaystyle\lim_{x \to 1} \dfrac{\left\{ \dfrac{f(g(x)) - f(g(1)) + 1 - x}{g(x) - g(1)} \right\} \times \{ g(x) - g(1) \}}{\dfrac{e^{x-1} - 1}{x - 1} \times (x - 1)}$

$= \displaystyle\lim_{x \to 1} \dfrac{\left\{ \dfrac{f(g(x)) - f(g(1))}{g(x) - g(1)} - \dfrac{x - 1}{g(x) - g(1)} \right\} \times \dfrac{g(x) - g(1)}{x - 1}}{\dfrac{e^{x-1} - 1}{x - 1}}$

$= \dfrac{\left\{ f'(g(1)) - \dfrac{1}{g'(1)} \right\} \times g'(1)}{1}$

$= f'(g(1))g'(1) - 1 = 2$

따라서 $f'(g(1))g'(1) = 3$

$h(x) = f(g(x))(1 + \ln x)$에서

$h'(x) = f'(g(x))g'(x)(1 + \ln x) + f(g(x)) \times \dfrac{1}{x}$

그러므로

$h'(1) = f'(g(1))g'(1) \times 1 + f(g(1)) \times 1$

$\qquad = 3 + 1 = 4$

[다른 풀이] – 로피탈 정리 이용
[랑데뷰 세미나(74) 참고]

$\displaystyle\lim_{x \to 1} \dfrac{f(g(x)) - x}{e^{x-1} - 1}$

$= \displaystyle\lim_{x \to 1} \dfrac{f'(g(x))g'(x) - 1}{e^{x-1}}$

$= f'(g(1))g'(1) - 1 = 2$

63 정답 3

$f(x) + 2f(-x) = 2e^x + e^{-x} + x$의 양변에 x에 $-x$을 대입하면

$f(-x) + 2f(x) = 2e^{-x} + e^x - x$이다. 양변에 $\times 2$

$4f(x) + 2f(-x) = 4e^{-x} + 2e^x - 2x$이다.

$f(x) + 2f(-x) = 2e^x + e^{-x} + x$에서 변변 빼면

$3f(x) = 3e^{-x} - 3x$이므로

$f(x) = e^{-x} - x$

$f'(x) = -e^{-x} - 1$이므로

$g(x) = f(x)f'(-x) = (e^{-x} - x)(-e^x - 1)$

$g'(x) = (-e^{-x} - 1)^2 + (e^{-x} - x)(-e^x)$

$g'(0) = (-1-1)^2 + 1 \times -1 = 4 - 1 = 3$

64 정답 36

(가)에서

$\displaystyle\lim_{x \to \infty} \dfrac{f(x) + x^3}{2x^3 \ln\left(1 - \dfrac{1}{x}\right)}$

$= \displaystyle\lim_{x \to \infty} \dfrac{f(x) + x^3}{2x^2} \times \lim_{x \to \infty} \dfrac{1}{\ln\left(1 - \dfrac{1}{x}\right)^x}$

$= \displaystyle\lim_{x \to \infty} \dfrac{f(x) + x^3}{2x^2} \times \lim_{x \to \infty} \dfrac{1}{\ln\left(1 - \dfrac{1}{x}\right)^{-x \times (-1)}}$

$= \displaystyle\lim_{x \to \infty} \dfrac{f(x) + x^3}{2x^2} \times (-1) = 2$

따라서 $f(x) = -x^3 - 4x^2 + ax + b$

(나)에서 $f(1) = 0$이고

$\displaystyle\lim_{x \to 1} \dfrac{e^{x-1} - 1}{f(x)} = \lim_{x \to 1} \dfrac{\dfrac{e^{x-1} - 1}{x - 1}}{\dfrac{f(x) - f(1)}{x - 1}}$

$\qquad = \dfrac{1}{f'(1)} = \dfrac{1}{2}$이므로

$f'(1)=2$이다.

그러므로 $f(1)=-1-4+a+b=0 \Rightarrow a+b=5$

$f'(x)=-3x^2-8x+a \Rightarrow f'(1)=-3-8+a=2$

$\Rightarrow a=13$

따라서 $b=-8$

$\therefore f(x)=-x^3-4x^2+13x-8$

$f(2)=-8-16+26-8=-6$

따라서 $\{f(2)\}^2=36$

유형 3   삼각함수 사이의 관계

65 정답 ④

원 $x^2+y^2=1$과 직선 l은 $y=x$에 대칭이므로 다음 그림과 같이 직선 l과 $y=x$의 교점을 D라 하고 점 A에서 x축에 내린 수선의 발을 점 C라 하자.

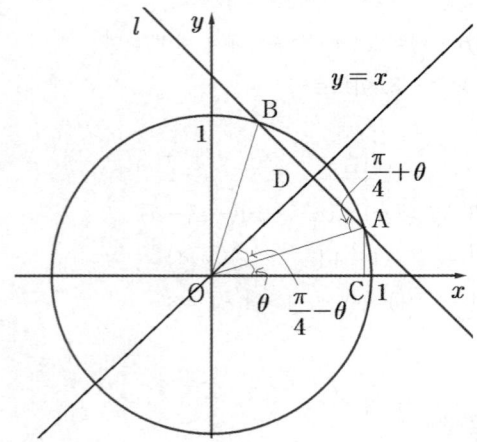

직각삼각형 AOC에서 $\overline{OC}=\cos\theta$, $\overline{AC}=\sin\theta$이다.
점 A의 좌표가 $(\cos\theta, \sin\theta)$이므로 $\angle AOC=\theta$이다.

직각삼각형 OAD에서 $\angle DOC=\dfrac{\pi}{4}$이므로

$\angle DOA=\dfrac{\pi}{4}-\theta$, $\angle OAD=\dfrac{\pi}{4}-\theta$이다.

$\cos\left(\dfrac{\pi}{4}-\theta\right)=\dfrac{\overline{OD}}{\overline{OA}}=\dfrac{5\sqrt{2}}{8}$에서 $\overline{OD}=\dfrac{5\sqrt{2}}{8}$이다.

점 O에서 직선 l까지의 거리가 $\overline{OD}$이다.

따라서 직선 l의 방정식 $x+y-k=0$에서

$\dfrac{|-k|}{\sqrt{2}}=\dfrac{5\sqrt{2}}{8} \rightarrow k=\dfrac{5}{4}$

한편, 피타고라스 정리로

$\overline{AD}^2=\overline{OA}^2-\overline{OD}^2=1-\dfrac{25}{32}=\dfrac{7}{32}$

따라서 $\overline{AD}=\dfrac{\sqrt{14}}{8}$

$\therefore \cos\left(\dfrac{\pi}{4}+\theta\right)=\dfrac{\sqrt{14}}{8}$

$k-\dfrac{1}{4}+\tan^2\left(\dfrac{\pi}{4}+\theta\right)=1+\tan^2\left(\dfrac{\pi}{4}+\theta\right)$

$=\sec^2\left(\dfrac{\pi}{4}+\theta\right)=\dfrac{64}{14}=\dfrac{32}{7}$

유형 4   삼각함수의 덧셈정리

66 정답 ④

[그림 : 배용제T]

원 $x^2+(y-3)^2=9$의 중심 $(0, 3)$을 D라 하고 원점을 O라 하자.

$\overline{OC}=\overline{AC}=4$이므로 점 A은 직선 AC와 원이 접하는 접점이다.

$\angle ADO=2\alpha$라 하면 삼각형 DCO에서 $\overline{DO}=3$, $\overline{OC}=4$,

$\angle ODC=\alpha$이므로 $\tan\alpha=\dfrac{4}{3}$이다. $\cdots$ ㉠

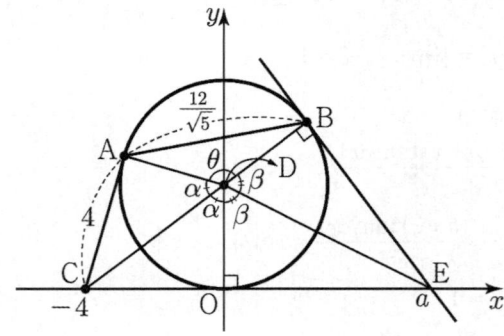

삼각형 ADB에서 $\overline{AB}=\dfrac{12\sqrt{5}}{5}$이므로 $\angle ADB=\theta$라 하면

$\cos\theta=\dfrac{3^2+3^2-\left(\dfrac{12\sqrt{5}}{5}\right)^2}{2\times3\times3}=\dfrac{18-\dfrac{144}{5}}{18}=1-\dfrac{8}{5}=-\dfrac{3}{5}$

$\cos\theta=2\cos^2\dfrac{\theta}{2}-1=-\dfrac{3}{5}$에서

$\cos^2\dfrac{\theta}{2}=\dfrac{1}{5}$, $\cos\dfrac{\theta}{2}=\dfrac{1}{\sqrt{5}}$

$\therefore \tan\dfrac{\theta}{2}=2 \cdots$ ㉡

원 C 위의 점 B에서 접하고 기울기가 음수인 직선이 x축과 만나는 점을 E라 하고 점 E$(a, 0)$이라 하자. $\angle BDO=2\beta$라 하면 $\angle ODE=\beta$이고 $\tan\beta=\dfrac{a}{3}$이다.

$2\alpha+\theta+2\beta=2\pi$에서 $\beta=\pi-\left(\alpha+\dfrac{\theta}{2}\right)$

$\tan\beta=\tan\left\{\pi-\left(\alpha+\dfrac{\theta}{2}\right)\right\}=-\tan\left(\alpha+\dfrac{\theta}{2}\right)$이고

㉠, ㉡에서

$$\tan\left(\alpha+\frac{\theta}{2}\right)=\frac{\tan\alpha+\tan\frac{\theta}{2}}{1-\tan\alpha\tan\frac{\theta}{2}}=\frac{\frac{4}{3}+2}{1-\frac{8}{3}}$$

$$=\frac{10}{3}\times\left(-\frac{3}{5}\right)=-2$$

$$\frac{a}{3}=-(-2)$$

$$\therefore\ a=6$$

67 정답 ②

$\cos x\cos y+\sin x\sin y=\dfrac{7\sqrt{2}}{10}$ 에서

$\cos(x-y)=\dfrac{7\sqrt{2}}{10}$ 이므로 $\sin(x-y)=-\dfrac{\sqrt{2}}{10}$ $(\because x<y)$

$\cos x\cos y-\sin x\sin y=-\dfrac{\sqrt{2}}{10}$ 에서

$\cos(x+y)=-\dfrac{\sqrt{2}}{10}$ 이므로 $\sin(x+y)=\dfrac{7\sqrt{2}}{10}$

$$\begin{aligned}\cos2x&=\cos\{(x+y)+(x-y)\}\\&=\cos(x+y)\cos(x-y)-\sin(x+y)\sin(x-y)\\&=\left(-\frac{\sqrt{2}}{10}\right)\times\frac{7\sqrt{2}}{10}-\frac{7\sqrt{2}}{10}\left(-\frac{\sqrt{2}}{10}\right)\\&=-\frac{7}{50}+\frac{7}{50}=0\end{aligned}$$

68 정답 182

$\overline{AB}=\overline{BP}=x$ 라 하고 삼각형 APB에서 코사인법칙을 적용하면

$$x^2=1+x^2-2\times1\times x\times\frac{1}{20}$$

$$\frac{1}{10}x=1$$

$$\therefore\ \overline{AB}=\overline{BP}=10$$

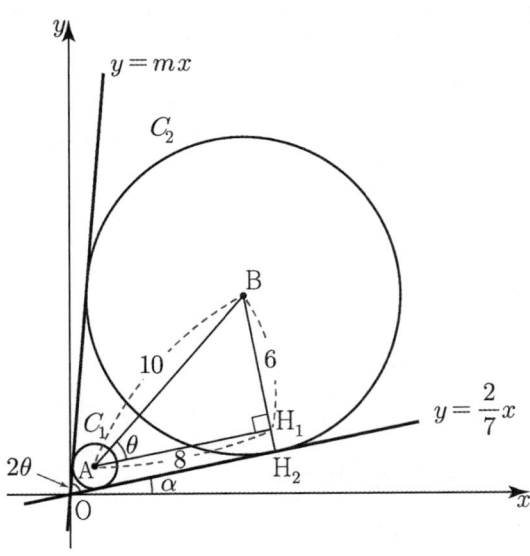

점 B에서 직선 $y=\dfrac{2}{7}x$에 내린 수선의 발을 H_2이라 하고 점 A에서 직선 BH_2에 내린 수선의 발을 H_1라 하자.

직각삼각형 ABH_1에서 $\overline{AB}=10$, $\overline{BH_1}=6$이므로 $\overline{AH_1}=8$이다.

$\angle BAH_1=\theta$라 하면 $\tan\theta=\dfrac{3}{4}$이다.

한편, 세 점 O, A, B는 한 직선 위의 점이고

$\angle BOH_1=\angle BAH_2=\theta$이고

점 B에서 직선 $y=mx$에 내린 수선의 발을 H_3라 하면

$\angle H_2OH_3=2\theta$이다.

$$\tan2\theta=\frac{2\tan\theta}{1-\tan^2\theta}=\frac{\frac{3}{2}}{1-\frac{9}{16}}=\frac{24}{7}$$

직선 $y=\dfrac{2}{7}x$와 x축의 양의 방향이 이루는 각을 α라 하면

$\tan\alpha=\dfrac{2}{7}$이다.

따라서
$$\begin{aligned}m&=\tan(2\theta+\alpha)\\&=\frac{\tan2\theta+\tan\alpha}{1-\tan2\theta\tan\alpha}\\&=\frac{\frac{24}{7}+\frac{2}{7}}{1-\frac{48}{49}}=\frac{26}{7}\times49=182\end{aligned}$$

69 정답 22

$\overline{AB}=2$ 라 하고 A$(-1,0)$, B$(1,0)$라 하자.

원점이 O인 좌표평면으로 옮겨서 생각하자.

AB를 $3:2$로 외분하는 점 P의 좌표는

$\left(\dfrac{3\times1-2\times(-1)}{3-2},0\right)=(5,0)$이다.

AB를 $1:2$로 외분하는 점 Q의 좌표는

$\left(\dfrac{1\times1-2\times(-1)}{1-2},0\right)=(-3,0)$이다.

따라서 다음 그림과 같이 점 P를 지나는 직선과 반원의 교점을 H_1이라 하고 $\angle OPH_1=\theta_1$이라 하자.

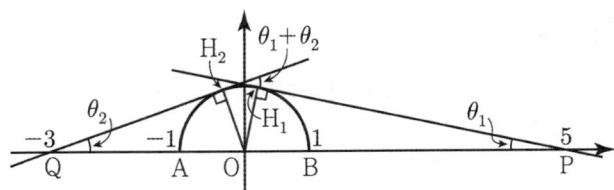

직각삼각형 OH_1P에서

$\overline{OH_1}=1$, $\overline{OP}=5$이므로 피타고라스 정리에서

$\overline{PH_1}=2\sqrt{6}$이다.

따라서 $\sin\theta_1=\dfrac{\overline{OH_1}}{\overline{OP}}=\dfrac{1}{5}$, $\cos\theta_1=\dfrac{\overline{PH_1}}{\overline{OP}}=\dfrac{2\sqrt{6}}{5}$

점 Q를 지나는 직선과 반원의 교점을 H_2이라 하고
$\angle OQH_2 = \theta_2$이라 하자.
직각삼각형 OH_2Q에서
$\overline{OH_2} = 1$, $\overline{OQ} = 3$이므로 피타고라스 정리에서
$\overline{QH_2} = 2\sqrt{2}$ 이다.

따라서 $\sin\theta_2 = \dfrac{\overline{OH_2}}{\overline{OQ}} = \dfrac{1}{3}$, $\cos\theta_2 = \dfrac{\overline{QH_2}}{\overline{OQ}} = \dfrac{2\sqrt{2}}{3}$

따라서
두 직선이 이루는 예각의 크기 θ는 $\theta = \theta_1 + \theta_2$이다.
그러므로
$\cos\theta$
$= \cos(\theta_1 + \theta_2)$
$= \cos\theta_1\cos\theta_2 - \sin\theta_1\sin\theta_2$
$= \dfrac{2\sqrt{6}}{5} \cdot \dfrac{2\sqrt{2}}{3} - \dfrac{1}{5} \cdot \dfrac{1}{3}$
$= \dfrac{8\sqrt{3}-1}{15}$

따라서 $a=8$, $b=-1$, $c=15$이다.
$a+b+c=22$

70 정답 4

$0 < \alpha < \dfrac{\pi}{2}$ 에서 $\tan\alpha = \dfrac{3}{4}$ 이므로

$\sin\alpha = \dfrac{3}{5}$, $\cos\alpha = \dfrac{4}{5}$

$\sin(x+\alpha) = \sin x \cos\alpha + \cos x \sin\alpha$
$\qquad\qquad = \dfrac{4}{5}\sin x + \dfrac{3}{5}\cos x$

$\dfrac{7}{5}\cos x \le \dfrac{4}{5}\sin x + \dfrac{3}{5}\cos x \le 3\cos x$

양변을 $\cos x$로 나누면

$\dfrac{7}{5} \le \dfrac{4}{5}\tan x + \dfrac{3}{5} \le 3$

$1 \le \tan x \le 3$ 에서 최댓값은 3, 최솟값은 1
따라서 최댓값과 최솟값의 합은 4

71 정답 ⑤

$4x^2 - 4(2\sin\theta - 1)x - 4\cos^2\theta + 3\cos\theta + 1 = 0$의 판별식을
D라 하면
$D/4 = 4(2\sin\theta - 1)^2 - 4(-4\cos^2\theta + 3\cos\theta + 1)$
$\qquad = 16 - 16\sin\theta - 12\cos\theta \ge 0$
$4\sin\theta + 3\cos\theta \le 4$를 만족하고
$\sin\alpha = \dfrac{3}{5}$, $\cos\alpha = \dfrac{4}{5}$라 두면
$5\left(\dfrac{4}{5}\sin\theta + \dfrac{3}{5}\cos\theta\right) = 5(\sin\theta\cos\alpha + \cos\theta\sin\alpha)$
$\qquad\qquad\qquad\qquad = 5\sin(\theta + \alpha) \le 4$

$\sin(\theta + \alpha) \le \dfrac{4}{5}$를 만족하는 θ의 범위를 $0 \le \theta \le \theta_1$ 또는

$\theta_2 \le \theta \le 2\pi$라 하면 $\theta_1 + \alpha$와 $\theta_2 + \alpha$는 $\dfrac{\pi}{2}$에 대칭이므로

$\dfrac{(\theta_1 + \alpha) + (\theta_2 + \alpha)}{2} = \dfrac{\pi}{2}$

그러므로 $\theta_1 + \theta_2 = \pi - 2\alpha$

$\sin(\pi - 2\alpha) = \sin(2\alpha) = 2\sin\alpha\cos\alpha = 2 \times \dfrac{3}{5} \times \dfrac{4}{5} = \dfrac{24}{25}$

72 정답 ③

$\theta = \angle RPQ = \angle RDQ$라 할 때 다음 그림과 같이
$\angle BPQ = \alpha$, $\angle BPR = \gamma$, $\angle RDC = \beta$, $\angle QDC = \delta$라 하면

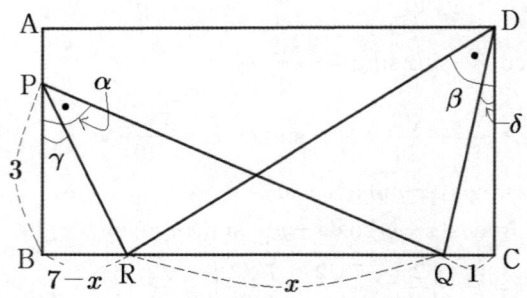

$\theta = \alpha - \gamma = \beta - \delta$이다.
따라서
$\tan\theta = \tan(\alpha - \gamma)$

$= \dfrac{\tan\alpha - \tan\gamma}{1 + \tan\alpha\tan\gamma} = \dfrac{\dfrac{7}{3} - \dfrac{7-x}{3}}{1 + \dfrac{7}{3} \times \dfrac{7-x}{3}} = \dfrac{\dfrac{x}{3}}{\dfrac{58-7x}{9}} = \dfrac{3x}{58-7x}$

$\tan\theta = \tan(\beta - \delta)$

$= \dfrac{\tan\beta - \tan\delta}{1 + \tan\beta\tan\delta} = \dfrac{\dfrac{x+1}{4} - \dfrac{1}{4}}{1 + \dfrac{x+1}{4} \times \dfrac{1}{4}} = \dfrac{\dfrac{x}{4}}{\dfrac{x+17}{16}} = \dfrac{4x}{x+17}$

$\dfrac{3x}{58-7x} = \dfrac{4x}{x+17} \rightarrow \dfrac{3}{58-7x} = \dfrac{4}{x+17} \rightarrow$

$3x + 51 = 232 - 28x$

$31x = 181$

$\therefore \ x = \dfrac{181}{31}$

73 정답 180

$\angle ABC = \theta_1$, $\angle ADC = \theta_2$라 하면

$\theta_1 + \theta_2 = \dfrac{4}{3}\pi$

$S = $ 삼각형 ABC $+$ 삼각형 ADC

$= \dfrac{1}{2} \times 4 \times 5 \times \sin\theta_1 + \dfrac{1}{2} \times 4 \times 3 \times \sin\theta_2$

$= 10\sin\theta_1 + 6\sin\theta_2 \cdots \text{㉠}$

한편, 삼각형 ABC와 삼각형 ADC에서 $\overline{AC^2}$의 값을 코사인 법칙으로 표현하면

$4^2 + 5^2 - 2 \times 4 \times 5 \times \cos\theta_1 = 3^2 + 4^2 - 2 \times 3 \times 4 \times \cos\theta_2$

$41 - 40\cos\theta_1 = 25 - 24\cos\theta_2$

$40\cos\theta_1 - 24\cos\theta_2 = 16$

$10\cos\theta_1 - 6\cos\theta_2 = 4 \cdots ⓛ$

ⓛ을 양변 제곱하면

$100\sin^2\theta_1 + 120\sin\theta_1\sin\theta_2 + 36\sin^2\theta_2 = S^2 \cdots ⓒ$

ⓛ을 양변 제곱하면

$100\cos^2\theta_1 - 120\cos\theta_1\cos\theta_2 + 36\cos^2\theta_2 = 16 \cdots ⓓ$

ⓒ+ⓓ

$100 - 120\cos(\theta_1+\theta_2) + 36 = S^2 + 16$

$\theta_1 + \theta_2 = \frac{4}{3}\pi$이므로 $\cos(\theta_1+\theta_2) = \cos\frac{4}{3}\pi = -\frac{1}{2}$

$196 = S^2 + 16$

따라서 $S^2 = 180$

[다른 풀이]

브레치나이더 공식으로

$a = 4$, $b = 5$, $c = 4$, $d = 3$이므로

$s = \dfrac{4+5+4+3}{2} = 8$

$S = \sqrt{(8-4)(8-5)(8-4)(8-3) - 4 \times 5 \times 4 \times 3 \times \cos^2\frac{2}{3}\pi}$

$\quad = \sqrt{240 - 60} = 3\sqrt{20}$

따라서 $S^2 = 180$

유형 5 　삼각함수의 극한의 활용

---

74 정답 1

[출제자 : 최성훈T]

점 C에서 선분 AB에 내린 수선의 발을 H_1, 점 D에서 선분 AB에 내린 수선의 발을 H_2라 하자.

$\angle CAB = \theta$이므로 중심각 $\angle COB = 2\theta$이다.

D는 호AC의 중점이므로 $\angle COD = \angle DOA = \dfrac{\pi}{2} - \theta$

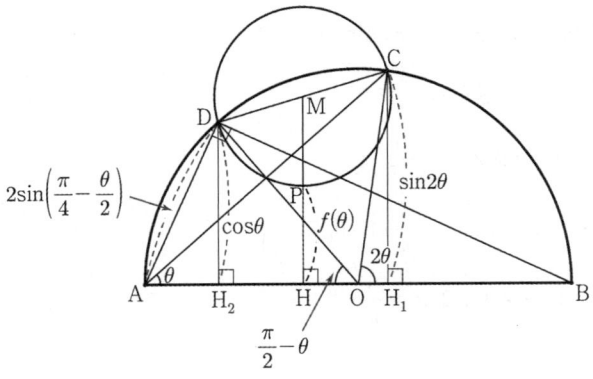

삼각형 DH_2O에서 $\overline{DH_2} = \sin\left(\dfrac{\pi}{2} - \theta\right) = \cos\theta$

삼각형 COH_1에서 $\overline{CH_1} = \sin2\theta$

M은 선분 CD의 중점이므로

$\overline{MH} = \dfrac{1}{2}\left(\overline{CH_1} + \overline{DH_2}\right) = \dfrac{1}{2}(\cos\theta + \sin2\theta) \cdots ⓛ$

$\angle DBA = \dfrac{\pi}{4} - \dfrac{\theta}{2}$이고, $\angle ADB = \dfrac{\pi}{2}$이므로, 삼각형

DAB에서 $\overline{AD} = 2\sin\left(\dfrac{\pi}{4} - \dfrac{\theta}{2}\right)$

$\angle COD = \angle DOA$이므로 $\overline{CD} = \overline{DA} = 2\sin\left(\dfrac{\pi}{4} - \dfrac{\theta}{2}\right)$

$\cdots ⓒ$

ⓛ, ⓒ를 이용하여 $f(\theta)$의 값을 구해보자.

$f(\theta) = \overline{PH} = \left(\overline{MH} - \overline{MD}\right) = \dfrac{1}{2}(\cos\theta + \sin2\theta) - \sin\left(\dfrac{\pi}{4} - \dfrac{\theta}{2}\right)$

따라서

$\displaystyle\lim_{\theta \to \frac{\pi}{2}^-} \dfrac{f(\theta)}{\frac{\pi}{2} - \theta} = \lim_{\theta \to \frac{\pi}{2}^-} \dfrac{\frac{1}{2}(\cos\theta + \sin2\theta) - \sin\left(\frac{\pi}{4} - \frac{\theta}{2}\right)}{\frac{\pi}{2} - \theta}$

$\dfrac{\pi}{2} - \theta = x$로 치환하면 $\theta \to \dfrac{\pi}{2}^-$일 때, $x \to 0+$

$\displaystyle\lim_{\theta \to \frac{\pi}{2}^-} \dfrac{\frac{1}{2}(\cos\theta + \sin2\theta) - \sin\left(\frac{\pi}{4} - \frac{\theta}{2}\right)}{\frac{\pi}{2} - \theta}$

$= \displaystyle\lim_{x \to 0+} \dfrac{\frac{1}{2}\left\{\cos\left(\frac{\pi}{2} - x\right) + \sin2\left(\frac{\pi}{2} - x\right)\right\} - \sin\left(\frac{1}{2}x\right)}{x}$

$= \displaystyle\lim_{x \to 0+} \dfrac{\frac{1}{2}(\sin x + \sin2x) - \sin\frac{x}{2}}{x}$

$= \dfrac{1}{2}(1 + 2) - \dfrac{1}{2}$

$= 1$

유형 6 　삼각함수의 미분

---

75 정답 ③

[그림 : 강민구T]

삼각형 OBQ에 대하여 $\overline{OB} = \overline{OQ} = 1$이므로

$\angle OBQ = \angle OQB = \theta$

이다.

따라서 $\angle QOA = 2\theta$

∴ $\angle POQ = \theta$

그러므로 사각형 OPQB의 넓이는

$$f(\theta) = \frac{1}{2} \times \sin\theta + \frac{1}{2} \times \sin(\pi - 2\theta)$$

$$= \frac{\sin\theta + \sin2\theta}{2} \quad \cdots\cdots \text{㉠}$$

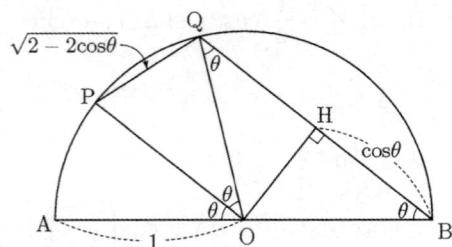

삼각형 OPQ에서 코사인법칙을 적용하면

$$\overline{PQ}^2 = 1 + 1 - 2\cos\theta = 2 - 2\cos\theta$$

점 O에서 선분 BQ에 내린 수선의 발을 H라 하면

$$\overline{BH} = \cos\theta$$

따라서 $\overline{BQ} = 2\cos\theta$이다.

$$\overline{PQ}^2 + \overline{BQ}^2 = \frac{56}{25}$$

$$2 - 2\cos\theta + 4\cos^2\theta = \frac{56}{25}$$

$$4\cos^2\theta - 2\cos\theta - \frac{6}{25} = 0$$

$$50\cos^2\theta - 25\cos\theta - 3 = 0$$

$$(5\cos\theta - 3)(10\cos\theta + 1) = 0$$

$$\cos\theta = \frac{3}{5} \left(\because 0 < \theta < \frac{\pi}{2} \right)$$

따라서 $\overline{PQ}^2 + \overline{BQ}^2 = \frac{56}{25}$을 만족시키는 θ의 값이 a이므로

$$\cos a = \frac{3}{5}, \ \sin a = \frac{4}{5}\text{이다.}$$

㉠에서 $f'(\theta) = \dfrac{\cos\theta + 2\cos2\theta}{2}$이므로

$$f'(a) = \frac{\cos a + 2\cos 2a}{2}$$

$$= \frac{\dfrac{3}{5} + 2\left(\dfrac{9}{25} - \dfrac{16}{25} \right)}{2} = \frac{1}{50}$$

76 정답 ②

[그림 : 도정영T]

$\angle POQ = \pi - 3\theta$이므로 부채꼴 OQP의 넓이는 $\dfrac{\pi - 3\theta}{2}$이다.

반원의 중심 O에서 선분 PQ에 내린 수선의 발을 H라 하면

직각삼각형 OPH에서 $\angle POH = \dfrac{\pi}{2} - \dfrac{3\theta}{2}$이므로

$$\overline{PH} = \sin\left(\frac{\pi}{2} - \frac{3\theta}{2} \right) = \cos\frac{3\theta}{2}$$

따라서 $\overline{PQ} = 2\cos\dfrac{3}{2}\theta$이다.

그러므로 지름이 선분 PQ인 원의 넓이는 $\pi\left(\cos\dfrac{3\theta}{2} \right)^2$이다.

그러므로 반원의 넓이는 $\dfrac{\pi}{2}\cos^2\dfrac{3\theta}{2}$

따라서

선분 PQ를 지름으로 하는 반원의 내부와 선분 AB를 지름으로 하는 반원의 외부의 공통 부분의 넓이는 지름이 PQ인 반원의 넓이에서 활꼴 PQ의 넓이를 빼면 된다.

활꼴 PQ의 넓이는 부채꼴 OPQ의 넓이에서 삼각형 OPQ의 넓이를 빼면 된다. $\angle POQ = \pi - 3\theta$이므로

$$S(\theta) = \frac{\pi}{2}\cos^2\frac{3\theta}{2} - \frac{\pi - 3\theta}{2} + \frac{1}{2}\sin(\pi - 3\theta)$$

$$S'(\theta) = \pi\cos\frac{3\theta}{2} \times \left(-\sin\frac{3\theta}{2} \right) \times \frac{3}{2} + \frac{3}{2} + \frac{3}{2}\cos3\theta$$

$$S'\left(\frac{\pi}{6} \right) = \frac{3}{2}\pi\left(\frac{\sqrt{2}}{2} \right) \times \left(-\frac{\sqrt{2}}{2} \right) + \frac{3}{2} + 0$$

$$= -\frac{3}{4}\pi + \frac{3}{2}$$

77 정답 ③

곡선 $y = \sin x$ 위의 점 $P(t, \sin t)$를 중심으로 하고 직선 $y = x$에 접하는 원의 반지름의 길이를 $r(t)$라 하면 $r(t)$의 값은 점 P와 직선 $x - y = 0$ 사이의 거리와 같으므로

$$r(t) = \frac{|t - \sin t|}{\sqrt{1^2 + (-1)^2}} = \frac{|t - \sin t|}{\sqrt{2}}$$

따라서 $S(t) = \pi\{r(t)\}^2 = \pi\left(\dfrac{t - \sin t}{\sqrt{2}} \right)^2 = \dfrac{\pi}{2}(t - \sin t)^2$이므로

$$S'(t) = \frac{\pi}{2} \times 2(t - \sin t)(1 - \cos t)$$

$$= \pi(t - \sin t)(1 - \cos t)$$

$$S'\left(\frac{2}{3}\pi \right) = \pi\left(\frac{2}{3}\pi - \sin\frac{2}{3}\pi \right)\left(1 - \cos\frac{2}{3}\pi \right)$$

$$= \pi\left(\frac{2}{3}\pi - \frac{\sqrt{3}}{2} \right)\left(1 + \frac{1}{2} \right)$$

$$= \pi \times \frac{4\pi - 3\sqrt{3}}{6} \times \frac{3}{2}$$

$$= \frac{(4\pi - 3\sqrt{3})\pi}{4}$$

78 정답 61

$f'(x) = \cos2\pi x - 2\pi x\sin2\pi x$이므로

$$f'(x) - \cos2\pi x + \frac{16\pi}{k}x^2$$

$$= -2\pi x\sin2\pi x + \frac{16\pi}{k}x^2$$

$$= -2\pi x\left(\sin2\pi x - \frac{8}{k}x \right) = 0$$

$$x = 0 \text{ 또는 } \sin2\pi x = \frac{8}{k}x$$

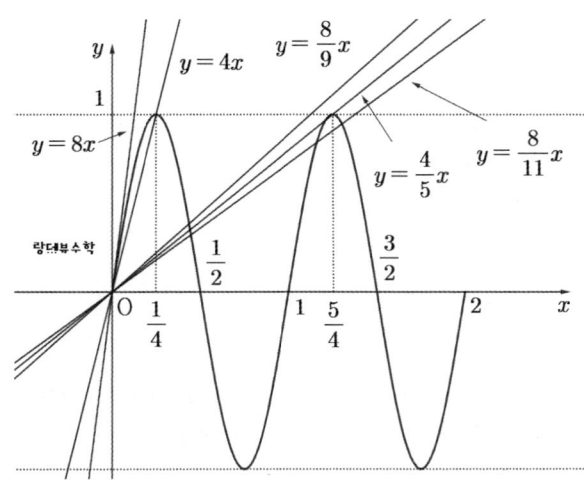

$h(x) = \sin 2\pi x$라 할 때, $h'(x) = 2\pi \cos 2\pi x$

$h'(0) = 2\pi < 8$이므로

$k = 1$일 때, $y = \sin 2\pi x$와 $y = 8x$는 $x = 0$에서만 만난다.

즉, $k = 1$일 때 $g(1) = 1$

$h\left(\dfrac{1}{4}\right) = 1$이므로 $(0, 0)$과 $\left(\dfrac{1}{4}, 1\right)$을 잇는 직선의 기울기는

4이고

$k = 2$일 때, $y = \sin 2\pi x$와 $y = 4x$는 두 점에서 만난다.

$h\left(\dfrac{5}{4}\right) = 1$이므로 $(0, 0)$과 $\left(\dfrac{5}{4}, 1\right)$을 잇는 직선의 기울기는

$\dfrac{4}{5}$이므로

$k = 10$일 때, $y = \sin 2\pi x$와 $y = \dfrac{4}{5}x$는 네 점에서 만난다.

즉, $k = 2$부터 $k = 9$일 때 $g(k) = 2$

$k \geq 10$일 때, $g(k) = 4$

따라서

$$\sum_{k=1}^{20} g(k) = 1 + 2 \times 8 + 4 \times 11 = 1 + 16 + 44 = 61$$

79 정답 6

호의 길이가 l일 때, 중심각의 크기를 2θ라 하면

호의 길이가 $2l$일 때는 4θ, 호의 길이가 $3l$일 때는 6θ이다.

원점 O에서 현 AB에 내린 수선의 발을 H_1이라 하면

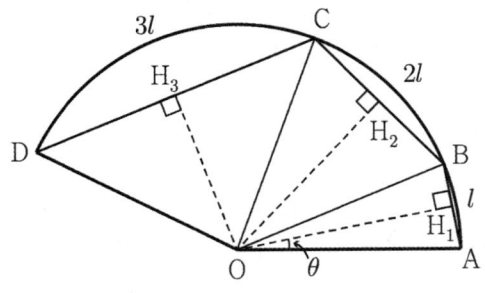

$\angle \mathrm{AOH_1} = \theta$이므로 $a = 2\overline{\mathrm{AH_1}} = 2r\sin\theta$

같은 방법으로

원점 O에서 현 BC, 현 CD에 내린 수선의 발을 각각 H_2, H_3라

하면

$b = 2r\sin 2\theta$, $c = 2r\sin 3\theta$이다.

따라서 $l = r(2\theta) = 2r\theta$이므로

$$\lim_{l \to 0+} \frac{a + b + c}{l}$$

$$= \lim_{l \to 0+} \frac{2r\sin\theta + 2r\sin 2\theta + 2r\sin 3\theta}{2r\theta}$$

$$= \lim_{l \to 0+} \frac{\sin\theta + \sin 2\theta + \sin 3\theta}{\theta}$$

$$= 1 + 2 + 3 = 6$$

[다른 풀이]

삼각형 OAB에서 $\angle \mathrm{AOB} = \theta$라 하면

$\angle \mathrm{OAB} = \angle \mathrm{OBA} = \dfrac{\pi}{2} - \dfrac{\theta}{2}$이므로 사인법칙에서

$$\frac{a}{\sin\theta} = \frac{r}{\sin\left(\dfrac{\pi}{2} - \dfrac{\theta}{2}\right)}$$

$$\therefore a = \frac{r\sin\theta}{\cos\left(\dfrac{\theta}{2}\right)}$$

같은 방법으로 $b = \dfrac{r\sin 2\theta}{\cos\theta}$, $c = \dfrac{r\sin 3\theta}{\cos\left(\dfrac{3}{2}\theta\right)}$

따라서

$$\lim_{l \to 0+} \frac{a + b + c}{l}$$

$$= \lim_{l \to 0+} \frac{\dfrac{\sin\theta}{\cos\left(\dfrac{\theta}{2}\right)} + \dfrac{\sin 2\theta}{\cos\theta} + \dfrac{\sin 3\theta}{\cos\left(\dfrac{3}{2}\theta\right)}}{\theta}$$

$$= 1 + 2 + 3 = 6$$

[랑데뷰팁]

$l \to 0$일 때, $a \fallingdotseq l$, $b \fallingdotseq 2l$, $c \fallingdotseq 3l$이므로

$$\lim_{l \to 0+} \frac{a + b + c}{l} = \frac{l + 2l + 3l}{l} = 6$$

80 정답 13

[출제자 : 오세준T]
[검토자 : 김경민T]

$x=at^2,\ y=t+b\ln t-\dfrac{2}{t}$ 에서

$\dfrac{dx}{dt}=2at,\ \dfrac{dy}{dt}=1+\dfrac{b}{t}+\dfrac{2}{t^2}$ 이므로 $\dfrac{dy}{dx}=\dfrac{t^2+bt+2}{2at^3}$

(i) $a>0$일 때

모든 양수 t에 대하여

$a>0$이면 t가 증가할 때, x도 증가한다.

함수 $f(x)$가 $x=a^3$에서 극소이고 $x=a^3$일 때, $t=a$이므로

$a>0$일 때, $\dfrac{dy}{dx}$의 부호는 음에서 양으로 바뀌어야 한다.

또한, 극값을 갖는 서로 다른 두 t값의 차는 1이므로

$\dfrac{dy}{dx}=\dfrac{t^2+bt+2}{2at^3}=\dfrac{\{t-(a-1)\}(t-a)}{2at^3}$

$2=a(a-1)$, $a^2-a-2=0$이므로 $a=2(a>0)$

따라서 $b=-(2a-1)=-3$

$a^2+b^2=4+9=13$

(ii) $a<0$일 때

모든 양수 t에 대하여

$a<0$이면 t가 증가할 때, x는 감소한다.

함수 $f(x)$가 $x=a^3$에서 극소이고 $x=a^3$일 때, $t=a$이므로

$a<0$일 때, $\dfrac{dy}{dx}$의 부호는 양에서 음으로 바뀌어야 한다.

또한, 극값을 갖는 서로 다른 두 t값의 차는 1이므로

$\dfrac{dy}{dx}=\dfrac{t^2+bt+2}{2at^3}=\dfrac{\{t-(a-1)\}(t-a)}{2at^3}$

$2=a(a-1)$, $a^2-a-2=0$이므로 $a=-1(a<0)$

따라서 $b=-(2a-1)=3$

한편, $\dfrac{dy}{dx}=\dfrac{t^2+3t+2}{-2t^3}$에서 $t=-1$을 기준으로 음에서 양으로

바뀐다.

즉, $a<0$이면 $t=a$에서 극대이다.

(i), (ii)에서 a^2+b^2의 값은 13

81 정답 ②

(가)의 양변에 4을 더하면

$\{f(x)-2\}^2=a\times 2^{\cos^3\pi x}+b+4$ …㉠

이다.

양변에 $x=1$을 대입하면

$\{f(1)-2\}^2=\dfrac{1}{2}a+b+4$

양변에 $x=3$을 대입하면

$\{f(3)-2\}^2=\dfrac{1}{2}a+b+4$

에서 $f(3)-2=f(1)$이므로

$\{f(1)-2\}^2=\{f(1)\}^2$

$-4f(1)+4=0$

$\therefore\ f(1)=1\ f(3)=3$ …㉡

그러므로 $\dfrac{1}{2}a+b=-3$이다.

한편, ㉠에서

$g(x)=a\times 2^{\cos^3\pi x}+b+4$라 하면 $g(x)\ge 0$이다.

㉡에서 $f(c)=2$인 c가 구간 $(1,3)$에 적어도 하나 존재한다.

따라서 $g(c)=0$이고 모든 실수 x에 대하여 $g(x)\ge 0$이므로 $g'(c)=0$이다.

$g'(x)=a\times 2^{\cos^3\pi x}\times\ln 2\times 3\cos^2\pi x(-\sin\pi x)\times\pi$

이고 $a<0$, $2^{\cos^3\pi x}>0$, $\cos^2\pi x\ge 0$이므로 $g'(x)$의 부호 변화만 살펴보면

$g'(x)=\sin\pi x$라 할 수 있다.

구간 $(1,3)$에서 $g'(2)=0$이고 $x=2$의 좌우에서 $g'(x)$의 부호가 (음)→(양)이므로 함수 $g(x)$는 $x=2$에서 극소이다.

따라서 $c=2$이므로 $f(2)=2$이다.

그러므로 ㉠에서 $2a+b=-4$이다.

$\dfrac{1}{2}a+b=-3$, $2a+b=-4$에서

$a=-\dfrac{2}{3}$, $b=-\dfrac{8}{3}$이다.

따라서 $a+b=-\dfrac{10}{3}$이다.

82 정답 ⑤

$f'(x)=\begin{cases}\dfrac{a}{(x-3)^2} & (x<2)\\[2mm]\dfrac{1}{x-1} & (x>2)\end{cases}$ 에서

$\displaystyle\lim_{x\to 2-}f'(x)=\lim_{x\to 2-}\dfrac{a}{(x-3)^2}=a,\ \lim_{x\to 2+}f'(x)=\lim_{x\to 2+}\dfrac{1}{x-1}=1$

이므로 $\displaystyle\lim_{x\to 2-}f'(x)=\lim_{x\to 2+}f'(x)$, 즉 $a=1$이면 함수 $f(x)$가

$x=2$에서 미분가능하다.

따라서 $a=1$이면 함수 $f(x)$는 실수 전체의 집합에서 미분가능하다.

$a=1$이면 $f'(x)>0$이므로 함수 f의 역함수 f^{-1}이 존재하고, f가 미분가능하므로 f^{-1}도 미분가능하다.

즉, $a=1$이면 $f(g(t))=3f(t)$에서 $g(t)=f^{-1}(3f(t))$이므로 합성함수의 미분법에 의하여 함수 $g(t)$는 실수 전체의 집합에서 미분가능하다.

따라서

$f(x)=\begin{cases}-\dfrac{1}{x-3} & (x<2)\\[2mm]1+\ln(x-1) & (x\ge 2)\end{cases}$, $f'(x)=\begin{cases}\dfrac{1}{(x-3)^2} & (x<2)\\[2mm]\dfrac{1}{x-1} & (x>2)\end{cases}$

이다.

$f(g(t))=3f(t)$에서

$f'(g(t))\,g'(t)=3f'(t)$

$g'(a)=g'(1)=\dfrac{3f'(t)}{f'(g(1))}$

$f'(1)=\dfrac{1}{4}$이고 $f(g(1))=3f(1)=\dfrac{3}{2}$

$f(x)=\dfrac{3}{2}$을 만족시키는 x의 값은 $x>2$이므로

$1+\ln(x-1)=\dfrac{3}{2}$

$\ln(x-1)=\dfrac{1}{2}$

$x-1=\sqrt{e}$

$x=\sqrt{e}+1$

$\therefore\ g(1)=\sqrt{e}+1$

$f'(g(1))=\dfrac{1}{\sqrt{e}}$

따라서

$g'(1)=\dfrac{\dfrac{3}{4}}{\dfrac{1}{\sqrt{e}}}=\dfrac{3\sqrt{e}}{4}$

83 정답 ④

곡선 $\sin x\cos y=\dfrac{1}{3}$은 점 (a,b)를 지나므로

$\sin a\cos b=\dfrac{1}{3}\ \cdots\ ㉠$

$\sin x\cos y=\dfrac{1}{3}$의 양변을 x에 대하여 미분하면

$\cos x\cos y-\sin x\sin y\dfrac{dy}{dx}=0$

이때 점 (a,b)에서의 접선의 기울기가 1이므로

$\cos a\cos b-\sin a\sin b=0$, 즉 $\cos(a+b)=0$

이때 $0\le a+b<\pi$이므로 $a+b=\dfrac{\pi}{2}$이다.

$a+b=\dfrac{\pi}{2}$일 때, ㉠에서

$\sin a\cos\left(\dfrac{\pi}{2}-a\right)=\sin^2 a=\dfrac{1}{3}$

$0\le a<\dfrac{\pi}{2}$에서 $0\le \sin a<1$이므로 $\sin a=\dfrac{\sqrt{3}}{3}$이다.

따라서 $\cos a=\dfrac{\sqrt{6}}{3}$

$\cos b=\dfrac{\sqrt{3}}{3}$이므로 $\sin b=\dfrac{\sqrt{6}}{3}$이다.

그러므로 $\cos a\sin b=\dfrac{2}{3}$이다.

84 정답 ②

[그림 : 최성훈T]

$\angle\mathrm{POA}=\dfrac{\theta}{2}$, $\angle\mathrm{PAO}=\dfrac{\pi}{2}$, $\overline{\mathrm{OA}}=1$이므로 $\overline{\mathrm{AP}}=\tan\dfrac{\theta}{2}$

따라서 점 P의 좌표는 $\left(1,\ \tan\dfrac{\theta}{2}\right)$이다.

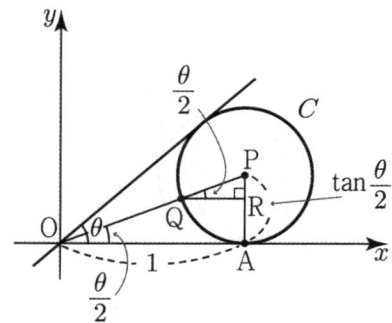

점 Q에서 직선 AP에 내린 수선의 발을 R이라 하면

$\angle\mathrm{PQR}=\dfrac{\theta}{2}$, $\overline{\mathrm{PQ}}=\tan\dfrac{\theta}{2}$이므로 $\overline{\mathrm{QR}}=\tan\dfrac{\theta}{2}\cos\dfrac{\theta}{2}$,

$\overline{\mathrm{PR}}=\tan\dfrac{\theta}{2}\sin\dfrac{\theta}{2}$이다.

따라서 점 $\mathrm{Q}\left(1-\tan\dfrac{\theta}{2}\cos\dfrac{\theta}{2},\ \tan\dfrac{\theta}{2}-\tan\dfrac{\theta}{2}\sin\dfrac{\theta}{2}\right)$이다.

즉, $\begin{cases}x=1-\sin\dfrac{\theta}{2}\\[2mm] y=\tan\dfrac{\theta}{2}\left(1-\sin\dfrac{\theta}{2}\right)\end{cases}$ 이다.

$\dfrac{dx}{d\theta}=-\dfrac{1}{2}\cos\dfrac{\theta}{2}$

$\dfrac{dy}{d\theta}=\dfrac{1}{2}\sec^2\dfrac{\theta}{2}\left(1-\sin\dfrac{\theta}{2}\right)-\dfrac{1}{2}\tan\dfrac{\theta}{2}\cos\dfrac{\theta}{2}$

$\qquad=\dfrac{\sec^2\dfrac{\theta}{2}\left(1-\sin\dfrac{\theta}{2}\right)-\sin\dfrac{\theta}{2}}{2}$

$\dfrac{dy}{dx}=\dfrac{\sec^2\dfrac{\theta}{2}\left(1-\sin\dfrac{\theta}{2}\right)-\sin\dfrac{\theta}{2}}{-\cos\dfrac{\theta}{2}}$

$\theta=\dfrac{\pi}{3}$을 대입하면

$\dfrac{dy}{dx}=\dfrac{\dfrac{4}{3}\times\left(1-\dfrac{1}{2}\right)-\dfrac{1}{2}}{-\dfrac{\sqrt{3}}{2}}$

$\qquad=\dfrac{\dfrac{2}{3}-\dfrac{1}{2}}{-\dfrac{\sqrt{3}}{2}}=-\dfrac{\sqrt{3}}{9}$

85 정답 ④

삼각형 APQ의 외접원이 원 C이므로 삼각형 APQ에서
사인법칙을 적용하면

$$\frac{\overline{AP}}{\sin\theta}=2$$

$$\therefore \overline{AP}=2\sin\theta$$

한편, 다음 그림과 같이 $\angle OQA = \angle PAO = \theta$이므로

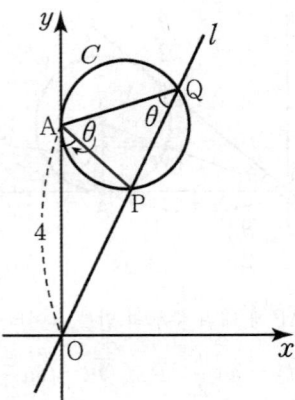

삼각형 PAO에서 $\overline{OA}=4$, $\overline{AP}=2\sin\theta$, $\angle PAO=\theta$이므로
코사인법칙을 적용하면 $\overline{OP}=f(\theta)$에서

$$\{f(\theta)\}^2 = 4^2+(2\sin\theta)^2-2\cdot4\cdot2\sin\theta\cdot\cos\theta$$
$$=16+4\sin^2\theta-8\sin2\theta\cdots\text{㉠}$$

따라서

$$\lim_{t\to0+}\frac{f\left(\frac{\pi}{4}+t\right)-f\left(\frac{\pi}{4}\right)}{t}=f'\left(\frac{\pi}{4}\right)$$이므로

㉠의 양변에 $\theta=\frac{\pi}{4}$을 대입하면

$$\left\{f\left(\frac{\pi}{4}\right)\right\}^2=16+4\times\left(\frac{\sqrt2}{2}\right)^2-8\times1=10$$

$$\therefore f\left(\frac{\pi}{4}\right)=\sqrt{10}\ (\because f(\theta)>0)$$

또 ㉠의 양변을 미분하면

$$2f(\theta)f'(\theta)=8\sin\theta\cos\theta-16\cos2\theta$$

양변에 $\theta=\frac{\pi}{4}$을 대입하면

$$2\times\sqrt{10}\times f'\left(\frac{\pi}{4}\right)=8\sin\frac{\pi}{4}\cos\frac{\pi}{4}-16\cos\frac{\pi}{2}$$

$$2\sqrt{10}f'\left(\frac{\pi}{4}\right)=4-0=4$$

$$\therefore f'\left(\frac{\pi}{4}\right)=\frac{2}{\sqrt{10}}$$

유형 8 역함수의 미분법

86 정답 3

함수 $g(x)$가 $x=1$에서 연속이므로

$$f^{-1}(2)=ae$$

$$\lim_{h\to0}\frac{f(1+h)-2}{h}$$의 값이 존재하므로 $f(1)=2$이므로

$$f^{-1}(2)=1$$

따라서 $ae=1$

$$\therefore a=\frac{1}{e}$$

$$g(x)=\begin{cases}f^{-1}(2x)\ (x<1)\\\frac{1}{e}xe^x\ \ (x\geq1)\end{cases}$$에서 $x=\frac{1}{2}f(t)$를 대입하면

$$g\left(\frac{1}{2}f(t)\right)=\begin{cases}t\qquad\qquad\qquad(f(t)<2)\\\frac{1}{e}\left(\frac{1}{2}f(t)\right)e^{\frac{1}{2}f(t)}\ (f(t)\geq2)\end{cases}$$이고

양변 미분하면

$$g'\left(\frac{1}{2}f(t)\right)\times\frac{1}{2}f'(t)$$

$$=\begin{cases}1\qquad\qquad\qquad\qquad\qquad(f(t)<2)\\\frac{1}{2e}f'(t)e^{\frac{1}{2}f(t)}+\frac{1}{e}\left(\frac{1}{2}f(t)\right)e^{\frac{1}{2}f(t)}\frac{1}{2}f'(t)\ (f(t)\geq2)\end{cases}$$

$$=\begin{cases}1\qquad\qquad\qquad\qquad\qquad(f(t)<2)\\\frac{1}{2e}f'(t)e^{\frac{1}{2}f(t)}+\frac{1}{4e}f(t)f'(t)e^{\frac{1}{2}f(t)}\ (f(t)\geq2)\end{cases}$$

$g'(1)$의 값이 존재하므로 양변에 $t=1$을 대입하면

$$g'(1)\times\frac{1}{2}f'(1)$$

$$=\begin{cases}1\ \ \ (f(1)<2)\\f'(1)\ (f(1)\geq2)\end{cases}$$

$f'(1)=1$이고 $g'(1)\times\frac{1}{2}f'(1)=1$에서 $g'(1)=2$

$$\lim_{h\to0}\frac{f(1+h)-2}{h}=f'(1)=1$$

그러므로 $f'(1)+g'(1)=1+2=3$

87 정답 ⑤

함수 $g(t)$의 역함수가 $h(t)$이므로
$h(2)=k$라 하면 $g(k)=2$이다.
$f'(x)=2x+2$에서 $f'(g(k))=f'(2)=6$
즉, 두 점 $(0,0)$와 $(k,f(k))$을 지나는 직선의 기울기가 6이다.

$$\frac{f(k)}{k}=\frac{k^2+2k+3}{k}=6$$

$$k^2+2k+3=6k$$

$$k^2-4k+3=0$$

$$(k-1)(k-3)=0$$

$$k=1\ \text{또는}\ k=3$$

$g(k)<k$이므로 $k=3$

따라서 $h(2)=3$이다.

한편,

$\dfrac{f(t)}{t}=2g(t)+2$

$f(t)=2tg(t)+2t$

$t=h(x)$을 대입하면

$f(h(x))=2h(x)x+2h(x)$ $(\because g(h(x))=x)$

양변 미분하면

$f'(h(x))h'(x)=2h'(x)x+2h(x)+2h'(x)$

$x=2$을 대입하면

$f'(h(2))h'(2)=4h'(2)+2h(2)+2h'(2)$

$h(2)=3$이므로

$f'(3)h'(2)=6h'(2)+6$

$f'(3)=8$이므로

$2h'(2)=6$

$\therefore\ h'(2)=3$

88 정답 ⑤

[출제자: 이정배T]

(나)에서 극한값이 수렴하므로

$\{f(2)\}^2+4f(2)-5=0$

(가)에 의해 $f(2)=1$이고 (다)에 의해 $g(f(2x))=x$이므로

$g(1)=1$

$\displaystyle\lim_{x\to1}\dfrac{\{f(x+1)\}^2+4f(2)-5}{x^3-1}$

$=\displaystyle\lim_{x\to1}\dfrac{\{f(x+1)\}^2-1}{(x-1)(x^2+x+1)}$

$=\displaystyle\lim_{x\to1}\dfrac{\{f(x+1)-f(2)\}\{f(x+1)+1\}}{(x-1)(x^2+x+1)}$

$=\dfrac{2}{3}f'(2)=\dfrac{4}{3}$

$\therefore\ f'(2)=2$

$f(2x)g(x)=h(x)$라 하면

$h'(x)=2f'(2x)g(x)+f(2x)g'(x)$이고

$\displaystyle\lim_{x\to1}\dfrac{f(2x)g(x)-1}{x-1}=\lim_{x\to1}\dfrac{h(x)-h(1)}{x-1}$

$=h'(1)=2f'(2)g(1)+f(2)g'(1)$

$=4+g'(1)$

$g(f(2x))=x$에서 $g'(f(2x))\times2f'(2x)=1$이므로

$g'(1)=\dfrac{1}{4}$

따라서 $\displaystyle\lim_{x\to1}\dfrac{f(2x)g(x)-1}{x-1}=4+g'(1)=\dfrac{17}{4}$

89 정답 ①

$f(x)=\begin{cases}\dfrac{2^x-1}{\ln2} & (x<0)\\[2mm] \ln(x+1) & (x\geq0)\end{cases}$

두 함수 f와 g가 역함수 관계이므로

$f(a)=-\dfrac{1}{2\ln2}$, $f(b)=1$이라 할 때

$g'\!\left(-\dfrac{1}{2\ln2}\right)+g'(1)=\dfrac{1}{f'(a)}+\dfrac{1}{f'(b)}$이다.

$f(-1)=-\dfrac{1}{2\ln2}$, $f(e-1)=1$이므로

$f'(x)=\begin{cases}2^x & (x<0)\\[2mm]\dfrac{1}{x+1} & (x\geq0)\end{cases}$에서

$g'\!\left(-\dfrac{1}{2\ln2}\right)+g'(1)=\dfrac{1}{f'(-1)}+\dfrac{1}{f'(e-1)}=2+e$

[추가 설명]−장세완T

$x<0$일 때, $\dfrac{2^x-1}{\ln2}<0$이므로

$f(a)=-\dfrac{1}{2\ln2}$

$\dfrac{2^a-1}{\ln2}=-\dfrac{1}{2\ln2}$

$a=-1$

$x\geq0$일 때, $\ln(x+1)\geq0$이므로

$f(b)=1$

$\ln(b+1)=1$

$b=e-1$

90 정답 ③

함수 $f(x)$와 함수 $g(x)$가 역함수 관계이므로

$g(f(x))=x$가 성립한다.

$g'(f(x))f'(x)=1$이고 $\cdots\ \bigcirc$

$\displaystyle\lim_{h\to0+}\dfrac{g(1+h)-g(1-h)}{h}=2g'(1)\cdots\bigcirc$이므로

$f(x)=1$을 만족하는 x을 구하자.

$3\tan^2x=1$, $\tan^2x=\dfrac{1}{3}$

$\tan x=\dfrac{1}{\sqrt3}\ \left(\because 0<x<\dfrac{\pi}{2}\right)$

$\therefore\ x=\dfrac{\pi}{6}$

$f(x)=3\tan^2x$, $f'(x)=6\tan x\sec^2x$

$f\!\left(\dfrac{\pi}{6}\right)=1$, $f'\!\left(\dfrac{\pi}{6}\right)=6\times\dfrac{1}{\sqrt3}\times\dfrac{4}{3}=\dfrac{8}{\sqrt3}$

⊙의 좌변에 $x = \dfrac{\pi}{6}$을 대입하면

$$g'\left(f\left(\frac{\pi}{6}\right)\right)f'\left(\frac{\pi}{6}\right) = 1$$

$$g'(1) \times \frac{8}{\sqrt{3}} = 1$$

$$\therefore \ g'(1) = \frac{\sqrt{3}}{8}$$

ⓛ에서

$$\lim_{h \to 0+} \frac{g(1+h) - g(1-h)}{h} = 2g'(1)$$

$$= 2 \times \frac{\sqrt{3}}{8} = \frac{\sqrt{3}}{4}$$

91 정답 2

$$f'(x) = \frac{a^x \ln a}{(a^x + k)\ln a} = \frac{a^x}{a^x + k} \text{이므로 } f'(a) = \frac{a^a}{a^a + k}$$

에서 $\dfrac{1}{f'(a)} = \dfrac{a^a + k}{a^a}$

한편,

$g(a) = b$이면 $f(b) = a$이고 $g'(a) = \dfrac{1}{f'(b)}$에서

$\dfrac{1}{g'(a)} = f'(b)$이다.

$f(b) = a \Rightarrow \log_a(a^b + k) = a \Rightarrow a^b + k = a^a$이므로

$$f'(b) = \frac{a^b}{a^b + k} = \frac{a^a - k}{a^a}$$

따라서

$$\frac{1}{f'(a)} + \frac{1}{g'(a)} = \frac{a^a + k}{a^a} + \frac{a^a - k}{a^a} = 2$$

유형 9 이계도함수

92 정답 13

$f(x) = \ln(a\cos x + a^2)$에서

$$f'(x) = \frac{-a\sin x}{a\cos x + a^2}$$

$$f''(x) = \frac{-a\cos x(a\cos x + a^2) + a\sin x(-a\sin x)}{(a\cos x + a^2)^2}$$

$$= \frac{-a^2\cos^2 x - a^3\cos x - a^2\sin^2 x}{(a\cos x + a^2)^2}$$

$$= \frac{-a^3\cos x - a^2}{(a\cos x + a^2)^2}$$

함수 $f(x)$가 아래로 볼록이 되기 위해서는 $f''(x) \geq 0$이다.
따라서

$$-a^3\cos x - a^2 \geq 0$$

$$\cos x \leq -\frac{1}{a}$$

함수 $f(x) = \ln(a\cos x + a^2)$의 그래프가 열린구간 $(\pi - t, \pi + t)$에서 아래로 볼록이 되도록 하는 양수 t의 최댓값이 $g(a)$이므로

$$\cos\{\pi - g(a)\} = -\cos g(a) = -\frac{1}{a}$$

$$\cos g(a) = \frac{1}{a} \text{이다.}$$

$$-\sin g(a) \times g'(a) = -\frac{1}{a^2}$$

$$\therefore \ g'(a) = \frac{1}{a^2 \sin g(a)}$$

그러므로 $g'(2) = \dfrac{1}{4\sin g(2)}$이다.

$\cos g(2) = \dfrac{1}{2}$이므로 $\sin g(2) = \dfrac{\sqrt{3}}{2}$이다.

따라서

$g'(2) = \dfrac{1}{2\sqrt{3}}$에서 $\{g'(2)\}^2 = \dfrac{1}{12}$이다.

$p = 12$, $q = 1$이므로 $p + q = 13$이다.

93 정답 ⑤

$$y' = n\cos^{n-1}x(-\sin x)$$

$$y'' = n(n-1)\cos^{n-2}x\sin^2 x - n\cos^n x$$

$$= n\cos^{n-2}x\{(n-1)\sin^2 x - \cos^2 x\}$$

$y'' = 0$의 해는 $(n-1)\sin^2 x - \cos^2 x = 0$의 의 해이고

$(n-1)\sin^2 x = \cos^2 x$에서

$\tan^2 x = \dfrac{1}{n-1}$이다. 해가 a_n이므로 $\tan^2 a_n = \dfrac{1}{n-1}$이고

$(a_n, \cos^n a_n)$이 변곡점이다.

$$\therefore \ b_n = \cos^n a_n$$

$\tan a_n = \sqrt{\dfrac{1}{n-1}}$이므로

$\cos a_n = \dfrac{\sqrt{n-1}}{\sqrt{n}} = \sqrt{1 - \dfrac{1}{n}}$이다.

$$\therefore \ b_n = \cos^n a_n = \left(1 - \frac{1}{n}\right)^{\frac{n}{2}}$$

$\tan^2 a_n = \dfrac{1}{n-1}$이므로 $n\tan^2 a_n = \dfrac{n}{n-1}$이다.

$$\lim_{n \to \infty}\{(n\tan^2 a_n)^n + b_n\}$$

$$= \lim_{n \to \infty}\left\{\left(\frac{n}{n-1}\right)^n + \left(1 - \frac{1}{n}\right)^{\frac{n}{2}}\right\}$$

$$= \lim_{n \to \infty}\left(\frac{n}{n-1}\right)^n + \lim_{n \to \infty}\left(1 - \frac{1}{n}\right)^{\frac{n}{2}}$$

$$= e + \frac{1}{\sqrt{e}}$$

94 정답 6

[출제자 : 김진성T]

[검토자 : 안형진T]

조건(나)에서 사이값정리에 의해서 방정식 $f(x)=0$은
구간 $(1,9)$에서 $f(k)=0$ 인 k가 존재한다는 것을 의미한다.

조건(가)에서 $(f(x))^7+(f(x))^3=\dfrac{\ln x+mx^2-nx}{x^3+5x}$

를 변형하면 $\{(f(x))^7+(f(x))^3\}(x^2+5)=\dfrac{\ln x}{x}+mx-n$

와 같이 된다.

$P(x)=\dfrac{\ln x}{x}+mx-n$ 라 하면

항등식 $(f(x))^3\{(f(x))^4+1\}(x^2+5)=\dfrac{\ln x}{x}+mx-n=$

$P(x)$에서 $P(k)=0$ 인 $x=k$ 에 대하여

$P(k)=0$, $P'(k)=0$, $P''(k)=0$ 을 의미한다.

한편, $P'(x)=\dfrac{1-\ln x}{x^2}+m$, $P''(x)=\dfrac{2\ln x-3}{x^3}$ 에서

$P''(k)=0$, $k=e^{\frac{3}{2}}$ 이고,

$P'\left(e^{\frac{3}{2}}\right)=\dfrac{-\frac{1}{2}}{e^3}+m=0$ 에서 $m=\dfrac{1}{2e^3}=\dfrac{1}{2}e^{-3}$ 이다.

그리고

$P\left(e^{\frac{3}{2}}\right)=\dfrac{3}{2}\times e^{-\frac{3}{2}}+\dfrac{1}{2e^3}\times e^{\frac{3}{2}}-n=0$ 에서

$n=\dfrac{3}{2}e^{-\frac{3}{2}}+\dfrac{1}{2}e^{-\frac{3}{2}}=2e^{-\frac{3}{2}}$ 이므로

$\dfrac{n}{m}=\dfrac{2e^{-\frac{3}{2}}}{\frac{1}{2}e^{-3}}=4e^{\frac{3}{2}}$ 이다.

$p=4$, $q=\dfrac{3}{2}$ 이므로 $p\times q=6$이다.

유형 10 접선의 방정식

95 정답 ③

$y'=e^x$이므로 점 A를 지나는 접선의 방정식은
$y=e^t(x-t)+e^t$이다.

$y=0$일 때, $e^tx=te^t-e^t$, $x=t-1$이므로
$B(t-1,0)$이다.

점 A를 지나는 접선에 수직인 직선의 방정식은

$y=-\dfrac{1}{e^t}(x-t)+e^t=-\dfrac{1}{e^t}x+\dfrac{t}{e^t}+e^t$이므로

$C\left(0,\dfrac{t}{e^t}+e^t\right)$이다.

$D(f(t),0)$에 대하여 삼각형 ABC의 넓이와 삼각형 BCD의
넓이가 같기 위해서는 두 직선 BC와 AD가 평행해야 한다.

…… ㉠

직선 BC의 기울기는 $\dfrac{-\frac{t}{e^t}-e^t}{t-1}=-\dfrac{e^{2t}+t}{e^t(t-1)}$

직선 AD의 기울기는 $\dfrac{-e^t}{f(t)-t}$

따라서

$\dfrac{-e^t}{f(t)-t}=-\dfrac{e^{2t}+t}{e^t(t-1)}$

$\dfrac{1}{f(t)-t}=\dfrac{e^{2t}+t}{e^{2t}(t-1)}$

$f(t)-t=\dfrac{e^{2t}(t-1)}{e^{2t}+t}$

$\therefore\ f(t)=\dfrac{e^{2t}(t-1)}{e^{2t}+t}+t$

$f(t)-1=\dfrac{e^{2t}(t-1)}{e^{2t}+t}+t-1$이므로

$\displaystyle\lim_{t\to1+}\dfrac{f(t)-1}{t-1}$

$=\displaystyle\lim_{t\to1+}\left(\dfrac{e^{2t}}{e^{2t}+t}+\dfrac{t-1}{t-1}\right)$

$=\dfrac{e^2}{e^2+1}+1$

$=\dfrac{2e^2+1}{e^2+1}$

[참고] – ㉠

㉠을 삼각형의 등적변형이라 한다.

96 정답 ②

$x \geq 0$에서 $ax + b \geq -2\cos\left(\dfrac{\pi}{4}x\right)$이 성립하면 된다. $\cdots$㉠

$x = 3$을 대입하면 $\cos\left(\dfrac{3}{4}\pi\right) = -\dfrac{\sqrt{2}}{2}$이므로

$3a + b \geq -2 \times \left(-\dfrac{\sqrt{2}}{2}\right) = \sqrt{2}$

따라서 $3a + b$의 최솟값은 $\sqrt{2}$이다.

$3a + b$의 최솟값이 되는 상황은 직선

$y = ax + b$이 곡선 $y = -2\cos\left(\dfrac{\pi}{4}x\right)$위의 점 $(3, \sqrt{2})$에서의

접선이 될 때다.

따라서

$y = -2\cos\left(\dfrac{\pi}{4}x\right)$을 미분하면

$y' = 2\sin\left(\dfrac{\pi}{4}x\right) \times \dfrac{\pi}{4} = \dfrac{\pi}{2}\sin\left(\dfrac{\pi}{4}x\right)$

$x = 3$에서의 접선의 기울기는

$y' = \dfrac{\pi}{2}\sin\dfrac{3\pi}{4} = \dfrac{\sqrt{2}}{4}\pi$

따라서

$y = \dfrac{\sqrt{2}}{4}\pi(x - 3) + \sqrt{2}$

$\quad = \dfrac{\sqrt{2}}{4}\pi x - \dfrac{3}{4}\sqrt{2}\pi + \sqrt{2}$

그러므로

$\alpha = \dfrac{\sqrt{2}}{4}\pi$, $\beta = -\dfrac{3}{4}\sqrt{2}\pi + \sqrt{2}$

$\alpha - \beta = \sqrt{2}\pi - \sqrt{2} = \sqrt{2}(\pi - 1)$

[랑데뷰팁]– ㉠부분 추가 설명

$x \geq 0$에서 직선 $y = ax + b$가 곡선 $y = -2\cos\left(\dfrac{\pi}{4}x\right)$에 처음

접할 때까지 가능하다.

$y = -2\cos\left(\dfrac{\pi}{4}x\right)$의 $x = \alpha$에서의 접선의 기울기는

$\dfrac{\pi}{2}\sin\left(\dfrac{\pi}{4}\alpha\right)$이므로

$a = \dfrac{\pi}{2}\sin\left(\dfrac{\pi}{4}\alpha\right)$

$ax + b = -2\cos\left(\dfrac{\pi}{4}\alpha\right)$에서

$b = -\dfrac{\pi}{2}\alpha\sin\left(\dfrac{\pi}{4}\alpha\right) - 2\cos\left(\dfrac{\pi}{4}\alpha\right)$

따라서

$3a + b = \left(\dfrac{3\pi}{2} - \dfrac{\pi}{2}\alpha\right)\sin\left(\dfrac{\pi}{4}\alpha\right) - 2\cos\left(\dfrac{\pi}{4}x\right)$

의 최솟값은 α에 대해 미분하면 $\alpha = 3$일 때 최솟값을 갖는다.

97 정답 ①

$y' = 2\ln x \times \dfrac{1}{x} = \dfrac{2\ln x}{x}$에서 $f(t) = \dfrac{2\ln x}{x}$이다. $\cdots$㉠

$f(a) = \dfrac{2}{e}$에서 $t = a$일 때, $x = e$이다.

$f'(t) = \dfrac{\dfrac{2}{x} \times x - 2\ln x}{x^2} \times \dfrac{dx}{dt}$

$\qquad = \dfrac{2(1 - \ln x)}{x^2} \times \dfrac{dx}{dt}$ $\cdots$㉡

한편, 곡선 $y = (\ln x)^2 + t$ 위의 임의의 점 $(x, (\ln x)^2 + t)$와

$(0, 0)$을 지나는 직선의 기울기와 $(x, (\ln x)^2 + t)$에서의 접선의

기울기가 같으므로

$\dfrac{(\ln x)^2 + t}{x} = \dfrac{2\ln x}{x}$

$(\ln x)^2 - 2\ln x = -t$

$\dfrac{2\ln x}{x} - \dfrac{2}{x} = -1 \times \dfrac{dt}{dx}$

$\dfrac{dt}{dx} = \dfrac{2(1 - \ln x)}{x}$

$\dfrac{dx}{dt} = \dfrac{x}{2(1 - \ln x)}$

㉡에서

$f'(t) = \dfrac{2(1 - \ln x)}{x^2} \times \dfrac{dx}{dt}$

$\qquad = \dfrac{2(1 - \ln x)}{x^2} \times \dfrac{x}{2(1 - \ln x)} = \dfrac{1}{x}$

에서 $t = a$일 때, $x = e$이므로

$\therefore\ f'(a) = \dfrac{1}{e}$

98 정답 ④

$\dfrac{dx}{dt} = 2e^{2t} + e^t$, $\dfrac{dy}{dt} = -e^t$가 있다.

$\dfrac{dy}{dx} = \dfrac{-e^t}{2e^{2t} + e^t} = \dfrac{-1}{2e^t + 1}$

점 P에서의 접선의 기울기는 $\dfrac{dy}{dx}_{t=a} = -\dfrac{1}{2e^a + 1}$

이고 접선이 $y = 3x$에 수직이므로

$-\dfrac{1}{2e^a + 1} = -\dfrac{1}{3}$에서 $2e^a + 1 = 3$이다.

따라서 $a = 0$이다.

그러므로 점 P의 좌표는 $t = 0$, 점 Q의 좌표는 $t = \ln 2$일

때이다.

따라서 $Q(e^{2\ln 2} + e^{\ln 2}, -e^{\ln 2}) = Q(6, -2)$

점 Q에서의 접선의 기울기는

$\dfrac{dy}{dx}_{t=\ln 2} = \dfrac{-1}{2e^{\ln 2} + 1} = -\dfrac{1}{5}$이다.

점 Q에서의 접선의 방정식은

$$y = -\frac{1}{5}(x-6) - 2 = -\frac{1}{5}x - \frac{4}{5}$$

따라서 y절편은 $-\dfrac{4}{5}$이다.

99 정답 ③

$h(x) = f(g(x))$에서 $h'(x) = f'(g(x))g'(x)$이고

$g(1) = 1$, $h'(1) = 2$이므로

$h'(1) = f'(g(1))g'(1) = f'(1)g'(1) = 2$

$y = f\left(\dfrac{1}{g(x)}\right)$에서

$$y' = f'\left(\frac{1}{g(x)}\right)\left\{\frac{1}{g(x)}\right\}' = f'\left(\frac{1}{g(x)}\right)\left\{-\frac{g'(x)}{\{g(x)\}^2}\right\}$$

따라서 $x = 1$에서의 $y = f\left(\dfrac{1}{g(x)}\right)$의 접선의 기울기는

$$f'\left(\frac{1}{g(1)}\right)\left\{-\frac{g'(1)}{\{g(1)\}^2}\right\} = f'(1)\left\{-\frac{g'(1)}{1}\right\} = -f'(1)g'(1) = -2$$

유형 11 함수의 증가와 감소, 극대와 극소

100 정답 20

[검토자 : 최수영T]

$f(x) = \cos(a\pi - \cos x)$에서 a가 자연수이므로

a가 홀수일 때와 a가 짝수일 때로 나눠서 생각할 수 있다.

(i) a가 홀수일 때,

$f(x) = -\cos(-\cos x) = -\cos(\cos x)$

$f'(x) = \sin(\cos x)(-\sin x)$

$f'(x) = 0 \rightarrow \cos x = 0$ 또는 $x = k\pi$ (k는 정수)

$-2\pi < x < 2\pi$에서 증감표를 작성해 보자.

x	-2π	$\cdots$	$-\dfrac{3\pi}{2}$	$\cdots$	$-\pi$	$\cdots$	$-\dfrac{\pi}{2}$	$\cdots$
$-\sin x$	0	$-$	$-$	$-$	0	$+$	$+$	$+$
$\sin(\cos x)$	$+$	$+$	0	$-$	$-$	$-$	0	$+$
$f'(x)$	0	$-$	0	$+$	0	$-$	0	$+$
$f(x)$		$\searrow$	-1 (극소)	$\nearrow$	$-\cos1$ (극대)	$\searrow$	-1 (극소)	$\nearrow$

0	$\cdots$	$\dfrac{\pi}{2}$	$\cdots$	π	$\cdots$	$\dfrac{3\pi}{2}$	$\cdots$	2π
0	$-$	$-$	$-$	0	$+$	$+$	$+$	0
$+$	$+$	0	$-$	$-$	$-$	0	$+$	$+$
0	$-$	0	$+$	0	$-$	0	$+$	0
$-\cos1$ (극대)	$\searrow$	-1 (극소)	$\nearrow$	$-\cos1$ (극대)	$\searrow$	-1 (극소)	$\nearrow$	

따라서

$m_1 = 3$, $m_2 = 4$에서 $m_1 - m_2 = -1$로 모순이다.

(ii) a가 짝수일 때

$f(x) = \cos(-\cos x) = \cos(\cos x)$이다.

(i)의 a가 홀수일 때의 함수 $f(x)$와 (ii)의 a가 짝수일 때의

함수 $f(x)$는 x축 대칭관계이므로

$x = -\dfrac{3\pi}{2}$, $x = -\dfrac{\pi}{2}$, $x = \dfrac{\pi}{2}$, $x = \dfrac{3\pi}{2}$에서 극댓값 1을 갖고

$x = -\pi$, $x = 0$, $x = \pi$에서 극솟값 $\cos 1$을 갖는다.

따라서

$m_1 = 4$, $m_2 = 3$에서 $m_1 - m_2 = 1$로 조건을 만족시킨다.

(i), (ii)에서

a는 짝수이고 10보다 작은 모든 a의 합은

$2 + 4 + 6 + 8 = 20$이다.

101 정답 ①

함수 $f(x)$가 열린구간 $\left(0, \dfrac{5}{4}\pi\right)$에서 역함수가 존재하도록 하려면

열린구간 $\left(0, \dfrac{5}{4}\pi\right)$에서 $f(x)$가 증가함수 또는 감소함수이어야

한다. …… ㉠

이때,

$f(x) = ax\sin x + (a-1)\cos x$

$f'(x) = a\sin x + ax\cos x - (a-1)\sin x$

$f'(x) = \sin x + ax\cos x$

$$f'(x) = \begin{cases} \cos x(\tan x + ax) & \left(x \ne \dfrac{\pi}{2}\right) \\ 1 & \left(x = \dfrac{\pi}{2}\right) \end{cases}$$

이므로 ㉠에 의해 $f(x)$는 증가함수이어야 한다.

$0 < x < \dfrac{\pi}{2}$에서 $\cos x > 0$이므로 $\tan x + ax > 0$이고

$\dfrac{\pi}{2} < x < \dfrac{5}{4}\pi$에서 $\cos x < 0$이므로 $\tan x + ax < 0$이어야 한다.

$y = \tan x$에서 $y' = \sec^2 x$이고 $x = 0$에서 접선의 기울기가

1이다.

또한 $y = \tan x$는 $\left(\dfrac{5}{4}\pi, 1\right)$을 지나므로 $y = \tan x$의 그래프에

대하여 직선 $y = -ax$의 기울기 $-a$가 $(0, 0)$과 $\left(\dfrac{5}{4}\pi, 1\right)$을

지나는 기울기 $\dfrac{1}{\dfrac{5}{4}\pi} = \dfrac{4}{5\pi}$보다 크거나 같고 접선의 기울기

1보다 작거나 같아야 한다.

그러므로 $\dfrac{4}{5\pi} \le -a \le 1$

$-1 \le a \le -\dfrac{4}{5\pi}$

a의 최댓값과 최솟값의 곱은 $\dfrac{4}{5\pi}$이다.

102 정답 31

[그림 : 최성훈T]

함수 $g(x)$의 그래프는 다음과 같다.

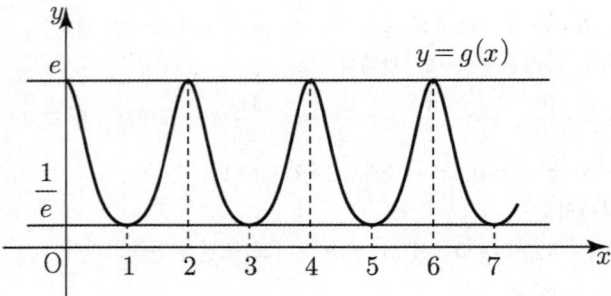

삼차함수 $f(x)$가 극값을 갖는 함수이어야 하고 $x=2$에서 극값 1을 가지고 (가)에서 함수 $h(x)$가 $x=0$에서 극솟값을 가지므로 삼차함수 $f(x)$는 $x=0$에서 극댓값을 갖고 $f(0)$의 값은 함수 $g(x)$가 감소하는 구간인 $(2n,\ 2n+1)$에 속해야 한다.

즉, $2n < f(0) \leq 2n+1$ (단, n은 정수)

(나)에서 열린구간 $(0, 3)$에서 함수 $h(x)$의 극값의 개수는 11이기 위해서는 $6 < f(0) \leq 7$이어야 한다.

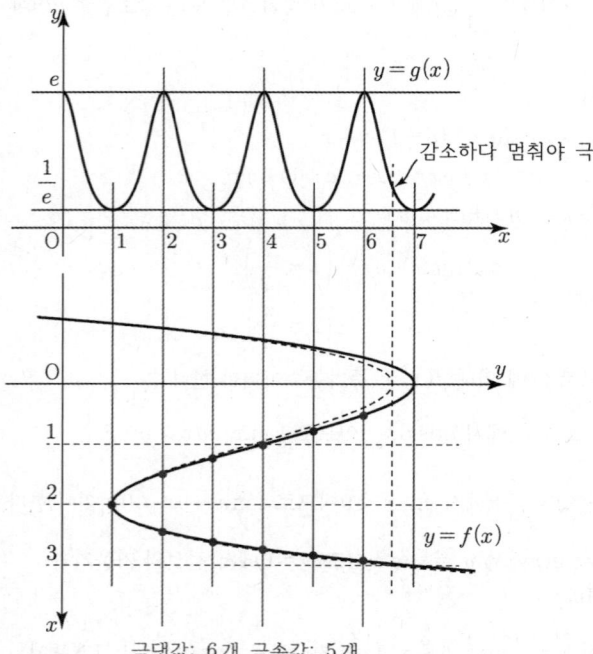

극댓값 : 6개 극솟값 : 5개

$f(x) = ax^2(x-3)+7$

$f(2)=1$이므로 $a = \dfrac{3}{2}$

따라서 $f(x) = \dfrac{3}{2}x^2(x-3)+7$

$f(4) = \dfrac{3}{2} \times 4^2 \times 1 + 7 = 31$

103 정답 ⑤

[출제자 : 서태욱T]

$\displaystyle\lim_{x \to \infty} f(x)=\infty$, $\displaystyle\lim_{x \to -\infty} f(x)=-\infty$이다.

$f'(x) = \dfrac{2x}{x^2+1}$이므로

$(-\infty,\ 0)$에서 함수 $f(x)$는 감소하고

$(0,\ \infty)$에서 함수 $f(x)$는 증가한다.

$x=0$에서 극솟값 0을 갖는다.

또 $f(-x)=f(x)$이므로 y축에 대칭이다.

따라서 함수 $f(x)$의 그래프는 그림과 같다.

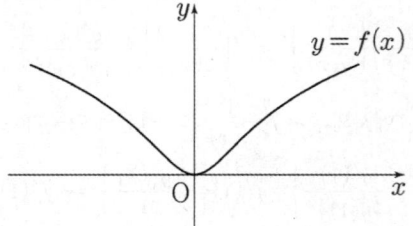

이때

$$g'(x) = f(x) - s$$

이므로 함수 $y=f(x)$와 직선 $y=s$의 교점의 x좌표를 α, β라 하면 함수 $g(x)$는 $x=\alpha$에서 극댓값, $x=\beta$에서 극솟값을 갖는다.

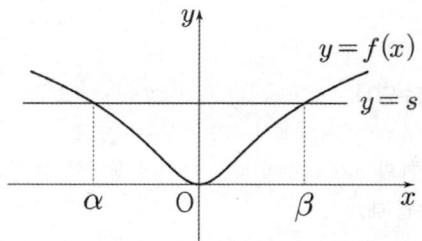

따라서

$$h(s) = g(\alpha) - g(\beta)$$

$$= \int_0^\alpha \{f(t)-s\}\,dt - \int_0^\beta \{f(t)-s\}\,dt$$

$$= \int_0^\alpha f(t)\,dt - s\alpha - \int_0^\beta f(t)\,dt + s\beta$$

이다. 양변을 s로 미분하면

$$h'(s) = \left\{f(\alpha) \times \frac{d\alpha}{ds} - \left(\alpha + s \times \frac{d\alpha}{ds}\right)\right\}$$

$$- \left\{f(\beta) \times \frac{d\beta}{ds} - \left(\beta + s \times \frac{d\beta}{ds}\right)\right\}$$

$$= \{f(\alpha)-s\} \times \frac{d\alpha}{ds} - \alpha - \{f(\beta)-s\} \times \frac{d\beta}{ds} + \beta$$

$$= \beta - \alpha \ (\because \ f(\alpha)=s,\ f(\beta)=s)$$

이다.

$t=a$일 때 $h'(a) = \beta - \alpha = 6$이므로 $\beta=3$이고 $(\because\ \beta = -\alpha)$

$a = f(\beta) = f(3) = \ln 10$이다.

따라서 $e^a = e^{\ln 10} = 10$이다.

104 정답 21

[출제자 : 정일권T]
[그림 : 강민구T]

함수 $f(|x|)$의 그래프는 $x \geq 0$부분의 함수 $f(x)$이고,
$x < 0$부분은 함수 $f(x)$의 양의 부분을 대칭한 그래프이므로,
조건 (가)에서 극대 또는 극소가 최대가 되려면 그림과 같이 함수
$f(x)$가 양의 부분에서 극대 또는 극소가 존재해야 $f(|x|)$의
극값의 개수가 5개로 최대가 된다.

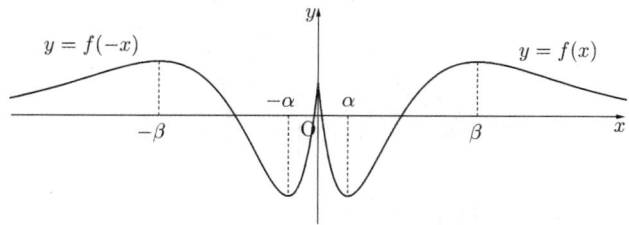

따라서 방정식 $f'(x) = 0$인 근을 $\alpha, \beta\,(\alpha > 0, \beta > 0)$라 할 때
함수 $f(|x|)$의 극값이 되는 $x = k$의 값은
$-\alpha, -\beta, 0, \alpha, \beta$이므로 $|k|$의 값의 합은
$2\alpha + 2\beta = 6,\ \alpha + \beta = 3 \qquad \cdots \text{㉠}$
$f(x) = (x^2 + ax + b)e^{-x}$
$f'(x) = \{-x^2 + (2-a)x + a - b\}e^{-x}$
$\{-x^2 + (2-a)x + a - b\} = 0$의 근 α, β에 대해
α, β 모두 양의 근을 가질 조건은
$\alpha + \beta = 2 - a > 0,\ a = -1\ (\because \text{㉠에 의해}) \qquad \cdots \text{㉡}$
$\alpha\beta = b - a = b + 1 > 0,\ b > -1 \qquad \cdots \text{㉡}$
$D = (2-a)^2 + 4(a-b) > 0,\ b < \dfrac{5}{4} \qquad \cdots \text{㉢}$

㉡, ㉢에 의해

$-1 < b < \dfrac{5}{4}$이고 정수 b의 최댓값은 1이다.

따라서 $f(x) = (x^2 - x + 1)e^{-x}$
$f(5) = (25 - 5 + 1)e^{-5} = 21e^{-5},\ p = 21$

---

105 정답 18

$f(x) = \sin x - x \cos x$에서
$f'(x) = \cos x - \cos x + x \sin x = x \sin x$
$f'(x) = 0$의 해는 $x = 0$, $\sin x = 0$을 만족하는 x 값들이다.
따라서 닫힌구간 $[-2\pi, 2\pi]$에서 $x = -2\pi$, $x = -\pi$, $x = 0$,
$x = \pi$, $x = 2\pi$이다.
함수 $f(x)$의 증가와 감소를 표로 나타내면 다음과 같다.

x	-2π	$\cdots$	$-\pi$	$\cdots$	0	$\cdots$
$f'(x)$		$-$	0	$+$	0	$+$
$f(x)$	2π	$\searrow$	$-\pi$	$\nearrow$	0	$\nearrow$

π	$\cdots$	2π
0	$-$	
π	$\searrow$	-2π

따라서 함수 $f(x)$의 그래프는 그림과 같다.

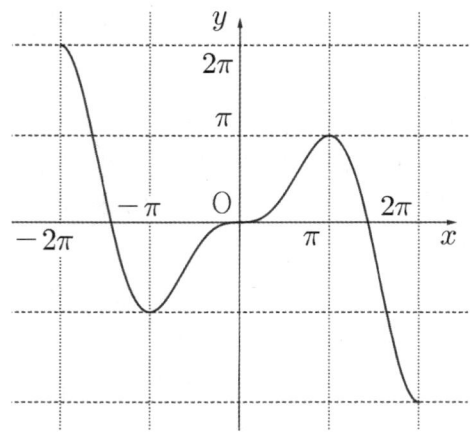

함수 $|f(x) - t|$가 미분가능하지 않은 x의 개수 $g(t)$는 다음과
같다.

[랑데뷰 세미나(135), (136) 참고]

$$g(t) = \begin{cases} 1\ (-2\pi < t \leq -\pi,\ \pi \leq t < 2\pi) \\ 3\ (-\pi < t < 0, 0 < t < \pi) \\ 2\ (t = 0) \end{cases}$$

$h(g(x))$는 구간 $(-2\pi, 2\pi)$에서 연속이기 위해서는
$h(x) = (x-1)(x-2)(x-3) + k$꼴이다.

[랑데뷰세미나(71) 참고]

따라서 $h(5) = 24 + k,\ h(4) = 6 + k$
$h(5) - h(4) = 18$

106 정답 2

$g'(1)=0$이므로 $g'(x)=-\dfrac{2\cos\left(\dfrac{\pi}{2}x+a\right)\times\dfrac{\pi}{2}}{\left(3+\sin\left(\dfrac{\pi}{2}x+a\right)\right)^2}$에서

$\cos\left(\dfrac{\pi}{2}+a\right)=0$

$0<a<2\pi$이고 $\cos\left(\dfrac{3}{2}\pi\right)=0$이므로 $a=\pi$이다.

따라서 $g(x)=\dfrac{2}{3+\sin\left(\dfrac{\pi}{2}x+\pi\right)}$,

$g'(x)=-\dfrac{2\cos\left(\dfrac{\pi}{2}x+\pi\right)\times\dfrac{\pi}{2}}{\left(3+\sin\left(\dfrac{\pi}{2}x+\pi\right)\right)^2}$이다.

$f(x)=\dfrac{\pi}{2}x+\pi$라 할 때, $\cos f(x)=0$을 만족하는

$f(x)$는 $f(x)=\pm\dfrac{\pi}{2},\ \pm\dfrac{3}{2}\pi,\ \pm\dfrac{5}{2}\pi,\cdots$이므로

$\dfrac{\pi}{2}x+\pi=\pm\dfrac{\pi}{2},\ \pm\dfrac{3}{2}\pi,\ \pm\dfrac{5}{2}\pi,\cdots$

$x=\pm1,\ \pm3,\ \pm5,\ \cdots$일 때 함수 $g(x)$는 극값을 갖는다.

$g(x)$는 $x=\alpha$에서 극대 또는 극소이고, $\alpha>0$인 모든 α를 작은 수부터 크기순으로 나열한 것을 $\alpha_1,\ \alpha_2,\ \alpha_3,\ \alpha_4,\ \alpha_5,$ $\cdots$라 할 때 $a_1=1,\ a_2=3,\ a_3=5,\ \cdots$

α	$\cdots$	1	$\cdots$	3	$\cdots$
$f'(x)=\dfrac{\pi}{2}$	+	+	+	+	+
$-\cos f(\alpha)$	+	0	$-$	0	+
$g'(\alpha)$	+	0	$-$	0	+
$f(\alpha)$		$\dfrac{3}{2}\pi$		$\dfrac{5}{2}\pi$	
$g(\alpha)$	↗	1	↘	$\dfrac{1}{2}$	↗

$x=\cdots,\ -5,\ -1,\ 3,\ 7,\ \cdots$일 때 $g(x)$는 극솟값 $\dfrac{1}{2}$을 갖고 그 값이 최솟값이다.

$x=\cdots,\ -3,\ 1,\ 5,\ 9,\ \cdots$일 때 $g(x)$는 극댓값 1을 갖고 그 값이 최댓값이다.

따라서 $M=1,\ m=\dfrac{1}{2}$

$M+m+\dfrac{a}{2\pi}=1+\dfrac{1}{2}+\dfrac{\pi}{2\pi}=2$이다.

107 정답 45

(가), (다) 조건에서

음의 정수 a와 양의 정수 b에 대하여

$g(x)=e^x(x-a)(x-b)^2$이라 할 수 있다.

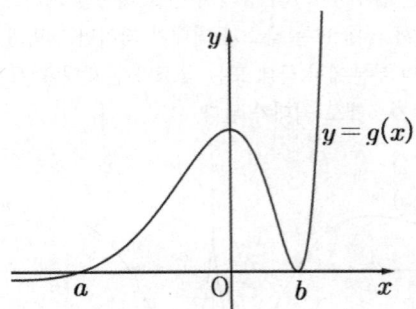

$g'(x)=e^x(x-b)\{x^2-(a+b-3)x+ab-2a-b\}$

(나)에서 $g'(0)=0$이므로

$ab-2a-b=0$이다.

$(a-1)(b-2)=2$을 만족하는 근을 $(a,\ b)$의 순서쌍으로 나타내면

$(3,\ 4),\ (3,\ 3),\ (0,\ 0),\ (-1,\ 1)$이다.

이중 조건을 만족하는 경우는 $a=-1,\ b=1$뿐이다.

따라서 $g(x)=e^x(x+1)(x-1)^2$

$\therefore\ f(x)=(x+1)(x-1)^2$

$f(-4a)=f(4)=5\times9=45$

108 정답 ③

$\overline{BD}=a$라 두면 $\overline{DP}=a,\ \overline{AD}=1-a$이고

선분 $\overline{AP}=x$라 두면

삼각형 ADP에서 $\angle DAP=\dfrac{\pi}{3}$이므로 코사인 법칙에서

$a^2=(1-a)^2+x^2-2(1-a)x\cos\dfrac{\pi}{3}$이다.

$a^2=a^2-2a+1+x^2-x+ax$

$(2-x)a=x^2-x+1$

따라서 $a=\dfrac{x^2-x+1}{2-x}$

그러므로 $\overline{AD}=1-\dfrac{x^2-x+1}{2-x}=\dfrac{x^2-1}{x-2}$

따라서 삼각형 ADP의 넓이는

$\dfrac{1}{2}\times\dfrac{x^2-1}{x-2}\times x\times\sin\dfrac{\pi}{3}$

$=\dfrac{\sqrt{3}}{4}\dfrac{x^3-x}{x-2}$이다.

$f(x)=\dfrac{x^3-x}{x-2}$라 할 때, $f(x)$가 최대일 때 삼각형 ADP의 넓이가 최대이다.

즉, $0<x<1$에서 $f(x)$의 극대인 x의 값이 l이다.

$$f'(x) = \frac{(3x^2-1)(x-2)-(x^3-x)}{(x-2)^2}$$

$$= \frac{3x^3-6x^2-x+2-x^3+x}{(x-2)^2}$$

$$= \frac{2x^3-6x^2+2}{(x-2)^2}$$

$f'(x)=0$에서 $x^3-3x^2+1=0$의 해가 l이다.

$g(x)=x^3-3x^2+1$에서

$$g\left(\frac{1}{2}\right) = \frac{1}{8}-\frac{3}{4}+1 = \frac{3}{8}>0$$

$$g\left(\frac{2}{3}\right) = \frac{8}{27}-\frac{4}{3}+1 = -\frac{1}{27}<0$$

따라서 $f'\left(\frac{1}{2}\right)>0$, $f'\left(\frac{2}{3}\right)<0$이므로 $f'(l)=0$이

$\frac{1}{2}<l<\frac{2}{3}$이고 $x=l$에서 극대이자 최댓값을 갖는다.

유형 13 방정식과 부등식에의 활용

109 정답 120

[출제자 : 오세준T]

[검토자 : 안형진T]

함수 $g(x) = \frac{4\sqrt{3}(x-1)^3}{x}$ $(x>1)$라 하자.

$$g'(x) = \frac{12\sqrt{3}x(x-1)^2 - 4\sqrt{3}(x-1)^3}{x^2}$$

$$= \frac{4\sqrt{3}(x-1)^2(2x+1)}{x^2}$$

$x>1$일 때 $g'(x)>0$이므로 함수 $g(x)$는 $x>1$에서 증가한다.

또한, $\lim\limits_{x\to 1+}g(x)=0$, $\lim\limits_{x\to\infty}g(x)=\infty$이므로

양수 t에 대하여 함수 $g(x)$와 $y=t$의 교점의 개수는 1이고 이 점이 P이다.

점 P의 좌표를 $P(s, t)$ $(s>1)$라 하면

$$t = g(s) = \frac{4\sqrt{3}(s-1)^3}{s} \quad \cdots\cdots \text{㉠}$$

직선 OP가 x축의 양의 방향과 이루는 예각의 크기가 $f(t)$이고 직선 OP의 기울기는 $\frac{t}{s}$이므로

$$\tan f(t) = \frac{t}{s} \quad \cdots\cdots \text{㉡}$$

$t=a$일 때, $s=s_0$ $(s_0>1)$라 하자.

㉡에서 $\tan f(a) = \frac{a}{s_0}$

$f(a)=\frac{\pi}{3}$이므로 $\sqrt{3}=\frac{a}{s_0}$, $a=\sqrt{3}s_0$

따라서 $t=a=\sqrt{3}s_0=\sqrt{3}s$

㉠에 대입하면

$$\sqrt{3}s = \frac{4\sqrt{3}(s-1)^3}{s}$$

$$s^2 = 4(s-1)^3$$

$$4s^3-12s^2+12s-4=s^2$$

$$4s^3-13s^2+12s-4=0$$

2		4	-13	12	-4
			8	-10	4
		4	-5	2	0

이므로 $(s-2)(4s^2-5s+2)=0$이고 $s=2$

$\therefore\ a = \sqrt{3}s_0 = \sqrt{3}s = 2\sqrt{3}$

㉠의 양변을 t에 대하여 미분하면

$$1 = g'(s)\times\frac{ds}{dt} = \frac{4\sqrt{3}(s-1)^2(2s+1)}{s^2}\times\frac{ds}{dt}$$

$s=2$를 대입하면

$$1 = 5\sqrt{3}\times\frac{ds}{dt},\ \frac{ds}{dt} = \frac{1}{5\sqrt{3}}$$

㉡의 양변을 t에 대하여 미분하면

$$\sec^2 f(t)f'(t) = \frac{s-t\times\dfrac{ds}{dt}}{s^2}$$

$t=a$, $s=2$, $\frac{ds}{dt}=\frac{1}{5\sqrt{3}}$를 대입하면

$$\sec^2 f(a)f'(a) = \frac{2-2\sqrt{3}\times\dfrac{1}{5\sqrt{3}}}{4} = \frac{2}{5}$$

$$f'(a) = \frac{\dfrac{2}{5}}{\sec^2 f(a)}$$

$$= \frac{\dfrac{2}{5}}{1+\tan^2 f(a)}$$

$$= \frac{\dfrac{2}{5}}{1+(\sqrt{3})^2} = \frac{1}{10}$$

$\therefore\ \dfrac{a^2}{f'(a)} = \dfrac{(2\sqrt{3})^2}{\dfrac{1}{10}} = 120$

110 정답 25

최고차항의 계수가 1이고 $f(0)=f'(0)=0$인 삼차함수 $f(x)$를 상수 p에 대하여 $f(x)=x^3+px^2$라 하자.

$$g(x)=\begin{cases} x^3+px^2 & (x<0) \\ 3x^2+2px+\dfrac{ax}{x+2} & (x \geq 0) \end{cases}$$

$$g'(x)=\begin{cases} 3x^2+2px & (x<0) \\ 6x+2p+\dfrac{2a}{(x+2)^2} & (x>0) \end{cases}$$

이고 (가)조건에 의해

$x<0$이면 $g(x) \leq g(2)$, $x>0$이면 $g(x) \geq g(2)$ ……㉠

㉠에서 $x>0$일 때, $g(x)=g(2)=0$이기 위해서는 $x=2$에서 함수 $g(x)$가 x축에 접해야 한다.

(나) 조건에서 $x=0$에서 연속이므로 $g(2)=g(0)=0$이다.

따라서 $g(2)=12+4p+\dfrac{1}{2}a=0$이고 $g'(2)=0$이므로

$$g'(2)=12+2p+\dfrac{a}{8}=0$$

$$12+4p+\dfrac{1}{2}a=0$$

$$12+2p+\dfrac{a}{8}=0$$

을 풀면 $a=48$, $p=-9$이다.

$$g(x)=\begin{cases} x^3-9x^2 & (x<0) \\ 3x^2-18x+\dfrac{48x}{x+2} & (x \geq 0) \end{cases},$$

$$g'(x)=\begin{cases} 3x^2-18x & (x<0) \\ 6x-18+\dfrac{96}{(x+2)^2} & (x>0) \end{cases}$$이다.

$$g'(3)=18-18+\dfrac{96}{5^2}=\dfrac{96}{25}$$

따라서

$$\dfrac{2a}{g'(3)}=96 \times \dfrac{25}{96}=25$$

111 정답 ③

[그림 : 이정배T]

−N축 풀이−

$h(x)=2^x-4$라 하면 함수 $g(x)=h(f(x))$이다.

N−set을 조건에 맞게 설정하면 다음 그림과 같다.

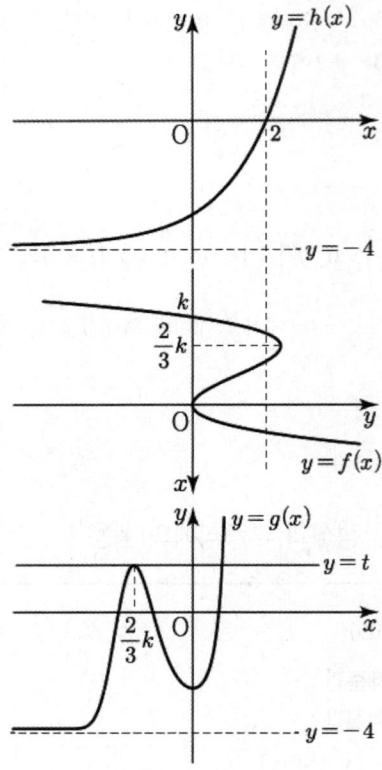

$f(x)=(x-k)x^2$ $(k<0)$에서 삼차함수 $f(x)$의 극댓값이 2보다 커야 방정식 $g(x)=t$의 실근의 개수가 2인 양수 t가 존재한다.

따라서

$$f\left(\dfrac{2}{3}k\right)=-\dfrac{k}{3} \times \dfrac{4}{9}k^2 > 2$$

$$k^3 < -\dfrac{27}{2}=-13.5$$

만족하는 정수 k의 최댓값은 -3이다.

112 정답 ②

$x=\ln(\cos t)$에서

$\dfrac{dx}{dt}=-\dfrac{-\sin t}{\cos t}=-\tan t$

$y=2\sin t$에서

$\dfrac{dy}{dt}=2\cos t$

이므로 시각 t에서의 점 P의 속력은

$\sqrt{\left(\dfrac{dx}{dt}\right)^2+\left(\dfrac{dy}{dt}\right)^2}=\sqrt{(-\tan t)^2+(2\cos t)^2}$

$=\sqrt{\tan^2 t+4\cos^2 t}$

$=\sqrt{(\sec^2 t-1)+4\cos^2 t}$

$=\sqrt{\sec^2 t+4\cos^2 t-1}$

$0<t<\dfrac{\pi}{2}$ 에서 $\sec^2 t>0$, $4\cos^2 t>0$이므로 산술평균과

기하평균의 관계에 의해

$\sec^2 t+4\cos^2 t\geq 2\sqrt{\sec^2 t\times 4\cos^2 t}=2\times 2=4$

(단, 등호는 $\sec^2 t=4\cos^2 t\left(0<t<\dfrac{\pi}{2}\right)$, 즉 $\cos t=\dfrac{\sqrt{2}}{2}$

일 때 성립)

점 P의 속력이 최소인 시각이 $t=\alpha$이므로 $\cos\alpha=\dfrac{\sqrt{2}}{2}$ 이다.

따라서 $\alpha=\dfrac{\pi}{4}$ 이다.

$\therefore\ \sin\alpha=\dfrac{\sqrt{2}}{2}$

113 정답 ①

$\dfrac{dx}{dt}=2,\ \dfrac{dy}{dt}=\ln t+1-2$

점 P의 속력을 $f(t)$로 놓으면

$f(t)=\sqrt{2^2+(\ln t-1)^2}=\sqrt{(\ln t-1)^2+4}$

따라서 속력 $f(t)$는 $\ln t=1$, 즉 $t=e$일 때 최솟값 2를 가진다.

$\dfrac{d^2x}{dt^2}=0,\ \dfrac{d^2y}{dt^2}=\dfrac{1}{t}$

이므로 $t=e$일 때 점 P의 가속도의 크기는

$\sqrt{0^2+\left(\dfrac{1}{e}\right)^2}=\dfrac{1}{e}$

114 정답 3

다음 그림과 같이 $\overline{\rm OP}$가 x축의 양의 방향과 이루는 각을 θ라 하자.

$\overline{\rm OB}=2$이므로 호 BP의 길이는 2θ이다. 호 BP의 길이를 l이라 하면

$l=2\theta$에서 양변을 t에 관해 미분하면 $\dfrac{dl}{dt}=2\dfrac{d\theta}{dt}$이고 점 P가 점 B를 출발하여 호 BC위를 매초 2의 일정한 속력으로 움직이므로

$\dfrac{dl}{dt}=2$에서 $\dfrac{d\theta}{dt}=1$이다.

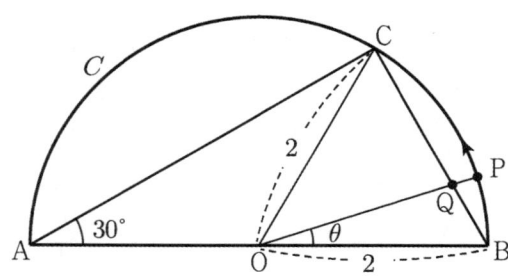

삼각형 OBC는 정삼각형

삼각형 OBQ에서 $\angle{\rm OBQ}=\dfrac{\pi}{3}$, $\angle{\rm BOQ}=\theta$이므로

$\angle{\rm OQB}=\pi-\theta-\dfrac{\pi}{3}=\dfrac{2}{3}\pi-\theta$

사인법칙을 적용하면

$\dfrac{\overline{\rm OB}}{\sin\left(\dfrac{2}{3}\pi-\theta\right)}=\dfrac{\overline{\rm BQ}}{\sin\theta}$

따라서 $\overline{\rm BQ}=\dfrac{2\sin\theta}{\sin\left(\dfrac{2}{3}\pi-\theta\right)}$

양변을 t에 관해 미분하면

$\dfrac{d}{dt}\overline{\rm BQ}=\dfrac{2\cos\theta\sin\left(\dfrac{2}{3}\pi-\theta\right)+2\sin\theta\cos\left(\dfrac{2}{3}\pi-\theta\right)}{\left\{\sin\left(\dfrac{2}{3}\pi-\theta\right)\right\}^2}\times\dfrac{d\theta}{dt}$

$=\dfrac{2\sin\left(\dfrac{2}{3}\pi-\theta+\theta\right)}{\left\{\sin\left(\dfrac{2}{3}\pi-\theta\right)\right\}^2}=\dfrac{\sqrt{3}}{\left\{\sin\left(\dfrac{2}{3}\pi-\theta\right)\right\}^2}$

따라서 점 Q의 속력이 최소가 되는 것은

$\sin\left(\dfrac{2}{3}\pi-\theta\right)=1$일 때이다.

즉, $0\leq\theta\leq\dfrac{\pi}{3}$에서 $\theta=\dfrac{\pi}{6}$일 때, 최솟값은 $\sqrt{3}$이다.

$a=\sqrt{3}$이므로 $a^2=3$이다.

115 정답 3

$\cos A = \dfrac{\sqrt{3}}{2}$ 이므로 $\angle BAC = \dfrac{\pi}{6}$

다음 그림과 같이 삼각형 OBC는 정삼각형이다.

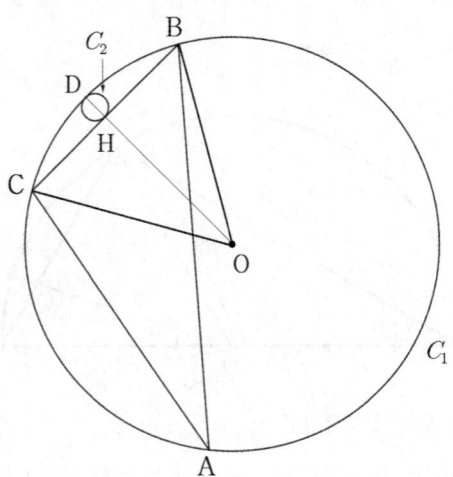

원 C_2와 선분 BC의 접점을 H라 하고 직선 OH가 원 C_1과 만나는 점을 D라 하자. $\overline{DH} = 2R_2$ 이고

$\overline{OD} = \overline{OB} = \overline{OC} = \overline{BC} = R_1$

그러므로 $\overline{BH} = \dfrac{1}{2}R_1$, $\overline{OH} = \dfrac{\sqrt{3}}{2}R_1$

$\overline{OD} = R_1 = \dfrac{\sqrt{3}}{2}R_1 + 2R_2$

$\left(1 - \dfrac{\sqrt{3}}{2}\right)R_1 = 2R_2$

$\dfrac{R_2}{R_1} = \dfrac{1}{2} - \dfrac{\sqrt{3}}{4} = \dfrac{2 - \sqrt{3}}{4}$

$a = 2$, $b = -1$

$a - b = 2 - (-1) = 3$ 이다.

116 정답 7

[그림 : 이호진T]

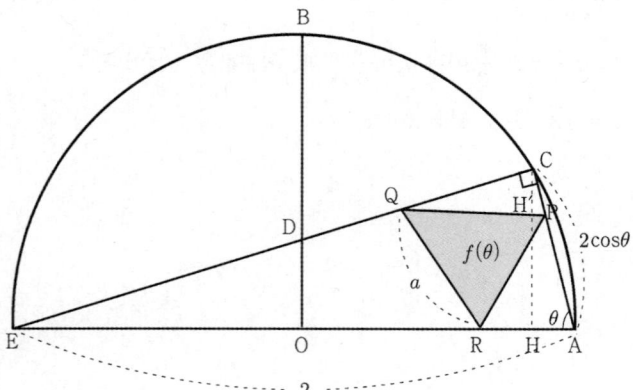

그림과 같이 직선 OA와 직선 CD의 교점을 E라 하면 사분원 OAB는 지름이 AE인 반원의 일부이다. $\overline{AE} = 2$ 이고 $\angle EAC = \theta$ 이므로 $\overline{AC} = 2\cos\theta$

점 C에서 $\overline{AE}$에 내린 수선의 발을 H라 하면

$\overline{CH} = \overline{AC}\sin\theta = 2\cos\theta\sin\theta$

선분 PQ와 선분 AE가 평행하므로 삼각형 CPQ와 삼각형 CAE는 닮은 도형이다.

$\overline{PQ} = a$ 라 하고 선분 CH와 선분 PQ의 교점을 H'라 하면

$\overline{HH'} = \dfrac{\sqrt{3}}{2}a$ 이므로 $\overline{CH'} = 2\cos\theta\sin\theta - \dfrac{\sqrt{3}}{2}a$ 이다.

$\overline{PQ} : \overline{AE} = \overline{CH'} : \overline{CH}$ 이므로

$a : 2 = \left(2\cos\theta\sin\theta - \dfrac{\sqrt{3}}{2}a\right) : 2\cos\theta\sin\theta$ 에서

$2a\cos\theta\sin\theta = 4\cos\theta\sin\theta - \sqrt{3}a$

$(2\cos\theta\sin\theta + \sqrt{3})a = 4\cos\theta\sin\theta$

$a = \dfrac{4\cos\theta\sin\theta}{2\cos\theta\sin\theta + \sqrt{3}}$

$f(\theta) = \dfrac{\sqrt{3}}{4}a^2$ 이므로

$\displaystyle\lim_{\theta \to \frac{\pi}{2}^-} \dfrac{f(\theta)}{\left(\dfrac{\pi}{2} - \theta\right)^2}$

$= \dfrac{\sqrt{3}}{4} \displaystyle\lim_{\theta \to \frac{\pi}{2}^-} \dfrac{\left(\dfrac{4\cos\theta\sin\theta}{2\cos\theta\sin\theta + \sqrt{3}}\right)^2}{\left(\dfrac{\pi}{2} - \theta\right)^2}$

$\dfrac{\pi}{2} - \theta = t$ 라 두면

$= \dfrac{\sqrt{3}}{4} \displaystyle\lim_{t \to 0^+} \dfrac{\left(\dfrac{4\cos\left(\dfrac{\pi}{2} - t\right)\sin\theta\left(\dfrac{\pi}{2} - t\right)}{2\cos\left(\dfrac{\pi}{2} - t\right)\sin\left(\dfrac{\pi}{2} - t\right) + \sqrt{3}}\right)^2}{t^2}$

$= \dfrac{\sqrt{3}}{4} \displaystyle\lim_{t \to 0^+} \dfrac{\left(\dfrac{4\sin t\cos t}{2\sin t\cos t + \sqrt{3}}\right)^2}{t^2}$

$= \dfrac{\sqrt{3}}{4} \times \left(\dfrac{4}{\sqrt{3}}\right)^2$

$= \dfrac{\sqrt{3}}{4} \times \dfrac{16}{3}$

$= \dfrac{4}{3}\sqrt{3}$

$p = 3$, $q = 4$ 이므로 $p + q = 7$ 이다.

[다른 풀이]-근사

$\overline{CH} = 2\cos\theta\sin\theta$

$\theta \to \dfrac{\pi}{2}$ 일 때, $\overline{CH} ≒ \overline{HH'}$

$a = \dfrac{2}{\sqrt{3}}\overline{HH'} = \dfrac{4\cos\theta\sin\theta}{\sqrt{3}}$

$$f(\theta) = \frac{\sqrt{3}}{4}\left(\frac{4\cos\theta\sin\theta}{\sqrt{3}}\right)^2 = \frac{4\sqrt{3}}{3}\cos^2\theta\sin^2\theta$$

$$\lim_{\theta\to\frac{\pi}{2}^-}\frac{f(\theta)}{\left(\frac{\pi}{2}-\theta\right)^2} = \frac{4}{3}\sqrt{3}$$

$$\lim_{a\to 0^+}\frac{h}{ab} = \lim_{a\to 0^+}\frac{\dfrac{\sin 4a\,\cdot\,\sin a}{\sin 3a}\times b}{ab} = \lim_{a\to+}\frac{\sin 4a\times\sin a}{a\times\sin 3a} = \frac{4}{3}$$

118 정답 25

$\cos\alpha\cos\beta\cos\gamma$의 최댓값은 α, β, γ가 모두 예각일 때 나타난다.

(∵ 한 각이 둔각이면 코사인값이 음수이므로)

γ을 최대각이라 할 때

$\cos\gamma = -\cos(\alpha+\beta)$이므로

$\cos(\alpha+\beta) = \cos\alpha\cos\beta - \sin\alpha\sin\beta = -\cos\gamma$

$\cos(\alpha-\beta) = \cos\alpha\cos\beta + \sin\alpha\sin\beta \leq 1$

따라서 $2\cos\alpha\cos\beta \leq 1-\cos\gamma$

양변에 $\cos\gamma$를 곱하면 $0 < \cos\gamma < 1$이므로

$2\cos\alpha\cos\beta\cos\gamma \leq \cos\gamma - \cos^2\gamma$

$\therefore \cos\alpha\cos\beta\cos\gamma \leq -\frac{1}{2}\left(\cos\gamma-\frac{1}{2}\right)^2 + \frac{1}{8}$

따라서 $200\cos\alpha\cos\beta\cos\gamma \leq 25$

117 정답 ④

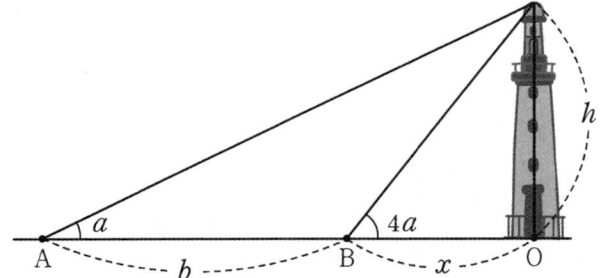

등대를 바라본 어느 지점을 A , b만큼 이동한 후의 지점을 B 라 하자. 등대의 높이를 h , 등대의 꼭대기에서 해수면에 내린 수선의 발 O 에서 점 B 까지 거리를 x 라 하면

$\tan a = \dfrac{h}{b+x}$, $\tan 4a = \dfrac{h}{x}$ 이므로 변변 나누면

$$\frac{\tan 4a}{\tan a} = \frac{b+x}{x} = \frac{b}{x}+1$$

$$\frac{b}{x} = \frac{\tan 4a}{\tan a}-1 = \frac{\tan 4a-\tan a}{\tan a}$$

$$\frac{x}{b} = \frac{\tan a}{\tan 4a-\tan a}$$

$$x = \frac{\tan a}{\tan 4a-\tan a}\times b$$

$h = x\times\tan 4a$이므로

$$h = \frac{\tan a}{\tan 4a-\tan a}\times b\times\tan 4a$$

$$\therefore h = \frac{\tan 4a\,\cdot\,\tan a}{\tan 4a-\tan a}b$$

$$\lim_{a\to 0^+}\frac{h}{ab} = \lim_{a\to 0^+}\frac{\dfrac{\tan 4a\,\cdot\,\tan a}{\tan 4a-\tan a}\times b}{ab}$$

$$= \lim_{a\to+}\frac{\tan 4a}{\tan 4a-\tan a} = \frac{1}{1-\dfrac{1}{4}} = \frac{4}{3}$$

[다른 풀이]

$$\therefore h = \frac{\tan 4a\,\cdot\,\tan a}{\tan 4a-\tan a}b$$

$$= \frac{\dfrac{\sin 4a}{\cos 4a}\times\dfrac{\sin a}{\cos a}}{\dfrac{\sin 4a}{\cos 4a}-\dfrac{\sin a}{\cos a}}\times b$$

$$= \frac{\sin 4a\,\cdot\,\sin a}{\sin 4a\cos a-\sin a\cos 4a}b$$

$$= \frac{\sin 4a\,\cdot\,\sin a}{\sin(4a-a)}\times b$$

$$= \frac{\sin 4a\,\cdot\,\sin a}{\sin 3a}b$$

119 정답 (1) ② (2) ③

(1)

$y = e^{x^2}$ 위의 점 $\left(t, e^{t^2}\right)$에서의 접선의 방정식을 구하면

$y' = 2xe^{x^2}$이므로

$y = 2te^{t^2}(x-t)+e^{t^2} = 2te^{t^2}x+e^{t^2}(1-2t^2)$

따라서 $a = 2te^{t^2}$, $b = e^{t^2}(1-2t^2)$

$a+b = e^{t^2}(-2t^2+2t+1)$이다.

$a+b = f(t)$ 라 하면

$f(t) = e^{t^2}(-2t^2+2t+1)$에서

$f'(t) = 2te^{t^2}(-2t^2+2t+1)+e^{t^2}(-4t+2)$

$\quad = e^{t^2}(-4t^3+4t^2+2t-4t+2)$

$\quad = -2e^{t^2}(2t^3-2t^2+t-1)$

$f'(t) = 0$의 실근은 $2t^3-2t^2+t-1 = 0$

$(t-1)(2t^2+1) = 0$에서 $t=1$뿐이고 그 점에서 극대이자 최대이다.

따라서 $M = f(1) = e$이다.

(2)

$y = -e^{x^2}-1$ 위의 점 $\left(s, -e^{s^2}-1\right)$에서의 접선의 방정식을 구하면 $y' = -2xe^{x^2}$이므로

$y = -2se^{s^2}(x-s)-e^{s^2}-1 = -2se^{s^2}x-e^{s^2}(1-2s^2)-1$

따라서 $a = -2se^{s^2}$, $b = -e^{s^2}(1-2s^2)-1$

$a+b = -e^{s^2}(-2s^2+2s+1)-1$이다.

$a+b = g(s)$ 라 하면

$g(s) = -e^{s^2}(-2s^2+2s+1)-1$에서

$g'(s) = -2se^{s^2}(-2s^2 + 2s + 1) - e^{s^2}(-4s + 2)$

$\qquad = -e^{s^2}(-4s^3 + 4s^2 + 2s - 4s + 2)$

$\qquad = 2e^{s^2}(2s^3 - 2s^2 + s - 1)$

$g'(s) = 0$의 실근은 $2s^3 - 2s^2 + s - 1 = 0$

$(s-1)(2s^2 + 1) = 0$에서 $s = 1$뿐이고 그 점에서 극소이자

최소이다.

따라서 $m = g(1) = -e - 1$이다.

[다른 풀이]–유승희T

함수 $y = -e^{x^2} - 1$에서 $y' = -2xe^{x^2}$

$y' = 0$인 실근은 $x = 0$뿐이고

$y'' = -2e^{x^2}(2x^2 + 1) < 0$이므로

$x = 0$에서 극댓값을 갖는 위로 볼록인 함수이다.

(아래 그림 참조)

모든 실수 x에 대하여 부등식

$-e^{x^2} - 1 \le ax + b$ 이 성립해야 하므로

$x = 1$일 때, $-e - 1 \le a + b$ ---(i)

등호가 성립하면 최솟값은 $-e - 1$이다.

아래 그림에서 $P(1, -e-1)$에서의 접선을 구하면

$y = -2e(x-1) - e - 1$

$\quad = -2ex + e - 1$

이고 모든 실수 x에 대하여

$-e^{x^2} - 1 \le -2ex + e - 1$ 임을 알 수 있다.

$a = -2e$, $b = e - 1$는 (i)식의 등호 조건을

만족한다.

따라서, $a + b$의 최솟값은 $-e - 1$

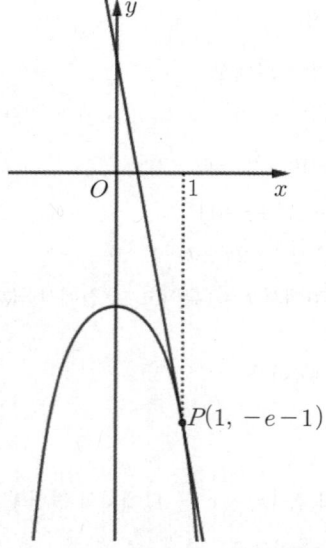

120 정답 7

(가)에서 $f\left(\dfrac{\pi}{2}\right) = 2$, $f'\left(\dfrac{\pi}{2}\right) = \sqrt{3}$ 이다. ···㉠

(나)에서 양변에 $x = \dfrac{\pi}{2}$을 대입하면

$$\sqrt{1 + \left\{g\left(\dfrac{\pi}{2}\right)\right\}^2} = \dfrac{f\left(\dfrac{\pi}{2}\right)}{\sin\dfrac{\pi}{2}}$$

$$\sqrt{1 + \left\{g\left(\dfrac{\pi}{2}\right)\right\}^2} = 2$$

$\therefore g\left(\dfrac{\pi}{2}\right) = \sqrt{3}$ $(\because g(x) > 0)$ ··· ㉡

한편, $\sqrt{1 + \{g(x)\}^2} = \dfrac{f(x)}{\sin x}$ 의 양변을 미분하면

$\dfrac{2g(x)g'(x)}{2\sqrt{1 + \{g(x)\}^2}} = \dfrac{f'(x)\sin x - f(x)\cos x}{\sin^2 x}$ 이고

양변에 $x = \dfrac{\pi}{2}$를 대입하면

$$\dfrac{g\left(\dfrac{\pi}{2}\right)g'\left(\dfrac{\pi}{2}\right)}{\sqrt{1 + \left\{g\left(\dfrac{\pi}{2}\right)\right\}^2}} = \dfrac{f'\left(\dfrac{\pi}{2}\right)\sin\dfrac{\pi}{2} - f\left(\dfrac{\pi}{2}\right)\cos\dfrac{\pi}{2}}{\sin^2\dfrac{\pi}{2}}$$

$$\dfrac{\sqrt{3}\,g'\left(\dfrac{\pi}{2}\right)}{2} = \sqrt{3}$$

$\therefore g'\left(\dfrac{\pi}{2}\right) = 2$ ··· ㉢

$h(x) = f(x)g(x)$에서 $h'(x) = f'(x)g(x) + f(x)g'(x)$이고

양변에 $x = \dfrac{\pi}{2}$을 대입하면

$h'\left(\dfrac{\pi}{2}\right) = f'\left(\dfrac{\pi}{2}\right)g\left(\dfrac{\pi}{2}\right) + f\left(\dfrac{\pi}{2}\right)g'\left(\dfrac{\pi}{2}\right)$

$\qquad = \sqrt{3} \times \sqrt{3} + 2 \times 2$

$\qquad = 3 + 4 = 7$

121 정답 ④

$\dfrac{1}{x} = t$라 하면 $x \to 0+$일 때, $t \to \infty$이므로

$\displaystyle\lim_{x \to 0+}\left\{f\left(\dfrac{1+x}{x}\right) - f\left(\dfrac{1-x}{x}\right)\right\}$

$= \displaystyle\lim_{t \to \infty}\{f(1+t) - f(-1+t)\}$

$= \displaystyle\lim_{t \to \infty}\left\{2 \times \dfrac{f(1+t) - f(-1+t)}{(1+t) - (-1+t)}\right\}$

함수 $f(x)$위의 두 점 $(1+t, f(1+t))$와

$(-1+t, f(-1+t))$을 이은

직선의 기울기를 m이라 하면

$= \displaystyle\lim_{t \to \infty}\{2 \times m\} = 2\lim_{t \to \infty}f'(t)$

$= 2\displaystyle\lim_{t \to \infty}\left(1 + \dfrac{1}{t}\right)^t = 2e$

[다른 풀이]

함수 $f(x)$는 닫힌구간 $[-1+t, 1+t]$에서 연속이고 열린구간 $(-1+t, 1+t)$에서 미분가능 하므로 평균값 정리에 의해 $\dfrac{f(1+t)-f(-1+t)}{(1+t)-(-1+t)}=f'(c)$인 $c(-1+t<c<1+t)$가 적어도 하나 존재한다.

$f'(c)=\left(1+\dfrac{1}{c}\right)^c$이고 $t\to\infty$이면 $c\to\infty$이므로

$\displaystyle\lim_{t\to\infty}\left\{2\times\dfrac{f(1+t)-f(-1+t)}{(1+t)-(-1+t)}\right\}$

$=2\displaystyle\lim_{c\to\infty}\left(1+\dfrac{1}{c}\right)^c=2e$

122 정답 27

(가)에서

$a_n=\displaystyle\lim_{x\to1}\dfrac{x^n-1}{f(x-1)}$

$\quad=\displaystyle\lim_{x\to1}\dfrac{x^n-1}{kx^2(1-e^{1-x})}$

$\quad=\displaystyle\lim_{x\to1}\dfrac{e^{x-1}(x^n-1)}{kx^2(e^{x-1}-1)}$

$\quad=\displaystyle\lim_{x\to1}\dfrac{e^{x-1}(x^n-1)}{kx^2(x-1)\left(\dfrac{e^{x-1}-1}{x-1}\right)}$

$\quad=\displaystyle\lim_{x\to1}\dfrac{e^{x-1}(x^n-1)}{kx^2(x-1)}=\dfrac{n}{k}$

(나)에서

$a_{n+2}-a_n=\dfrac{n+2-n}{k}=2$

$\therefore\ k=1$

따라서 $f(x)=(x+1)^2(1-e^{-x})$에서

$f(2)=9\left(1-\dfrac{1}{e^2}\right)=9-\dfrac{9}{e^2}$

$f'(x)=2(x+1)(1-e^{-x})+(x+1)^2e^{-x}$

$f'(2)=6\left(1-\dfrac{1}{e^2}\right)+\dfrac{9}{e^2}=6+\dfrac{3}{e^2}$

따라서

$3f'(2)+f(2)=18+\dfrac{9}{e^2}+9-\dfrac{9}{e^2}=27$

123 정답 3

함수 $g(x)=\begin{cases}\dfrac{x-a}{x(x-2)} & (x>a)\\[3mm]\dfrac{x-a}{ax-16} & (x\le a)\end{cases}$ 이다.

$a\ne0,\ a\ne2$이면 $y=\dfrac{x-a}{x(x-2)}$의 그래프의 점근선은 $x=0$, $x=2$이다.

$a\ne4$이면 $y=\dfrac{x-a}{ax-16}$의 그래프의 점근선은

$x=\dfrac{16}{a}$이다.

연속함수 $g(x)$는 $(a, 0)$을 지나므로 다음 그림과 같이

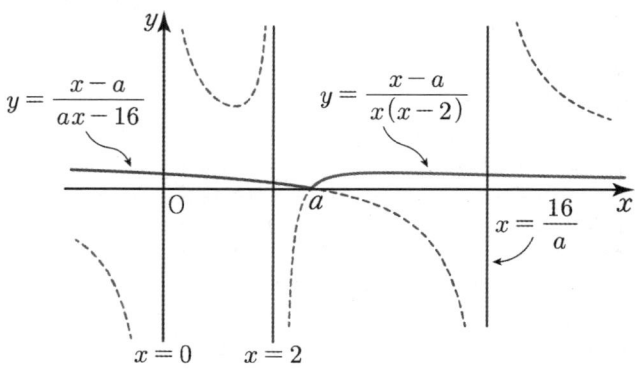

$2<a<\dfrac{16}{a}$이다.

따라서 $2<a<4$

$\therefore\ a=3$

124 정답 ④

$f(2^x-1)=g(\ln(x+1))$의 양변에 $x=0$을 대입하면

$f(0)=g(0)=1$

따라서

$h(0)=f(g(0))=f(1)=2$

$\therefore\ h(0)=2$

$f(2^x-1)=g(\ln(x+1))$의 양변을 미분하면

$f'(2^x-1)\times2^x\ln2=g'(\ln(x+1))\times\dfrac{1}{x+1}$의 양변에 $x=1$을 대입하면

$f'(1)\times2\ln2=g'(\ln2)\times\dfrac{1}{2}$

$\therefore\ f'(1)=\dfrac{1}{2\ln2}$

$h'(x)=f'(g(x))g'(x)$에서

$x=0$을 대입하면

$h'(0)=f'(g(0))g'(0)=f'(1)g'(0)=\dfrac{1}{2\ln2}\times\ln2=\dfrac{1}{2}$

$\therefore\ h'(0)=\dfrac{1}{2}$

따라서 $\dfrac{h(0)}{h'(0)}=\dfrac{2}{\dfrac{1}{2}}=4$이다.

125 정답 ④

$f'(x) = 2x\ln x + x = x(2\ln x + 1)$

$x > 0$에서 $f'(x) = 0$의 해는 $2\ln x + 1 = 0$에서 $x = \dfrac{1}{\sqrt{e}}$이다.

증감표에서 $x = \dfrac{1}{\sqrt{e}}$에서 함수 $f(x)$는 극솟값을 갖는다.

$f\left(\dfrac{1}{\sqrt{e}}\right) = -\dfrac{1}{2e}$

x	(0)	$\cdots$	$\dfrac{1}{\sqrt{e}}$	$\cdots$	
$H'(x)$		$-$	0	$+$	
$H(x)$	(0)	$\searrow$	$-\dfrac{1}{2e}$	$\nearrow$	∞

따라서 함수 $f(x)$의 그래프는 다음과 같다.

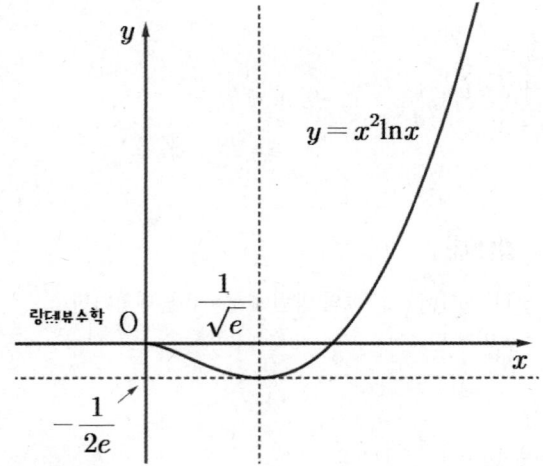

따라서
양수 a에 대하여

$0 < a < \dfrac{1}{\sqrt{e}}$일 때, $g(a) = 2$

$a = \dfrac{1}{\sqrt{e}}$일 때, $g(a) = 1$

$\dfrac{1}{\sqrt{e}} < a < 1$일 때, $g(a) = 2$

$a \geq 1$일 때, $g(a) = 1$

따라서 함수 $g(a)$는 $a = \dfrac{1}{\sqrt{e}}$와 $a = 1$일 때 불연속이므로

$k = \dfrac{1}{\sqrt{e}}$, $k = 1$이다.

실수 b에 대하여

$b < -\dfrac{1}{2e}$일 때, $h(b) = 0$

$b = -\dfrac{1}{2e}$일 때, $h(b) = 1$

$-\dfrac{1}{2e} < b < 0$일 때, $h(b) = 2$

$b \geq 0$일 때, $h(b) = 1$

따라서 함수 $h(b)$는 $b = -\dfrac{1}{2e}$와 $b = 0$일 때 불연속이므로

$l = -\dfrac{1}{2e}$, $l = 0$이다.

그러므로 모든 k와 l의 합은 $\dfrac{1}{\sqrt{e}} + 1 - \dfrac{1}{2e}$

126 정답 300

(가), (나) 조건을 만족하는 $y = f(x)$의 그래프는 다음 그림과 같다.

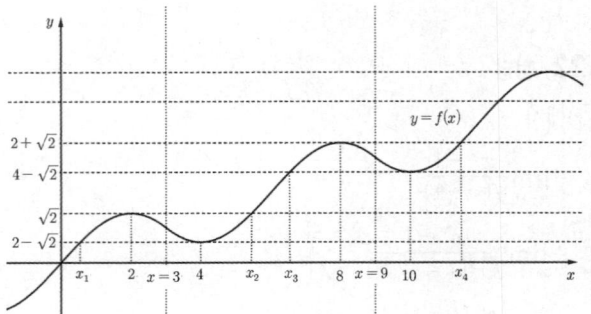

함수 $|f(x) - f(t)|$가 미분가능하지 않게 되는 x의 개수는 $y = f(x)$와 $y = f(t)$의 교점의 개수와 같다.

$0 \leq x \leq 6$에서 $f(x)$의 극솟값 $2 - \sqrt{2}$,
극댓값 $\sqrt{2}$이므로
방정식 $f(x) = 2 - \sqrt{2}$의 해는 $x = x_1$과 $x = 4$
방정식 $f(x) = \sqrt{2}$의 해는 $x = 2$와 $x = x_2$이다.
이때

x_1과 x_2는 $x = 3$에 대칭이므로 $\dfrac{x_1 + x_2}{2} = 3$에서

$x_1 + x_2 = 6$
$x = 2$와 $x = 4$는 $x = 3$에 대칭이므로 $2 + 4 = 6$

$6 \leq x \leq 12$에서 $f(x)$의 극솟값 $4 - \sqrt{2}$,
극댓값 $2 + \sqrt{2}$이므로
방정식 $f(x) = 4 - \sqrt{2}$의 해는 $x = x_3$과 $x = 10$
방정식 $f(x) = 2 + \sqrt{2}$의 해는 $x = 8$와 $x = x_4$이다.
이때

x_3과 x_4는 $x = 9$에 대칭이므로 $\dfrac{x_3 + x_4}{2} = 9$에서 $x_3 + x_4 = 18$

$x = 8$와 $x = 10$는 $x = 9$에 대칭이므로 $8 + 10 = 18$

따라서
$0 \leq t \leq 30$인 t에 대하여 함수 $|f(x) - f(t)|$가 미분가능하지 않게 되는 x의 개수 $g(t)$는 $t = x_1$, $t = 2$, $t = 4$, $t = x_2$, $t = x_3$, $t = 8$, $t = 10$, $t = x_4$, $\cdots$
이다.

$x=3$에 대칭인 t의 값의 개수가 4이므로 $3 \times 4 = 12$
$x=9$에 대칭인 t의 값의 개수가 4이므로 $9 \times 4 = 36$
$x=15$에 대칭인 t의 값의 개수가 4이므로 $15 \times 4 = 60$
$x=21$에 대칭인 t의 값의 개수가 4이므로
$21 \times 4 = 84$
$x=27$에 대칭인 t의 값의 개수가 4이므로
$27 \times 4 = 108$
따라서
$12 + 36 + 60 + 84 + 108 = 300$

127 정답 4

$f(x) = (x-a)^2 + b - a^2$, $f'(x) = 2x - 2a$
$f'(x) = 0$의 해는 $x = a$이다.
$g(x) = (x-1)^2 e^x$에서
$g'(x) = 2(x-1)e^x + (x-1)^2 e^x = (x+1)(x-1)e^x$

함수 $g(x)$는 $x=-1$에서 극댓값 $\dfrac{4}{e}$, $x=1$에서 극솟값 0을

갖는 그래프이다.
$g'(x) = 0$의 해는 $x = -1$ 또는 $x = 1$이다.

$h(x) = f(g(x))$
$h'(x) = f'(g(x))g'(x)$
$h'(x) = 0$의 해는 방정식 $g(x) = a$의 해 또는 $x = -1$ 또는
$x = 1$
a $(0 < a < 1)$는 함수 $g(x)$의 그래프의 y절편 1 보다 작으므로
$g(x) = a$의 해의 개수는 3이고 크기순으로 차례로 α_1, α_2, α_3라
하면 다음 그림과 같다. ($\alpha_1 < -1, 0 < \alpha_2 < 1 < \alpha_3$)

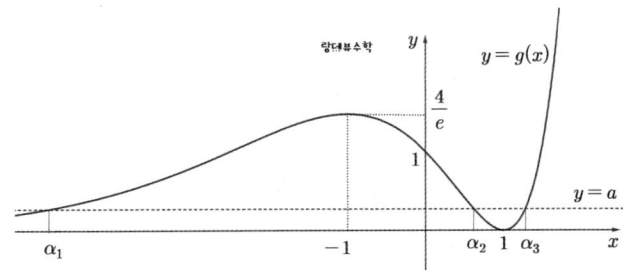

$g(\alpha_1) = g(\alpha_2) = g(\alpha_3) = a$이므로
$h(\alpha_1) = h(\alpha_2) = h(\alpha_3) = f(a) = b - a^2 \cdots$ ㉠
$h(-1) = f(g(-1)) = f\left(\dfrac{4}{e}\right) = \left(\dfrac{4}{e}\right)^2 - 2a\left(\dfrac{4}{e}\right) + b$
$h(1) = f(g(1)) = f(0) = b$

(가)에서 $|h(x)| = k$의 여섯 개의 근 중 가장 작은 근이
$y = h(x)$의 극소점의 x좌표이므로 $\alpha = \alpha_1$이다.

따라서 방정식 $|h(x)| = k$의 서로 다른 실근의 개수가 6이기
위해서는

$|h(\alpha_1)| = |h(-1)| = |h(1)|$이어야 한다.

$x \to -\infty$일 때, $g(x) \to 0+$이므로
$x \to -\infty$일 때, $f(g(x)) \to b-$이다.
즉, $k = b$
⇨ ($y = k$는 함수 $y = h(x)$의 점근선이므로 $y = k$와
$y = h(x)$의 교점은 $x < \alpha_1$에서는 존재하지 않는다.)

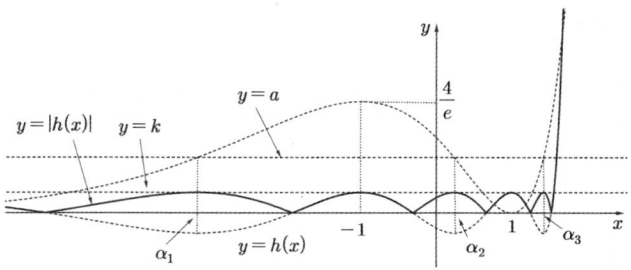

(나)에서 $h(-1) = h(1)$이므로
$\left(\dfrac{4}{e}\right)^2 - 2a\left(\dfrac{4}{e}\right) + b = b$에서 $\left(\dfrac{4}{e}\right)\left(\dfrac{4}{e} - 2a\right) = 0$
$\therefore a = \dfrac{2}{e}$
$|b - a^2| = b$에서 $b = \dfrac{2}{e^2}$이다.

그러므로 $k = \dfrac{2}{e^2}$
$f(x) = x^2 - \dfrac{4}{e}x + \dfrac{2}{e^2}$
$f\left(-\dfrac{1}{e}\right) = \dfrac{1}{e^2} + \dfrac{4}{e^2} + \dfrac{2}{e^2} = \dfrac{7}{e^2}$
$f\left(\dfrac{1}{e}\right) = \dfrac{1}{e^2} - \dfrac{4}{e^2} + \dfrac{2}{e^2} = -\dfrac{1}{e^2}$
$k = \dfrac{2}{e^2}$

따라서 $\dfrac{f\left(-\dfrac{1}{e}\right) - f\left(\dfrac{1}{e}\right)}{k} = \dfrac{e^2}{2} \times \dfrac{8}{e^2} = 4$이다.

[랑데뷰팁]
$\displaystyle\lim_{x \to -\infty} g(x) = 0$에서
$\displaystyle\lim_{x \to -\infty} g(x) = \lim_{x \to -\infty} f(g(x)) = \lim_{t \to 0+} f(t) = \dfrac{2}{e^2}$
이므로 $x < \alpha$일 때, $y = f(g(x))$와 $y = \dfrac{2}{e^2}$은 만나지
않는다.

128 정답 28

$g(x) = \ln\{e^{f(2x)}(f(2x)+1)\} = f(2x) + \ln(f(2x)+1)$에서
$g'(x) = 2f'(2x) + \dfrac{2f'(2x)}{f(2x)+1}$이고
$g(-1) = g(1) = 0$이므로
$g(1) = \ln\{e^{f(2)}(f(2)+1)\} = \ln 1 = 0$
따라서 $f(2) = 0$이다.

(가)의 양변을 미분하면 $g'(-x)=-g'(x)$이므로

$$g'(-1)=-g'(1)=-\left\{2f'(2)+\frac{2f'(2)}{f(2)+1}\right\}$$
$$=-\{2\times(-7)+2\times(-7)\}=28$$

129 정답 2

함수 $y=f(x)$가 자연수 n에 대하여

$x=t+t^3+t^5+\cdots+t^{2n-1}$, $y=t+t^2+t^3+\cdots+t^{2n-1}$에서

$t=1$일 때, $x=1+1+\cdots+1=n$이고 $\cdots\bigcirc$

$$\frac{dy}{dx}=\frac{\dfrac{dy}{dt}}{\dfrac{dx}{dt}}=\frac{1+2t+3t^2+\cdots+(2n-1)t^{2n-2}}{1+3t^2+5t^4+\cdots+(2n-1)t^{2n-2}}$$ 이므로

$$f'(n)=\frac{dy}{dx}_{t=1}=\frac{1+2+3+\cdots+(2n-1)}{1+3+5+\cdots+(2n-1)}$$

$$=\frac{\dfrac{(2n-1)(1+2n-1)}{2}}{n^2}=\frac{2n^2-n}{n^2}=2-\frac{1}{n}$$

$$\lim_{n\to\infty}f'(n)=2$$

[랑데뷰팁]−장세완T $\bigcirc$설명

$x=h(t)$

$$\frac{dx}{dt}=h'(t)$$
$$=1+3t^2+5t^4+\cdots+(2n-1)t^{2n-2}\geq 0$$

$h'(t)\geq 0$이므로 $h(t)$는 증가함수이다.

따라서 $x=n$을 만족하는 t의 값은 $t=1$뿐이다.

130 정답 ④

$f(x+y)-f(x)=(x+y)e^{x+y}+\dfrac{yf(x)}{x}-(x+y)e^x$의 양변을

y로 나누면

$$\frac{f(x+y)-f(x)}{y}=\frac{(x+y)e^{x+y}}{y}+\frac{f(x)}{x}-\frac{(x+y)e^x}{y}$$

$$=\frac{(x+y)e^x(e^y-1)}{y}+\frac{f(x)}{x}$$

$$\lim_{y\to 0}\frac{f(x+y)-f(x)}{y}=\lim_{y\to 0}\left\{\frac{(x+y)e^x(e^y-1)}{y}+\frac{f(x)}{x}\right\}$$

$$f'(x)=xe^x+\frac{f(x)}{x}$$

$$\frac{f'(x)}{x}-\frac{f(x)}{x^2}=e^x$$

$$\frac{f'(x)x-f(x)}{x^2}=e^x$$

$$\left(\frac{f(x)}{x}\right)'=\frac{f'(x)x-f(x)}{x^2}$$ 이므로

$$\frac{f(x)}{x}=e^x+C$$

$f(1)=e$이므로 $f(1)=e+C=e$에서 $C=0$

따라서 $f(x)=xe^x$이다.

$f'(x)=e^x(x+1)$

$f'(2)=3e^2$

[랑데뷰팁]

$$f(x+y)=f(x)+(x+y)e^{x+y}+\frac{yf(x)}{x}-(x+y)e^x$$

을 만족시키는 함수에는 $f(x)=xe^x$가 있다.

131 정답 41

$f(x)=2n\sin\left\{\dfrac{\pi}{2}(x-2n+2)\right\}$ $(2n-2\leq x\leq 2n)$에서

$n=1$일 때 $f(x)=2\sin\left(\dfrac{\pi}{2}x\right)$ $(0\leq x\leq 2)$

$n=2$일 때 $f(x)=4\sin\left\{\dfrac{\pi}{2}(x-2)\right\}$ $(2\leq x\leq 4)$

$n=3$일 때 $f(x)=6\sin\left\{\dfrac{\pi}{2}(x-4)\right\}$ $(4\leq x\leq 6)$

$\vdots$ $\qquad\vdots$ $\qquad\vdots$

따라서 함수 $f(x)$의 그래프는 다음 그림과 같다.

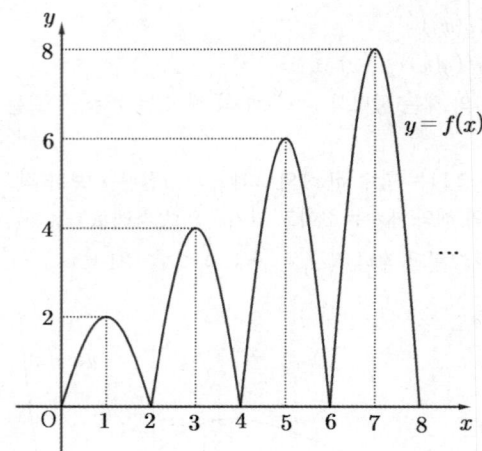

$f'(x)=\pi n\cos\left\{\dfrac{\pi}{2}(x-2n+2)\right\}$ $(2n-2\leq x\leq 2n)$

$f'(2n-1)=0$이고

$$\lim_{x\to(2n-2)+}f'(x)=n\pi,\ \lim_{x\to(2n)-}f'(x)=-n\pi$$이다.

즉, $f'(1)=f'(3)=f'(5)=\cdots=0$이고$\cdots\bigcirc$

$n=1$일 때 $\lim\limits_{x\to 0+}f'(x)=\pi$, $\lim\limits_{x\to 2-}f'(x)=-\pi$

$n=2$일 때 $\lim\limits_{x\to 2+}f'(x)=2\pi$, $\lim\limits_{x\to 4-}f'(x)=-2\pi$

$n=3$일 때 $\lim\limits_{x\to 4+}f'(x)=3\pi$, $\lim\limits_{x\to 6-}f'(x)=-3\pi$

$\vdots$ $\qquad\vdots$ $\qquad\vdots$

이다.

따라서

$$\lim_{x\to 2-}f'(x)+\lim_{x\to 2+}f'(x)=\pi$$

$$\lim_{x\to 4-}f'(x)+\lim_{x\to 4+}f'(x)=\pi$$

$\vdots$ $\qquad\vdots$

$$\lim_{x \to 2n-} f'(x) + \lim_{x \to 2n+} f'(x) = \pi \cdots \text{ⓛ}$$

한편,

$$g(x) = \lim_{h \to 0} \frac{f(x+h) - f(x-h)}{h}$$

$$= \lim_{h \to 0} \frac{f(x+h) - f(x) - \{f(x-h) - f(x)\}}{h}$$

$$= \lim_{h \to 0} \frac{f(x+h) - f(x)}{h} - \lim_{h \to 0} \frac{f(x-h) - f(x)}{h}$$

$$= \lim_{h \to 0} \frac{f(x+h) - f(x)}{h} + \lim_{h \to 0} \frac{f(x-h) - f(x)}{-h} \text{ 이다}$$

$h > 0$이면 $g(x) = f'(x+) + f'(x-)$

$h < 0$이면 $g(x) = f'(x-) + f'(x+)$

따라서

$$g(x) = f'(x+) + f'(x-) \cdots \text{ⓒ}$$

이다.

따라서

$$\sum_{k=1}^{20} g(k)$$

$$= g(1) + g(2) + g(3) + g(4) + \cdots + g(20)$$

$$= g(2) + g(4) + g(6) + \cdots + g(20) \ (\because \text{ⓘ})$$

$$= \lim_{x \to 2-} f'(x) + \lim_{x \to 2+} f'(x) + \lim_{x \to 4-} f'(x) + \lim_{x \to 4+} f'(x) \cdots$$

$$+ \lim_{x \to 20-} f'(x) + \lim_{x \to 20+} f'(x) \ (\because \text{ⓒ})$$

$$= \pi \times 10 \ (\because \text{ⓛ})$$

$$\sum_{k=1}^{21} g(k) = \sum_{k=1}^{20} g(k) + g(21) = 10\pi + 0$$

따라서 가능한 n의 값은 20, 21이다.

$20 + 21 = 41$

132 정답 ③

[그림 : 이정배T]

그림과 같이 $\angle POQ = \angle QOB = \theta \left(0 < \theta < \frac{\pi}{2} \right)$라 하면

$$\angle PAO = \frac{1}{2} \angle POB = \theta$$

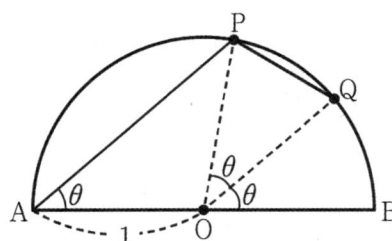

삼각형 PAO에서

$$\overline{PA}^2 = 1^2 + 1^2 - 2 \times 1 \times 1 \times \cos(\pi - 2\theta)$$

$$= 2(1 + \cos 2\theta) = 4\cos^2\theta$$

$$\therefore \overline{PA} = 2\cos\theta$$

$\overline{PA} = \frac{4}{3}$ 이므로 $2\cos\theta = \frac{4}{3}$

따라서 $\cos\theta = \frac{2}{3}$

또, 삼각형 POQ에서

$$\overline{PQ}^2 = 1^2 + 1^2 - 2 \times 1 \times 1 \times \cos\theta$$

$$= 2(1 - \cos\theta)$$

$$\therefore \overline{PQ} = \sqrt{2 - 2\cos\theta}$$

$$\overline{PQ} = \sqrt{2 - \frac{4}{3}} = \sqrt{\frac{2}{3}} = \frac{\sqrt{6}}{3}$$

133 정답 ④

$\angle ABC = \frac{\pi}{6}$, $\tan\alpha = \frac{1}{3}$, $\tan(\alpha + \beta) = \frac{2}{3}$이므로 점 D와 점 C에서 선분 AB에 내린 수선의 발을 내리고 그 길이를 각각 x, $2y$라 하면 다음 그림과 같은 상황이다.

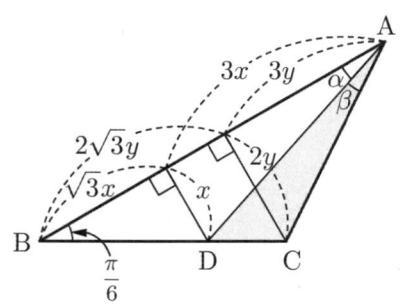

$(\sqrt{3} + 3)x = 6$에서 $x = \frac{6}{3 + \sqrt{3}} = 3 - \sqrt{3}$

$(2\sqrt{3} + 3)y = 6$에서 $y = \frac{6}{2\sqrt{3} + 3} = 2(2\sqrt{3} - 3)$

따라서

$$\frac{1}{2} \times 6 \times (2y - x) = 3(8\sqrt{3} - 12 - 3 + \sqrt{3}) = 27\sqrt{3} - 45$$

[다른 풀이]

점 A에서 선분 BC의 연장선 위에 내린 수선의 발을 H라 하자. 직각삼각형 ABH에서 $\overline{AB} = 6$, $\angle ABH = \frac{\pi}{6}$이므로 $\overline{AH} = 3$, $\overline{BH} = 3\sqrt{3}$이다.

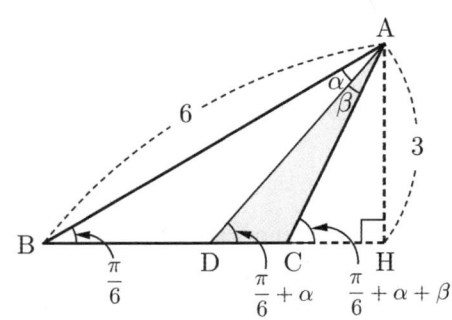

따라서 삼각형 ADC의 넓이는

$\dfrac{1}{2} \times \overline{DC} \times \overline{AH} = \dfrac{3}{2}\overline{DC}$ 이다. $\cdots$ ㉠

직각삼각형 ADH에서 $\angle ADH = \dfrac{\pi}{6} + \alpha$이므로

$\overline{DH} = \dfrac{3}{\tan\left(\dfrac{\pi}{6}+\alpha\right)}$ 이고

$\tan\left(\dfrac{\pi}{6}+\alpha\right) = \dfrac{\tan\dfrac{\pi}{6}+\tan\alpha}{1-\tan\dfrac{\pi}{6}\tan\alpha}$

$= \dfrac{\dfrac{\sqrt{3}+1}{3}}{1-\dfrac{\sqrt{3}}{9}} = \dfrac{3(\sqrt{3}+1)}{9-\sqrt{3}}$

따라서

$\overline{DH} = 3 \times \dfrac{9-\sqrt{3}}{3(\sqrt{3}+1)} = \dfrac{9-\sqrt{3}}{\sqrt{3}+1} = \dfrac{10\sqrt{3}-12}{2} = 5\sqrt{3}-6$

직각삼각형 ACH에서 $\angle ACH = \dfrac{\pi}{6} + (\alpha+\beta)$이므로

$\overline{CH} = \dfrac{3}{\tan\left(\dfrac{\pi}{6}+\alpha+\beta\right)}$ 이고

$\tan\left(\dfrac{\pi}{6}+\alpha+\beta\right) = \dfrac{\tan\dfrac{\pi}{6}+\tan(\alpha+\beta)}{1-\tan\dfrac{\pi}{6}\tan(\alpha+\beta)}$

$= \dfrac{\dfrac{\sqrt{3}+2}{3}}{1-\dfrac{2\sqrt{3}}{9}} = \dfrac{3(\sqrt{3}+2)}{9-2\sqrt{3}}$

따라서 $\overline{CH} = 3 \times \dfrac{9-2\sqrt{3}}{3(\sqrt{3}+2)} = \dfrac{9-2\sqrt{3}}{\sqrt{3}+2} = 24-13\sqrt{3}$

$\overline{DC} = \overline{DH} - \overline{CH} = 5\sqrt{3}-6-24+13\sqrt{3} = 18\sqrt{3}-30$

그러므로 ㉠에서

삼각형 ADC의 넓이

$= \dfrac{3}{2}\overline{DC} = \dfrac{3}{2}(18\sqrt{3}-30) = 27\sqrt{3}-45$

134 정답 ⑤

선분 AB가 원 C의 지름이므로

$\angle ACB = \angle ADB = \dfrac{\pi}{2}$이다.

$\angle CAB = \alpha$, $\angle DAB = \beta$라 하면

$\overline{AC} \times \overline{AD} - \overline{BC} \times \overline{BD}$

$= (2\cos\alpha)(2\cos\beta) - (2\sin\alpha)(2\sin\beta)$

$= 4\cos(\beta+\alpha) = \dfrac{20}{13}$

따라서 $\cos(\alpha+\beta) = \dfrac{5}{13}$

그러므로 $\sin(\alpha+\beta) = \dfrac{12}{13}$

삼각형 ACD에서 사인법칙을 적용하면

$\dfrac{\overline{CD}}{\sin(\alpha+\beta)} = 2$

$\therefore \overline{CD} = 2 \times \dfrac{12}{13} = \dfrac{24}{13}$

[랑데뷰팁] −톨레미 정리&브라마굽타 항등식

$\overline{AC}=a$, $\overline{BC}=b$, $\overline{AD}=c$, $\overline{BD}=d$, $\overline{CD}=x$라 할 때,

$a^2+b^2=4$, $c^2+d^2=4$

$ad+bc = 2x$ ($\because$ 톨레미 정리)

$ac-bd = \dfrac{20}{13}$ (조건)

브라마굽타−피보나치 항등식

$(a^2+b^2)(c^2+d^2) = (ad+bc)^2 + (ac-bd)^2$

$4 \times 4 = (2x)^2 + \left(\dfrac{20}{13}\right)^2$

$4x^2 = 16 - \dfrac{400}{169}$

$x^2 = 4 - \dfrac{100}{169} = \dfrac{576}{169}$

$x = \dfrac{24}{13}$

135 정답 ④

$e^{f(x)}-1 = f(f(x))$이므로 $f(\ln(x+1)+k) \leq f(f(x))$이고

$f(x)$는 $f'(x) = e^x > 0$이므로 증가함수이다.

따라서 $x > -1$에서 $\ln(x+1)+k \leq f(x)$이 성립하면 된다.

즉, $g(x) = \ln(x+1)+k$라 할 때 $x > -1$인 모든 실수 x에 대하여 $g(x) \leq f(x)$이 성립한다.

$f(x) = e^x-1$와 $g(x) = \ln(x+1)+k$의 교점의 x좌표를 a라 두면

$e^a - 1 = \ln(a+1)+k$

이고 교점에서 접해야 하므로

$f'(a) = g'(a)$에서 $e^a = \dfrac{1}{a+1}$ ⇨ $y=e^x$과 $y=\dfrac{1}{x+1}$의

그래프에서 교점은 $x=0$에서만 나오므로 $a=0$이다.

따라서 $a=0$일 때, $k=0$이므로

$k \leq 0$이다.

k의 최댓값은 0

136 정답 9

[랑데뷰 세미나(183) 참고]

$2^{x-f(t)} = 2tx$

$2^{x-f(t)-1} \times \dfrac{1}{t} = x$

$2^{x-f(t)-1} \times 2^{\log_2\left(\frac{1}{t}\right)} = x$

$2^{x-f(t)-1-\log_2 t} = x$

$y = 2^x$와 $y = x$는 만나지 않는다.

$y = x$를 고정한채 $y = 2^x$을 x축으로 평행이동 하다 보면 접할 때가 생긴다.

그때의 평행이동을 α라 하면

$2^{x-\alpha} = x$는 접하게 된다.

즉, $-\alpha = -f(t)-1-\log_2 t$

$f(t) = -\log_2 t - 1 + \alpha$

$f'(t) = -\dfrac{1}{t\ln 2}$

$\left\{ f'\left(\dfrac{1}{3\ln 2}\right) \right\}^2 = 9$

137 정답 9

(나)에서 $f(1) = 1$, $f'(1) = 2$이다.

따라서 $g(1) = 1$이고 $f(g(x)) = x$에서

$f'(g(x))g'(x) = 1$이고

$x = 1$을 대입하면 $f'(g(1))g'(1) = 1$에서

$f'(1)g'(1) = 1$

따라서 $g'(1) = \dfrac{1}{2}$이다.

$h'(x) = \dfrac{g'(x)f(x) - g(x)f'(x)}{\{f(x)\}^2}$ 이므로

$h'(1) = \dfrac{\frac{1}{2} \times 1 - 1 \times 2}{1^2} = -\dfrac{3}{2}$

따라서

$\{f'(1)h'(1)\}^2 = \left\{ 2 \times \left(-\dfrac{3}{2}\right) \right\}^2 = 9$

138 정답 3

$f'(x) = \sqrt{3}\cos x$

$f''(x) = -\sqrt{3}\sin x$

$f''(x) = 0$에서 $x = \pi$일 때 성립한다.

따라서 점 A의 좌표는 $(\pi, 0)$이고 $f'(\pi) = -\sqrt{3}$이다.

즉, 점 A에서의 접선의 기울기가 $-\sqrt{3}$이므로 접선 l_1과 x축과

이루는 각 중 예각이 $\dfrac{\pi}{3}$이다. 직선 l_1의 방정식은

$y = -\sqrt{3}x + \sqrt{3}\pi$이다.

변곡점에서의 접선의 기울기의 절댓값이 접선의 기울기의 최댓값이다.

따라서 다음 그림과 같이 직선 m는 기울기가 0이 아니므로 직선 l_1과 이루는 각이 $\dfrac{\pi}{3}$이 되기 위해서는 기울기가 $\sqrt{3}$이어야 한다.

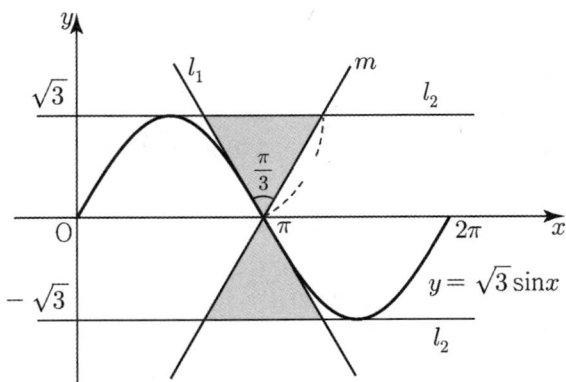

따라서 직선 m은 기울기가 $\sqrt{3}$이고 $A(\pi, 0)$을 지나는 직선이다.

$f(x) = \sqrt{3}\sin x$ $(0 < x < 2\pi)$ 위의 점 $\left(\dfrac{\pi}{2}, \sqrt{3}\right)$ 또는 $\left(\dfrac{3}{2}\pi, -\sqrt{3}\right)$에서 접선은 기울기가 0이므로 l_1과 m이 이루는 각의 크기 중 예각은 $\dfrac{\pi}{3}$이고 직선 l_2의 방정식은 $y = \sqrt{3}$ 또는 $y = -\sqrt{3}$이다. 점 A에서 $y = \sqrt{3}$ 또는 $y = -\sqrt{3}$ 까지의 거리는 $\sqrt{3}$이고 이것은 정삼각형의 높이이므로 정삼각형의 한 변의 길이는 2이다.

따라서 넓이 $S = \dfrac{\sqrt{3}}{4} \times 2^2 = \sqrt{3}$ 이고 $S^2 = 3$

139 정답 ②

함수 $f(x)$는 $x = -1$에서 미분 가능하지 않고 최댓값이 $x = -1$일 때, $f(-1) = a$이다.

그래프 개형은 다음 그림과 같다.

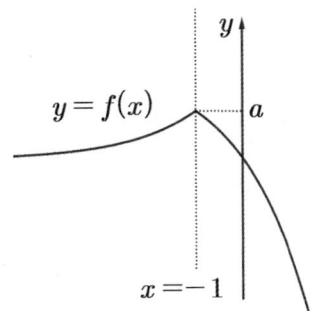

$h(x) = (g \circ f)(x)$라 하면 $h'(x) = g'(f(x))f'(x)$이다.

$f'(-1)$의 값이 존재하지 않으므로 $h(x)$가 $x = -1$에서 미분 가능하기 위해서는

$g'(f(-1)) = g'(a) = 0$이다.

$g'(x)=b(\ln2)2^x-(\ln2)2^{-x}$에서

$g'(a)=b(\ln2)2^a-(\ln2)2^{-a}=0 \Rightarrow b=\dfrac{1}{4^a}$

따라서 $b>0$이고

$g'(x)=b(\ln2)2^x-(\ln2)2^{-x}=(\ln2)2^x\left(\dfrac{1}{4^a}-\dfrac{1}{4^x}\right)$에서

증감표를 작성하면

x	$\cdots$	a	$\cdots$
$f'(x)$	$-$	0	$+$

이므로 $g(x)$는 $x=a$에서 극소이자 최솟값을 갖는다.

한편, $g(f(x))$에서 $f(x)=t$라 두면

$f(x)$의 최댓값이 a이므로 함수 $g(t)$는 정의역이 $t \le a$이다.

따라서 $g(t)$는 $t=a$에서 최솟값을 가지므로

$g(f(-1))=g(a)=4$이다.

즉, 함수 $h(x)$는 $x=-1$에서 최솟값 4가 된다.

$h(-1)=4$에서

$g(f(-1))=g(a)=b\times2^a+2^{-a}=4 \Rightarrow 2^{-a}+2^{-a}=4 \Rightarrow$

$2^{-a}=2$

에서 $a=-1$이고 $b=4$이다.

$\therefore a+b=3$

140 정답 ①

$f(0)=f(1)$이므로 이차함수 $f(x)$는 $x=\dfrac{1}{2}$이

축의 방정식이다.

따라서 $f(x)=\left(x-\dfrac{1}{2}\right)^2+q \ (q>0)$

(가)에서 $f(x)$의 최솟값이 q이고 $\dfrac{1}{f(x)}$의 최댓값이 $\dfrac{1}{q}$이므로

$q=\dfrac{1}{q}$일 때 (가) 조건을 만족한다.

즉, $q=1$

따라서 $f(x)=\left(x-\dfrac{1}{2}\right)^2+1$

$y=\sin\left(\dfrac{\pi}{2\left(x-\dfrac{1}{2}\right)^2+2}\right)$의 그래프는 $x=\dfrac{1}{2}$에서 극댓값 1을

가지므로 그래프 개형은 다음과 같다.

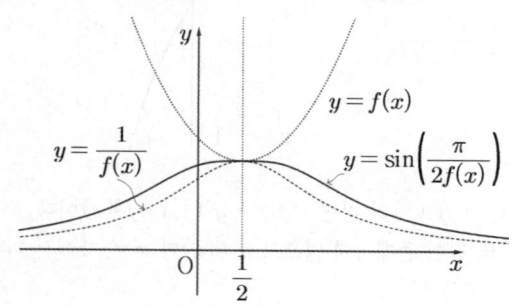

따라서

(i) $t \le 0$일 때, $y=\sin\left(\dfrac{\pi}{2f(x)}\right)$와 $y=t$는 만나지 않으므로

$g(t)=0$

(ii) $0<t<1$일 때, $y=\sin\left(\dfrac{\pi}{2f(x)}\right)$와 $y=t$는 두 점에서

만나므로 $g(t)=2$

(iii) $t=1$일 때, $y=\sin\left(\dfrac{\pi}{2f(x)}\right)$와 $y=1$은 접하므로 $g(t)=0$

(iv) $t>1$일 때, $y=\sin\left(\dfrac{\pi}{2f(x)}\right)$와 $y=t$는 만나지 않으므로

$g(t)=0$

따라서 $g(t)$는 $t=0$과 $t=1$에서 불연속이고

$h(t)=f(t)+a$라 할 때, $h(0)=h(1)=0$이다.

$f(0)=f(1)=\dfrac{5}{4}$이므로

$h(0)=f(0)+a=\dfrac{5}{4}+a=0$에서 $a=-\dfrac{5}{4}$

141 정답 ⑤

역함수가 존재할 수 있는 다항함수는 최고차항의 차수가 홀수이다.

(가)에서 좌변은 $f(x)g(x)$의 미분한 식이고 그것이 3차이므로

$f(x)g(x)$는 4차함수이다.

따라서

$f(x)$를 1차, $g(x)$를 3차라고 하면

$f(x)=x+a, g(x)=x^3+bx^2+cx+d$라 둘 수 있다.

$f'(x)=1, g'(x)=3x^2+2bx+c\cdots\ominus$

$f'(0)=1, g'(0)=c$

(나)에서 $c=3$이다.

따라서 (가)에서

$(x^3+bx^2+3x+d)+(x+a)(3x^2+2bx+3)$

$=(x^3+bx^2+3x+d)+3x^3+(3a+2b)x^2+(2ab+3)x+3a$

$=4x^3+3(a+b)x^2+2(ab+3)x+3a+d$

따라서

$a+b=1, ab=0, 3a+d=4$

(i) $a=0$이면 $b=1, d=4$이다.

$\ominus$에서 $g'(x)=3x^2+2x+3$

$g'(x)=0$의 $D=1-9<0$이므로 역함수가 존재한다.

따라서

$f(x)=x, g(x)=x^3+x^2+3x+4$

$h(f(x))=x$에서 $h'(f(x))f'(x)=1$이다.

$f(1)=1$이므로 $x=1$을 대입하면 $h'(f(1))f'(1)=1$에서

$f'(1)=1$이고 따라서 $h'(1)=1$

같은 방법으로

$k(g(x))=x$에서 $k'(g(x))g'(x)=1$ $g(-1)=1$이므로

$x=-1$을 대입하면 $k'(g(-1))g'(-1)=1$에서

$g(-1)=1, g'(-1)=4$이므로 $k'(1)=\dfrac{1}{4}$

따라서 $h'(1)\times k'(1)=\dfrac{1}{4}$

(ii) $b=0$이면 $a=1, d=1$이다.

㉠에서 $g'(x)=3x^2+3$

$g'(x)=0$의 $D<0$이므로 역함수가 존재한다.

따라서

$f(x)=x+1$, $g(x)=x^3+3x+1$

$h(f(x))=x$에서 $h'(f(x))f'(x)=1$이다.

$x=0$을 대입하면 $h'(f(0))f'(0)=1$에서

$f(0)=1, f'(0)=1$이므로 $h'(1)=1$

같은 방법으로

$k(g(x))=x$에서 $k'(g(x))g'(x)=1$

$x=0$을 대입하면 $k'(g(0))g'(0)=1$에서

$g(0)=1, g'(0)=3$ $k'(1)=\dfrac{1}{3}$

따라서 $h'(1)\times k'(1)=\dfrac{1}{3}$

따라서 (i), (ii)에서 $\dfrac{1}{4}+\dfrac{1}{3}=\dfrac{7}{12}$

> **[랑데뷰팁]**
> 항상 $h'(x)=1$이므로 $k'(1)$만 구하면 되겠다.

142 정답 ①

(i) $x\neq 1$일 때, $g'(x)=\dfrac{f(x)-(x-1)f'(x)}{\{f(x)\}^2}$

이므로 $g'(2)=\dfrac{f(2)-f'(2)}{\{f(2)\}^2}$이다.

한편 $1<x<3$일 때 $f(x)=2^{x-1}+1$이므로

$f(2)=3$, $f'(x)=\ln 2\times 2^{x-1}$에서 $f'(2)=2\ln 2$

$g'(2)=\dfrac{3-2\ln 2}{9}$

(ii) $x=1$일 때

$g'(1)=\displaystyle\lim_{h\to 0}\dfrac{g(1+h)-g(1)}{h}$

$=\displaystyle\lim_{h\to 0}\dfrac{\dfrac{h}{f(1+h)}}{h}=\lim_{h\to 0}\dfrac{1}{f(1+h)}=\dfrac{1}{2}$

따라서

$g'(1)-g'(2)=\dfrac{1}{2}-\dfrac{1}{3}+\dfrac{2}{9}\ln 2$

$=\dfrac{1}{6}+\dfrac{2}{9}\ln 2$

> **[랑데뷰팁]**
> $g'(x)=\dfrac{f(x)-(x-1)f'(x)}{\{f(x)\}^2}$
> 에서 $f'(1)$이 존재하지 않으므로
> $g'(1)=\dfrac{f(1)-(1-1)f'(1)}{\{f(1)\}^2}$
> $=\dfrac{f(1)}{\{f(1)\}^2}=1$
> 으로 생각해서는 안 된다.

143 정답 ⑤

$a>0, b>0$이면 $f(x)>a$이므로 조건을 만족하지 못한다.

$a<0, b<0$이면 $f(x)<a$이므로 조건을 만족하지 못한다.

따라서 $ab<0$이고 $y=f(x)$가 x축과 교점을 가질 때 $|f(x)|$의 최솟값은 0이 된다.

$\displaystyle\lim_{x\to\pm\infty}f(x)=a$이다.

따라서 $\displaystyle\lim_{x\to\pm\infty}|f(x)|=|a|$이므로 $0<|a|\leq 10$

$f(0)=a+b$이다. 따라서 $|f(0)|=|a+b|$

따라서 $ab<0$이고

$|a+b|=10$이고 $0<|a|\leq 10$이면 $|f(x)|$의 최솟값 0, 최댓값이 10이므로 조건을 만족한다.

따라서 $a=10, b=-20$ 또는 $a=-10, b=20$일 때

$a\times b$의 최솟값 -200을 얻는다.

예를 들어

$y=\left|10-\dfrac{20}{x^2+1}\right|$의 그래프는 다음과 같다.

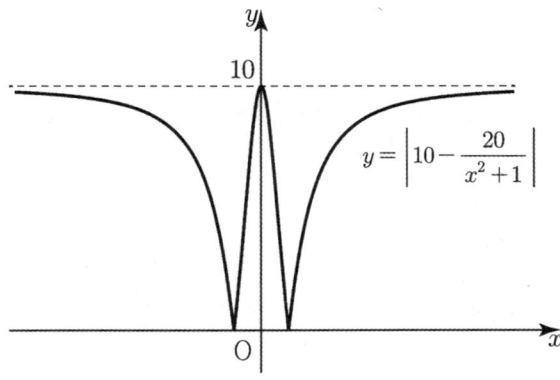

144 정답 ①

직선 l은 기울기가 $\tan\theta$이고 $(1, 0)$을 지나므로

$l : y=\tan\theta(x-1)$ ⇨ $\tan\theta\, x-y-\tan\theta=0$이다.

삼각형 PQR은 원점 O을 지나고 직선 l에 수직인 직선이 l로 나누어진 부분의 큰 쪽의 호와 만나는 점이 R일 때 최대가 된다.(밑변이 $\overline{PQ}$라면 높이가 점 R에서 직선 l까지 거리가 된다. 이 때 거리가 최대이다.)

따라서 원점 O에서 직선 l에 내린 수선의 발을 H라 하면

$\overline{OH}=\dfrac{|-\tan\theta|}{\sqrt{1+\tan^2\theta}}=\dfrac{\tan\theta}{\sec\theta}=\sin\theta$

따라서 $\overline{RH}\leq 2+\sin\theta$ $(\because \overline{RH}\leq\overline{RO}+\overline{OH})$

$\overline{OP}=2$이므로 $\overline{PH}=\sqrt{4-\sin^2\theta}$

따라서 $\overline{PQ}=2\sqrt{4-\sin^2\theta}$

따라서

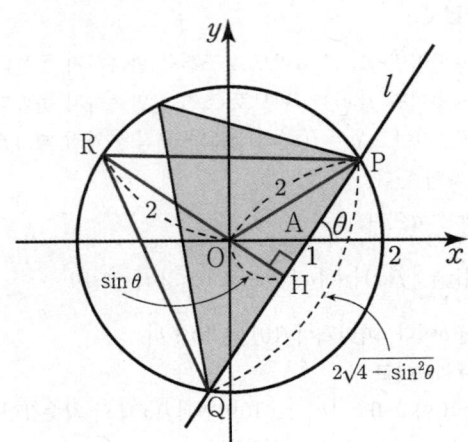

$$\triangle PQR \leq \frac{1}{2} \times (2 + \sin\theta) \times 2\sqrt{4 - \sin^2\theta}$$

$$= (2 + \sin\theta)\sqrt{4 - \sin^2\theta}$$

따라서 $S(\theta) = (2 + \sin\theta)\sqrt{4 - \sin^2\theta}$ 이다.

$$S'(\theta) = \cos\theta\sqrt{4 - \sin^2\theta} + (2 + \sin\theta)\frac{-\sin\theta\cos\theta}{\sqrt{4 - \sin^2\theta}}$$

$$S'\left(\frac{\pi}{6}\right) = \frac{\sqrt{3}}{2}\sqrt{4 - \frac{1}{4}} + \left(2 + \frac{1}{2}\right)\frac{-\frac{\sqrt{3}}{4}}{\sqrt{4 - \frac{1}{4}}}$$

$$= \frac{3\sqrt{5}}{4} - \frac{\sqrt{5}}{4}$$

$$= \frac{\sqrt{5}}{2}$$

145 정답 ③

접선 l의 방정식은

$$y = \frac{1}{t-1}(x - t) + \ln(t-1)$$ 이므로

$y = 0$을 대입하면 $x = t - (t-1)\ln(t-1)$

따라서 점 $B(t - (t-1)\ln(t-1),\ 0)$이다.

따라서

$$S(t) = \frac{1}{2} \times \{(t-1)\ln(t-1) - t\} \times \ln(t-1)$$

$$= \frac{1}{2}(t-1)(\ln(t-1))^2 - \frac{1}{2}t\ln(t-1)$$

$$S'(t) = \frac{1}{2}(\ln(t-1))^2 + \ln(t-1) - \frac{1}{2}\ln(t-1) - \frac{t}{2(t-1)}$$

$$= \frac{1}{2}(\ln(t-1))^2 + \frac{1}{2}\ln(t-1) - \frac{t}{2(t-1)}$$

$$S'(e^2 + 1) = \frac{1}{2} \times 4 + \frac{1}{2} \times 2 - \frac{e^2 + 1}{2e^2}$$

$$= 3 - \frac{1}{2} - \frac{1}{2e^2} = \frac{5}{2} - \frac{1}{2e^2}$$

146 정답 ②

$P\left(k, 2^{\frac{k}{3}}\right)$, $Q\left(k, 2^{\frac{k}{3}+5t}\right)$이므로

$$\overline{PQ} = 2^{\frac{k}{3}+5t} - 2^{\frac{k}{3}} = 2^{\frac{k}{3}}(2^{5t} - 1)$$

한편 점 R의 y좌표가 점 Q의 y좌표와 같으므로

$$2^{\frac{x}{3}} = 2^{\frac{k}{3}+5t}$$ 이 성립한다.

$x = k + 15t$이므로 $\overline{QR} = 15t$이다.

따라서 $3\overline{PQ} = \overline{QR}$에서

$$3 \times 2^{\frac{k}{3}}(2^{5t} - 1) = 15t \to 2^{\frac{k}{3}}(2^{5t} - 1) = 5t$$

$$2^{\frac{k}{3}} = \frac{5t}{2^{5t} - 1}$$

$$\frac{k}{3} = \log_2\left(\frac{5t}{2^{5t} - 1}\right)$$

$$\therefore k = f(t) = 3\log_2\left(\frac{5t}{2^{5t} - 1}\right)$$

$$\lim_{t \to 0+} \frac{5t}{2^{5t} - 1} = \frac{1}{\ln 2}$$

$$\lim_{t \to 0+} \frac{3}{f(t)} = \lim_{t \to 0+} \frac{1}{\log_2\left(\frac{2^{5t} - 1}{5t}\right)} = \frac{1}{\log_2\left(\frac{1}{\ln 2}\right)} = -\frac{\ln 2}{\ln(\ln 2)}$$

147 정답 2

$$a_n = \lim_{x \to 0+} \sum_{k=1}^{n} \frac{\ln\left(\frac{1}{\sqrt{x}} + k\right) + \frac{1}{2}\ln x}{\sqrt{x}}$$

$$= \sum_{k=1}^{n} \lim_{x \to 0+} \frac{\ln\left(\frac{1}{\sqrt{x}} + k\right) + \frac{1}{2}\ln x}{\sqrt{x}}$$

$$= \sum_{k=1}^{n} \lim_{x \to 0+} \frac{\ln(1 + k\sqrt{x})}{\sqrt{x}}$$

$$= \sum_{k=1}^{n} \lim_{x \to 0+} \{\ln(1 + k\sqrt{x})\}^{\frac{1}{\sqrt{x}}}$$

$$= \sum_{k=1}^{n} \ln\left\{\lim_{x \to 0+} (1 + k\sqrt{x})^{\frac{1}{\sqrt{x}}}\right\}$$

$$= \sum_{k=1}^{n} \ln\left\{\lim_{x \to 0+} (1 + k\sqrt{x})^{\frac{1}{k\sqrt{x}} \times k}\right\}$$

$$= \sum_{k=1}^{n} \ln e^k = \sum_{k=1}^{n} k = \frac{n(n+1)}{2}$$

따라서

$$\sum_{n=1}^{\infty} \frac{1}{a_n} = \sum_{n=1}^{\infty} \frac{2}{n(n+1)} = 2\sum_{n=1}^{\infty}\left(\frac{1}{n} - \frac{1}{n+1}\right)$$

$$= 2$$

148 정답 ②

점 $(2n-1, -\log_2 2n)$과 점 $(3n, 0)$을 연결한 선분을 대각선으로 갖고 가로는 x축과 평행한 직사각형은 가로의 길이가 $n+1$이고 세로의 길이가 $\log_2 2n$이므로 넓이는 $(n+1)\log_2 2n$이다.

점 $(4n+1, -\log_2(4n+2))$와 점 $(3n, 0)$을 연결한 선분을 대각선으로 갖고 가로는 x축과 평행한 직사각형은 가로의 길이가 $n+1$이고 세로의 길이가 $\log_2(4n+2)$이므로 넓이는 $(n+1)\log_2(4n+2)$이다.

따라서 두 직사각형의 넓이의 차 a_n은

$$a_n = (n+1)\left(\log_2(4n+2) - \log_2 2n\right) = (n+1)\log_2\left(\frac{2n+1}{n}\right)$$

$$b_n = a_n - (n+1) = (n+1)\log_2\left(\frac{2n+1}{2n}\right)$$

$$\lim_{n\to\infty} b_n$$

$$= \lim_{n\to\infty}(n+1)\log_2\left(\frac{2n+1}{2n}\right)$$

$$= \lim_{n\to\infty} n\log_2\left(\frac{2n+1}{2n}\right) + \lim_{n\to\infty}\log_2\left(\frac{2n+1}{2n}\right)$$

$$= \lim_{n\to\infty}\log_2\left(1 + \frac{1}{2n}\right)^{2n\times\frac{1}{2}} + \log_2 1$$

$$= \log_2\sqrt{e} = \frac{1}{2\ln 2}$$

149 정답 4

$$f'(x) = \frac{2(x^2+1) - 4x^2}{(x^2+1)^2} = \frac{-2(x+1)(x-1)}{(x^2+1)^2}$$

$f'(x) = 0$의 해는 $x = -1$, $x = 1$이므로

함수 $f(x)$는 $x = -1$과 $x = 1$에서 극값 $f(-1) = -1$, $f(1) = 1$을 갖는다.

$f(-x) = -f(x)$, $\displaystyle\lim_{x\to\pm\infty} f(x) = 0$이므로

함수 $f(x)$의 그래프는 다음 그림과 같다.

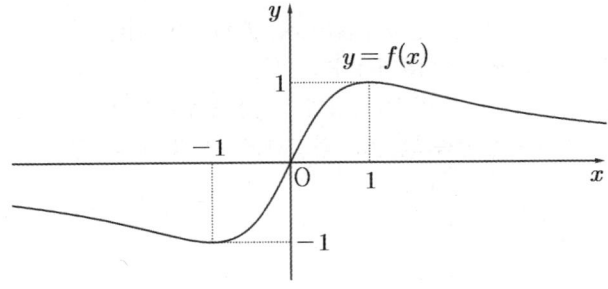

$h(-1) \leq h(x) \leq h(1)$

$\Rightarrow f(g(-1)) \leq h(x) \leq f(g(1))$

$\Rightarrow f(g(-1)) \leq f(g(x)) \leq f(g(1))$

$\Rightarrow g(-1) \leq g(x) \leq g(1)$

가 성립하기 위해서는

우선 $g(x)$는 $(1, 1)$을 지나야 한다.

이차함수 $g(x)$가 $(-1, -1)$, $(1, 1)$을 지나는 경우이거나 $(1, 1)$을 지나고 $x = -1$에서 양이 아닌 최솟값을 가지는 경우임을 알 수 있다.

즉, $g(x) = a(x+1)^2 + q$ $(q \leq 0)$꼴이다.

$\Rightarrow$ 최솟값이 양수이면 $h(-1) > 0$가 되어

$\displaystyle\lim_{x\to\infty} g(x) = \infty$이므로 $x \to \infty$일 때, $h(x) \to 0$에서 조건에 모순이 된다.

(i) $g(-1) = -1$, $g(1) = 1$

$g(x)$의 최솟값이 -1이하이므로 최솟값이 최대일 수 없다.

(ii) $g(x) = a(x+1)^2 + q$ $(q \leq 0)$

$g(x)$의 최솟값은 q이고 $q \leq 0$이므로 최솟값이 최대일 때는 $g(x) = a(x+1)^2$이다.

$g(1) = 4a = 1$에서 $a = \dfrac{1}{4}$

$$g(x) = \frac{1}{4}(x+1)^2$$

(i), (ii)에서 $g(x)$의 최솟값이 최대일 때는

$g(x) = \dfrac{1}{4}(x+1)^2$이므로

$g(3) = 4$이다.

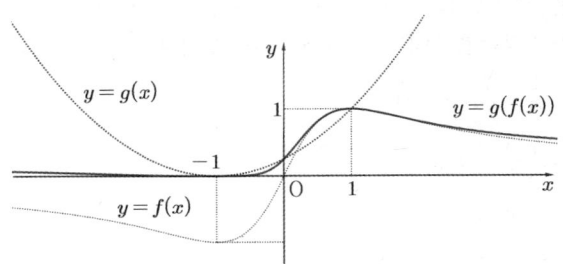

150 정답 25

$\mathrm{A}\left(t, \dfrac{1}{4}\cos 2t\right)$, $\mathrm{B}(t, \cos t)$이다.

따라서 점 A에서의 접선이 x축과 이루는 각을 α, 점 B에서의 접선이 x축과 이루는 각을 β라 하면 $\theta(t) = |\beta - \alpha|$이다.

$$\tan\alpha = -\frac{1}{2}\sin 2t = -\sin t\cos t, \quad \tan\beta = -\sin t$$

따라서

$$\tan(\theta(t)) = |\tan(\beta - \alpha)|$$

$$= \left|\frac{-\sin t + \sin t\cos t}{1 + \sin^2 t\cos t}\right|$$

$$= \left|\frac{-\sin t(1 - \cos t)}{1 + \sin^2 t\cos t}\right|$$

따라서

$$\lim_{t\to 0}\frac{\tan^2\theta(t)}{t^6} = \lim_{t\to 0}\left(\frac{\sin^2 t(1 - \cos t)^2}{t^6} \times \frac{1}{(1 + \sin^2 t\cos t)^2}\right)$$

$$= \left(\lim_{t\to 0}\frac{\sin t}{t}\right)^2 \times \left(\lim_{t\to 0}\frac{1 - \cos t}{t^2}\right)^2 \times 1$$

$$= 1^2 \times \left(\frac{1}{2}\right)^2 \times 1 = \frac{1}{4}$$

따라서 $k=\dfrac{1}{4}$

$100k=25$

151 정답 36

다음 그림과 원의 중심을 O라 할 때, O에서 직선 l에 내린 수선의 발을 H라 하자.

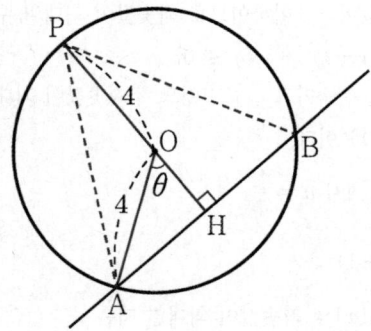

$\angle AOH=\theta$라 하면

$\overline{AH}=4\sin\theta$, $\overline{OH}=4\cos\theta$이다.

한편, 선분 OH의 연장선이 원과 만나는 점이 점 P이다.

따라서 삼각형 ABP의 넓이 S는 다음과 같다.

$$S=\frac{1}{2}\times\overline{AB}\times\overline{PH}$$

$$=\frac{1}{2}\times(8\sin\theta)\times(4+4\cos\theta)$$

$$=16\sin\theta+8\sin2\theta$$

$$S'=16\cos\theta+16\cos2\theta$$

$$=16(2\cos^2\theta+\cos\theta-1)$$

$$=16(\cos\theta+1)(2\cos\theta-1)$$

따라서 $\cos\theta=\dfrac{1}{2}$일 때, 즉 $\theta=\dfrac{\pi}{3}$일 때 넓이가 최대가 된다.

따라서 $\overline{PH}=4+4\cos\dfrac{\pi}{3}=6$

그러므로 $d^2=36$

152 정답 32

$f(x)=\dfrac{x}{e^x}$에서 $\lim\limits_{x\to\infty}f(x)=0$, $f'(x)=\dfrac{1-x}{e^x}$

따라서 $f(x)$의 그래프는 $(0,0)$을 지나고 $\left(1,\dfrac{1}{e}\right)$가 극대점이고

x축을 점근선으로 가진다.

그래프 개형은 다음 그림과 같다.

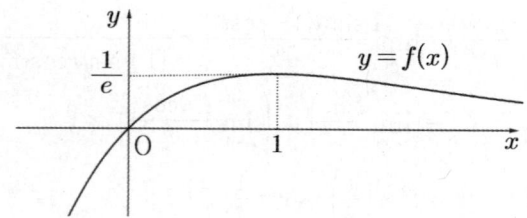

(가)에서 $f(g(x))\geq f\left(g\left(-\dfrac{1}{2}\right)\right)$이므로 함수 $g(x)$는

$x=-\dfrac{1}{2}$에서 0이하의 최솟값을 갖는 사차함수여야 한다.

$\Rightarrow g\left(-\dfrac{1}{2}\right)\leq 0$, $g'\left(-\dfrac{1}{2}\right)=0$

방정식 $f(x)=0$의 근은 $x=0$이므로

방정식 $f(g(x))=0$의 근은 $g(x)=0$을 만족하는 x값이다.

(나)에서 $|f(g(x))|$가 $x=k$에서 미분 가능하지 않으므로

$f(g(k))=0$이므로 $g(k)=0$이다.

그런데 $h(-k)=f(g(-k))=0$이므로 $g(-k)=0$을 만족해야 한다.

또한 $|f(g(x))|$가 $x=-k$에서는 미분 가능하므로

$g'(-k)=0$이다.

따라서 사차함수 $g(x)$의 그래프 개형은 다음 그림과 같다.

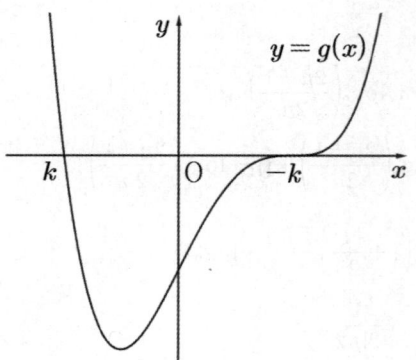

$g(x)=a(x-k)(x+k)^3$

$x=k$와 $x=-k$을 $1:3$으로 내분하는 점이

$x=-\dfrac{1}{2}$이므로 $\dfrac{-k+3k}{4}=-\dfrac{1}{2}$

에서 $k=-1$이다.

따라서 $g(x)=a(x+1)(x-1)^3$

$g(0)=-1$이므로 $a=1$

따라서 $g(3)=4\times2^3=32$

153 정답 ③

$|\ln f(x)|$가 미분가능하지 않은 x는 $f(x)\leq 0$이거나

$f(x)=1$인 x에서 미분가능하지 않다.

그런데 $f(x)=1$을 만족하는 x가 접점인 경우는 미분가능하다.

따라서 조건을 만족하는 $f(x)$의 그래프는 다음 그림과 같다.

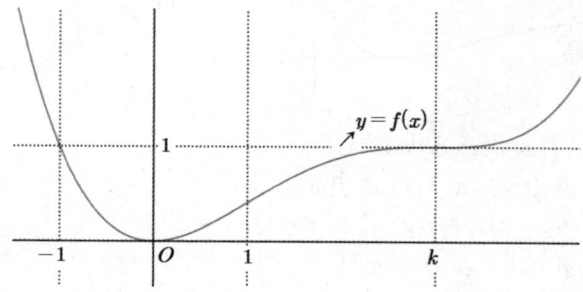

따라서 $f(x)=a(x+1)(x-k)^3+1$ $(k>1)$라 둘 수 있다.

또한, $f(0)=0$, $f'(0)=0$이다.

$f(0)=-ak^3+1=0$ $\therefore ak^3=1$

$f'(x)=a(x-k)^3+3a(x+1)(x-k)^2$에서

$f'(0)=-ak^3+3ak^2=0$에서 $3ak^2=1 \rightarrow \frac{1}{3}k=1$

$k=3$, $a=\frac{1}{27}$

$f(x)=\frac{1}{27}(x+1)(x-3)^3+1$이다.

따라서 $f(6)=7+1=8$이다.

[랑데뷰팁]

$f(x)=x(x+1)(ax^2+bx+c)+1$ $(a>0)$

에서 $ax^2+bx+c=0$의 판별식 $D<0$인 경우도
함수 $|\ln f(x)|$가 구간 $(-\infty,\infty)$에서 미분가능하지 않은
x의 값의 범위는 $-1 \le x \le 0$이다. 그런데 $f(1)>1$이
되어 모순이다.

---

154 정답 ①

$g(x)=\cos(f(x))$에서

$g'(x)=-\sin(f(x))f'(x)=-\sin(x^2+ax+b)\times(2x+a)$이다.

(가)에서 $g'(-x)=-g'(x)$이므로 $x=0$을 대입하면
$g'(0)=0$이다.

따라서 $a\sin b=0$

따라서 $a=0$ $(\because \cos b \ne 0)$

$f(x)=x^2+b$ $\left(-\frac{\pi}{2}<b<0\right)$

$g(x)=\cos(x^2+b)$

$g'(x)=-2x\sin(x^2+b)$

$g''(x)=-2\sin(x^2+b)-4x^2\cos(x^2+b)$

(나)에서 $g''(k)=0$이므로

$2\sin(k^2+b)+4k^2\cos(k^2+b)=0$이고 정리하면

$\tan(k^2+b)=-2k^2 \cdots \bigcirc$이다.

한편, 변곡점 $(k, g(k))$에서의 접선의 방정식은

$y=-2k\sin(k^2+b)(x-k)+\cos(k^2+b)$이고

$(0, (1-2k^2)g(k))$을 지나므로 대입하면

$(1-2k^2)\cos(k^2+b)=2k^2\sin(k^2+b)+\cos(k^2+b)$

$-2k^2\cos(k^2+b)=2k^2\sin(k^2+b)$에서

$\tan(k^2+b)=-1 \cdots \bigcirc$

$\bigcirc$, $\bigcirc$에서

$-2k^2=-1 \Rightarrow k^2=\frac{1}{2}$

이 값을 $\bigcirc$에 대입하면 $\tan\left(\frac{1}{2}+b\right)=-1$이고

$-\frac{\pi}{2}<b<0$이므로 $b=-\frac{\pi}{4}-\frac{1}{2}$이다.

따라서 $a=0$, $b=-\frac{\pi}{4}-\frac{1}{2}$

$\therefore a-b=\frac{\pi}{4}+\frac{1}{2}$

[랑데뷰팁]

$f(-x)=f(x)$ 또는 $g(-x)=-g(x)$을 만족하는 함수
$f(x)$에 대하여
$\cos(f(x))$와 $\cos(g(x))$는 모두 우함수이고
$\sin(f(x))$는 우함수 이고 $\sin(g(x))$는 기함수이다.
(우함수)′ = 기함수, (기함수)′ = 우함수
성질을 이용하면 $a=0$이다.

적분법

유형 1 여러 가지 함수의 부정적분

---

155 정답 ②

[출제자 : 황보백T]

$xf'(x)-2f(x)=x^4\sin x$에서 양변을 x^3으로 나누면

$\frac{xf'(x)-2f(x)}{x^3}=x\sin x$

$\frac{x^2f'(x)-2xf(x)}{x^4}=x\sin x$에서

$\left(\frac{f(x)}{x^2}\right)'=\frac{x^2f'(x)-2xf(x)}{x^4}$이므로

양변 적분하면

$\frac{f(x)}{x^2}=x(-\cos x)-(-\sin x)+C$

$\frac{f(x)}{x^2}=-x\cos x+\sin x+C$

$x=\pi$을 대입하면

$\frac{f(\pi)}{\pi^2}=\pi+C$

$f(\pi)=\pi^3$이므로 $C=0$이다.

따라서

$f(x)=-x^3\cos x+x^2\sin x$

$f\left(\frac{\pi}{2}\right)=\frac{\pi^2}{4}$이다.

156 정답 ④

곡선 $y=f(x)$ 위의 점 $(t, f(t))$에서의 접선의 방정식은
$y=f'(t)(x-t)+f(t)$
이므로 이 접선의 y절편은 $-tf'(t)+f(t)$이다.

즉, $-tf'(t)+f(t)=-2t^3e^{t^2}$

양변을 $-t^2$으로 나누면

$\dfrac{tf'(t)-f(t)}{t^2}=2te^{t^2}$

양변 적분하면

$\displaystyle\int\dfrac{tf'(t)-f(t)}{t^2}dt=\int 2te^{t^2}dt$

$\displaystyle\int\left(\dfrac{f(t)}{t}\right)'dt=\int\left(e^{t^2}\right)'dt$

$\dfrac{f(t)}{t}=e^{t^2}+C$

(가)에서 $f(1)=e$이므로

$\dfrac{f(1)}{1}=e+C$에서 $C=0$

따라서 $f(t)=te^{t^2}$

$\therefore f(2)=2e^4$

유형 2 치환적분법과 부분적분법

157 정답 ②

$f(x)=\displaystyle\int e^{x^2}(x^3+2x)dx$

$=\displaystyle\int x^3e^{x^2}dx+\int 2xe^{x^2}dx$

$=\displaystyle\int\dfrac{1}{2}te^tdt+e^{x^2}$

$=\dfrac{1}{2}(te^t-e^t)+e^{x^2}+C$

$=\dfrac{1}{2}\left(x^2e^{x^2}-e^{x^2}\right)+e^{x^2}+C$

$=\dfrac{1}{2}x^2e^{x^2}+\dfrac{1}{2}e^{x^2}+C$

$f(0)=\dfrac{1}{2}+C=1$에서 $C=\dfrac{1}{2}$이다.

따라서 $f(x)=\dfrac{1}{2}e^{x^2}(x^2+1)+\dfrac{1}{2}$

$f(1)=e+\dfrac{1}{2}$

158 정답 ③

$\displaystyle\int_0^\pi f'(x)dx=\big[f(x)\big]_0^\pi=f(\pi)-f(0)=f(\pi)+e^\pi\left(\pi-\dfrac{1}{2}\right)\cdots\text{㉠}$

$\displaystyle\int_0^\pi e^x(\sin x+x)dx$

$=\displaystyle\int_0^\pi e^x\sin x\,dx+\int_0^\pi e^xx\,dx$

$\displaystyle\int_0^\pi xe^x\,dx=\big[xe^x-e^x\big]_0^\pi=\pi e^\pi-e^\pi+1\cdots\text{㉡}$

$\displaystyle\int e^x\sin x\,dx=e^x\sin x-\int e^x\cos x\,dx$

$\qquad=e^x\sin x-\left\{e^x\cos x+\displaystyle\int e^x\sin x\,dx\right\}$

$2\displaystyle\int e^x\sin x\,dx=e^x(\sin x-\cos x)$

따라서

$\displaystyle\int e^x\sin x\,dx=\dfrac{1}{2}e^x(\sin x-\cos x)$이므로

$\displaystyle\int_0^\pi e^x\sin x\,dx=\dfrac{1}{2}\big[e^x(\sin x-\cos x)\big]_0^\pi$

$\qquad=\dfrac{1}{2}(e^\pi+1)=\dfrac{1}{2}e^\pi+\dfrac{1}{2}\cdots\text{㉢}$

따라서 ㉡, ㉢에서

$\displaystyle\int_0^\pi e^x(\sin x+x)dx=\pi e^\pi-e^\pi+1+\dfrac{1}{2}e^\pi+\dfrac{1}{2}$

$\qquad=\dfrac{3}{2}+e^\pi\left(\pi-\dfrac{1}{2}\right)$

㉠에서

$\displaystyle\int_0^\pi f'(x)dx=\dfrac{3}{2}+e^\pi\left(\pi-\dfrac{1}{2}\right)=f(\pi)+e^\pi\left(\pi-\dfrac{1}{2}\right)$

따라서 $f(\pi)=\dfrac{3}{2}$

유형 3 부정적분과 미분의 관계

159 정답 ②

$f(x)=\displaystyle\int e^x(x-1)dx$의 양변을 미분하면

$f'(x)=e^x(x-1)$이다.

$x=1$의 좌우에서 $f'(x)$의 부호가 $-\rightarrow+$ 이므로

함수 $f(x)$는 $x=1$에서 극소이자 최솟값을 갖는다.

$f(x)=e^x(x-1)-e^x+C$ 에서

$f(1)=-e+C=1$

따라서 $C=e+1$

$f(x)=xe^x-2e^x+e+1$

$f(2)=e+1$

유형 4 정적분의 계산

160 정답 45

$$\int_{-(2n-1)}^{2n+1} \frac{\pi x}{2} \cos\left(\frac{\pi x}{2}\right) dx$$

$$= \left[x\left(\sin\frac{\pi x}{2}\right) - \left(-\frac{2}{\pi}\cos\frac{\pi x}{2}\right) \right]_{-(2n-1)}^{2n+1}$$

$$= (2n+1)\sin\frac{(2n+1)\pi}{2} - \left\{ -(2n-1)\left(\sin\frac{-(2n-1)\pi}{2}\right) \right\}$$

$$= (2n+1)\sin\frac{(2n+1)\pi}{2} - \left\{ (2n-1)\left(\sin\frac{(2n-1)\pi}{2}\right) \right\}$$

이고

(i) n이 홀수일 때, $\sin\frac{(2n+1)\pi}{2} = -1$이고

$\sin\frac{(2n-1)\pi}{2} = 1$이므로

$$\int_{-(2n-1)}^{2n+1} \frac{\pi x}{2} \cos\left(\frac{\pi x}{2}\right) dx$$

$$= (2n+1)\sin\frac{(2n+1)\pi}{2} - \left\{ (2n-1)\left(\sin\frac{(2n-1)\pi}{2}\right) \right\}$$

$$= -2n-1-2n+1$$

$$= -4n$$

$$-40 < -4n < 40$$

$$-10 < n < 10$$

n은 자연수이므로 1, 3, 5, 7, 9가 가능하다.
따라서 합은 25

(ii) n이 짝수일 때, $\sin\frac{(2n+1)\pi}{2} = 1$이고

$\sin\frac{(2n-1)\pi}{2} = -1$이므로

$$\int_{-(2n-1)}^{2n+1} \frac{\pi x}{2} \cos\left(\frac{\pi x}{2}\right) dx$$

$$= (2n+1)\sin\frac{(2n+1)\pi}{2} - \left\{ (2n-1)\left(\sin\frac{(2n-1)\pi}{2}\right) \right\}$$

$$= 2n+1+2n-1$$

$$= 4n$$

$$-40 < 4n < 40$$

$$-10 < n < 10$$

n은 자연수이므로 2, 4, 6, 8이 가능하다.
따라서 합은 20이다.

(i), (ii)에서
모든 자연수 n의 합은 $25 + 20 = 45$이다.

161 정답 4

$\int_{a}^{2a+x} g(t)dt = \int_{2a-x}^{a+4} g(t)dt$의 양변에 $x = -a$를 대입하면

$$0 = \int_{3a}^{a+4} g(t)dt$$

$$3a = a+4$$

$$\therefore \ a = 2$$

$\int_{a}^{2a+x} g(t)dt = \int_{2a-x}^{a+4} g(t)dt$을 양변 x에 대하여 미분하면

$$g(2a+x) = g(2a-x)$$

$$g(4+x) = g(4-x)$$

따라서 함수 $g(x)$는 $x = 4$에 대칭이다.
그러므로 함수 $f(x)$는 $x = 4$에 대칭이다.

$$f(x) = (x-4)^2 + q, \ g(x) = e^{(x-4)^2 + q}$$

$$g(a) = g(2) = e^{f(2)} = e^{4+q} = 1$$

$$\therefore \ q = -4$$

따라서

$$f(x) = (x-4)^2 - 4, \ g(x) = e^{(x-4)^2 - 4}$$

이다.

$$g'(x) = e^{(x-4)^2 - 4} \times 2(x-4)$$이고

$$g'(a) = g'(2) = e^0 \times 2 \times (-2) = -4$$

$|g'(a)| = 4$이다.

[랑데뷰팁]–세미나 (130) 참고
함수 $f(x)$가 $x = m$에 대칭이면 함수 $e^{f(x)}$도 $x = m$에 대칭이다.

유형 5 치환적분법을 이용한 정적분

162 정답 ②

[그림 : 서태욱T]
[검토자 : 정찬도T]
함수 $f(x)$의 그래프는 다음과 같다.

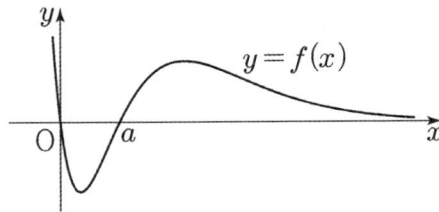

$$f(x_1) - f(x_2) < e^{f(x_1)} - e^{f(x_2)}$$

$$e^{f(x_2)} - f(x_2) < e^{f(x_1)} - f(x_1)$$

$h(x) = e^{f(x)} - f(x)$라 하면 $h(x_2) < h(x_1)$이므로 함수 $h(x)$는 $\alpha \le x_1 < x_2 \le a$에서 감소한다.

$$h'(x) = e^{f(x)}f'(x) - f'(x)$$
$$= f'(x)\left(e^{f(x)} - 1\right)$$

따라서 방정식 $h'(x)=0$의 실근은 $f'(x)=0$ 또는 $f(x)=0$이다.

방정식 $f(x)=0$의 실근은 $x=0$ 또는 $x=a$이다.

$$f'(x) = \frac{(2x-a)e^x - (x^2-ax)e^x}{e^{2x}}$$
$$= \frac{-x^2 + (2+a)x - a}{e^x}$$

에서 $f'(x)=0 \rightarrow x^2 - (2+a)x + a = 0 \rightarrow$

$$x = \frac{a+2 \pm \sqrt{a^2+4}}{2}$$

$\alpha = \dfrac{a+2-\sqrt{a^2+4}}{2}$, $\beta = \dfrac{a+2+\sqrt{a^2+4}}{2}$ 라 할 때, 함수 $h(x)$의 증감표는 다음과 같다.

		0		α		a		β	
$f'(x)$	$-$	$-$	$-$	0	$+$	$+$	$+$	0	$-$
$e^{f(x)}-1$	$+$	0	$-$	$-$	$-$	0	$+$	$+$	$+$
$h'(x)$	$-$	0	$+$	0	$-$	0	$+$	0	$-$

따라서 함수 $h(x)$는 $x \le 0$ 또는 $\alpha \le x \le a$ 또는 $x \ge \beta$일 때 감소한다.

$$\therefore \ g(a) = \frac{a+2-\sqrt{a^2+4}}{2}$$

$$\int_1^4 4a\,g(a)\,da$$
$$= \int_1^4 \left(2a^2 + 4a - 2a\sqrt{a^2+4}\right)da$$
$$= \left[\frac{2}{3}a^3 + 2a^2\right]_1^4 - \int_1^4 2a\sqrt{a^2+4}\,da$$
$$= 42 + 30 - \int_5^{20}\sqrt{t}\,dt$$
$$= 72 - \left[\frac{2}{3}t^{\frac{3}{2}}\right]_5^{20}$$
$$= 72 - \frac{70\sqrt{5}}{3}$$

[다른 풀이]-정찬도T

$f(x_1) < f(x_2)$ 인 경우

$f(x_1) - f(x_2) < e^{f(x_1)} - e^{f(x_2)}$ 에서 $\dfrac{e^{f(x_1)} - e^{f(x_2)}}{f(x_1) - f(x_2)} < 0$ 이므로 불가능하다.

($\because$ 평균값의 정리에 의하여 $\dfrac{e^{f(x_1)} - e^{f(x_2)}}{f(x_1) - f(x_2)} = e^t$

$(f(x_1) < t < f(x_2))$ 이므로)

그러므로 $f(x_1) > f(x_2)$ 이어야 하고 $f(x)$는 $\alpha \le x_1 < x_2 \le a$에서 감소한다.

163 정답 3

$$f'(x) = n(1-x)^n - n^2 x(1-x)^{n-1}$$
$$= n(1-x)^{n-1}(1-x-nx)$$
$$= n(1-x)^{n-1}\{1 - (n+1)x\}$$

$0 \le x \le 1$에서 $f'(x)=0$의 해는 $x = \dfrac{1}{n+1}$이다.

$f\left(\dfrac{1}{n+1}\right) = \dfrac{n}{n+1}\left(\dfrac{n}{n+1}\right)^n > 0$, $f(0) = f(1) = 0$이므로

따라서 $a_n = \dfrac{1}{n+1}$이다.

$$\int_0^{\sqrt{a_n}} (1+x)^n f(x)\,dx$$
$$= \int_0^{\sqrt{a_n}} nx(1-x^2)^n\,dx$$

$1 - x^2 = t$라 하면 $-2x\dfrac{dx}{dt} = 1$이므로

$$= -\frac{n}{2}\int_1^{1-a_n} t^n\,dt$$
$$= \frac{n}{2}\int_{1-a_n}^1 t^n\,dt$$
$$= \frac{n}{2}\left[\frac{1}{n+1}t^{n+1}\right]_{\frac{n}{n+1}}^1$$
$$= \frac{n}{2(n+1)}\left\{1 - \left(\frac{n}{n+1}\right)^{n+1}\right\}$$

이때

$$\lim_{n\to\infty}\left(\frac{n}{n+1}\right)^{n+1} = \lim_{n\to\infty}\left(1 - \frac{1}{n+1}\right)^{n+1} = e^{-1}$$이므로

$$\lim_{n\to\infty}\int_0^{\sqrt{a_n}}(1+x)^n f(x)\,dx$$
$$= \frac{1}{2}\left(1 - \frac{1}{e}\right) = \frac{e-1}{2e}$$

따라서 $p=2$, $q=1$이다.

$\therefore \ p+q = 3$

164 정답 ①

(가)에서

$g(x) = (x-a)(x-a-4)$이고 $g(1) = -4$이므로

$g(1) = (1-a)(-3-a) = a^2 + 2a - 3 = -4$

$a^2 + 2a + 1 = 0$

$(a+1)^2 = 0$

$\therefore \ a = -1$

$g(x) = (x+1)(x-3)$이다.

방정식 $f(x) = g(x)$의 실근이 $x=a$, $x=b$

$(a < b \le 0)$뿐이므로

$f(x) - g(x) = (x+1)(x-b)^2$이다.

$$f(x) = (x+1)(x-b)^2 + (x+1)(x-3)$$
$$= (x+1)\{x^2 + (1-2b)x + b^2 - 3\}$$

$f'(x) = x^2 + (1-2b)x + b^2 - 3 + (x+1)(2x+1-2b)$

$$f'(1)=1+1-2b+b^2-3+2(3-2b)$$
$$=b^2-6b+5=5$$

따라서 $b=0$ 또는 $b=6$

(i) $b=0$일 때,
$$f(x)=(x+1)(x^2+x-3)$$

방정식 $f(x)=0$의 실근은 $x=-1$, $x=\dfrac{-1\pm\sqrt{13}}{2}$

으로 (나)를 만족시킨다.

(ii) $b=6$일 때,
$$f(x)=(x+1)(x^2-11x+33)$$

방정식 $f(x)=0$의 실근은 $x=-1$뿐이다.

따라서 (나)를 만족시키지 않는다.

(i), (ii)에서
$$f(x)=(x+1)(x^2+x-3),\ g(x)=(x+1)(x-3)\text{이다.}$$
$$f(x)+g(x)=(x+1)(x^2+2x-6)\text{이고 }a=-1,\ b=0\text{이다.}$$

따라서
$$\int_a^b \frac{(x+1)^2}{f(x)+g(x)}dx$$
$$=\int_{-1}^0 \frac{(x+1)^2}{(x+1)(x^2+2x-6)}dx$$
$$=\int_{-1}^0 \frac{x+1}{x^2+2x-6}dx$$
$$=\frac{1}{2}\Big[\ln|x^2+2x-6|\Big]_{-1}^0$$
$$=\frac{\ln6-\ln7}{2}$$
$$=\frac{1}{2}\ln\frac{6}{7}$$

165 정답 ②

$\displaystyle\int_e^{2e^2} \dfrac{1}{x\,f'(g(x))}dx$에서 $x=f(t)$라 하면

$x : e\to 2e^2$일 때, $t : e\to e^2$이고

$dx=f'(t)dt$이므로

$$\int_e^{2e^2} \frac{1}{x\,f'(g(x))}dx$$
$$=\int_e^{e^2}\Big(\frac{1}{f(t)\,f'(t)}\times f'(t)\Big)dt$$
$$=\int_e^{e^2}\frac{1}{f(t)}dt$$
$$=\int_e^{e^2}\frac{1}{t\ln t}dt$$

$\ln t=u$라 하면

$$=\int_1^2 \frac{1}{u}du$$
$$=\Big[\ln u\Big]_1^2$$
$$=\ln 2$$

166 정답 ①

(가)에서

최고차항의 계수가 1인 삼차함수 $f(x)$를
$$f(x)=(x-1)(x-2)(x-a)+b$$라 할 수 있다.

(나)에서
$$\int_1^2 \frac{f'(x)}{f(x)}dx=\Big[\ln f(x)\Big]_1^2=\ln\frac{f(2)}{f(1)}=\ln f(a)\text{이다.}$$

$\ln\dfrac{f(2)}{f(1)}=\ln 1=0$이다. 따라서 $f(a)=b=1$

그러므로
$$f(x)=(x-1)(x-2)(x-a)+1$$
$$f(3)=2\times 1\times(3-a)+1=2$$
$$6-2a=1$$
$$-2a=-5$$
$$\therefore\ a=\frac{5}{2}$$

167 정답 21

$f(x)=x^3+x$에서 $f'(x)=3x^2+1>0$이고

$f(g(t))=t$이므로 함수 $f(x)$와 함수 $g(x)$는 역함수 관계이다.

$\displaystyle\int_{-4}^{20} \dfrac{x}{f'\Big(g\Big(\dfrac{1}{2}x\Big)\Big)}dx$에서

$x=2f(t)$를 대입하면 $dx=2f'(t)dt$이고

$x : -4\to 20$일 때

$-4=2(t^3+t)$, $t^3+t+2=0$, $(t+1)(t^2-t+2)=0$

$\therefore\ t=-1$

$20=2(t^3+t)$, $t^3+t-10=0$, $(t-2)(t^2+2t+5)=0$

$\therefore\ t=2$

$t : -1\to 2$이다.

따라서
$$\int_{-4}^{20} \frac{x}{f'\Big(g\Big(\dfrac{1}{2}x\Big)\Big)}dx$$
$$=\int_{-1}^2 \frac{2f(t)}{f'(g(f(t)))}2f'(t)dt$$
$$=\int_{-1}^2 \frac{2f(t)}{f'(t)}2f'(t)dt$$
$$=4\int_{-1}^2 f(t)dt$$
$$=4\int_{-1}^2 (t^3+t)dt$$
$$=4\int_{-1}^1 (t^3+t)dt+4\int_1^2 (t^3+t)dt$$
$$=0+4\Big[\frac{1}{4}t^4+\frac{1}{2}t^2\Big]_1^2$$
$$=4\Big(4+2-\frac{1}{4}-\frac{1}{2}\Big)=21$$

168 정답 ⑤

(나)에서 양변에 x을 곱하고 정리하면

$xf(x^2)-f(x)=e^x$이고 $\int_2^4 g(x)dx=\int_2^4 f(x)dx$이므로

$$\int_2^4 xf(x^2)dx-\int_2^4 f(x)dx=\int_2^4 e^x dx$$

$$\int_2^4 xf(x^2)dx-e^2=\left[\ e^x\ \right]_2^4 \left(\because \int_2^4 g(x)dx=\int_2^4 f(x)dx\right)$$

$$\int_2^4 xf(x^2)dx=e^4$$

$x^2=t$라 하면

$\dfrac{1}{2}\int_4^{16}f(t)dt=e^4$에서 $\int_4^{16}f(x)dx=2e^4$이다.

따라서

$$\int_0^{16}f(x)dx$$

$$=\int_0^2 f(x)dx+\int_2^4 f(x)dx+\int_4^{16}f(x)dx$$

$$=\int_0^2(ax+b)dx+e^2+2e^4=e^2$$

$$\int_0^2(ax+b)dx=-2e^4$$

$$\left[\frac{1}{2}ax^2+bx\right]_0^2=2a+2b=-2e^4$$

$\therefore\ a+b=-e^4$

$g(2)=f(2)=2a+b=e^4$

$a=2e^4,\ b=-3e^4$이다.

따라서 $x<2$일 때, $f(x)=2e^4x-3e^4$이다.

$\therefore\ f(-2)=-7e^4$

따라서 $\dfrac{f(-2)}{-e^4}=7$이다.

169 정답 ②

$f(x)=\dfrac{a}{2}+\displaystyle\int_0^x \dfrac{\sec t(a\sec t-\tan t)}{\sec t+\tan t}dt$에서 양변 미분하면

$f'(x)=\dfrac{\sec x(a\sec x-\tan x)}{\sec x+\tan x}$이므로

$f'(0)=\dfrac{1(a\times 1-0)}{1+0}=-1$

$\therefore\ a=-1$

$f(x)=-\dfrac{1}{2}-\displaystyle\int_0^x \dfrac{\sec t(\sec t+\tan t)}{\sec t+\tan t}dt$

$$=-\frac{1}{2}-\left[\ \ln|\sec t+\tan t|\ \ \right]_0^x$$

$$=-\frac{1}{2}-\ln|\sec x+\tan x|$$

$f\left(\dfrac{\pi}{6}\right)=-\dfrac{1}{2}-\ln\left|\dfrac{2}{\sqrt{3}}+\dfrac{\sqrt{3}}{3}\right|$

$$=-\frac{1}{2}-\ln\sqrt{3}$$

$$=-\frac{1+\ln 3}{2}$$

170 정답 12

[출제자 : 최성훈T]

조건 (나)식에 $x=0$을 대입하면 $f(1)=e^{f(1)}+b$ $\quad\cdots\cdots\ \bigcirc$

조건 (나)식을 x에 대하여 미분하면

$$f'(x^2+1)\cdot 2x=e^{f(-x+1)}\cdot f'(-x+1)\cdot(-1)$$

이 식에 $x=0$을 대입하면 $0=-e^{f(1)}\cdot f'(1)$

$e^{f(1)}\neq 0$이므로 $f'(1)=0$

$f(x)$는 실수 전체에서 도함수가 연속이므로,

$\displaystyle\lim_{x\to 1^-}f'(x)=f'(1)$ 즉 $-4+a=0$

따라서 $a=4$이므로 $x<1$일 때, $f'(x)=-4x+4$

$f(x)=-2x^2+4x+C$ (C는 적분상수)

$=-2(x-1)^2+2+C$ $\quad\cdots\cdots\ \bigcirc$

$\displaystyle\int_0^1(1-x)e^{f(x)}dx$에서 $x=-t+1$로 치환하면 $x:0\to 1$일

때, $t:1\to 0$이고 $dx=-dt$

$$\int_0^1(1-x)e^{f(x)}dx=\int_1^0 te^{f(-t+1)}(-1)dt$$

$$=\int_0^1 te^{f(-t+1)}dt$$

$$=\int_0^1 t\{f(t^2+1)-b\}dt \text{ (조건 (나))}$$

$t^2+1=s$라 하면

$$=\frac{1}{2}\int_1^2\{f(s)-b\}ds$$

$$=\frac{1}{2}\int_1^2 f(s)ds-\frac{1}{2}b$$

따라서

$$\int_0^1(1-x)e^{f(x)}dx-\frac{1}{2}\int_1^2 f(x)dx=-\frac{1}{2}b \text{ 이다.}$$

$-\dfrac{1}{2}b=-4$이므로 $b=8$이다.

따라서 $a+b=12$이다.

171 정답 6

$\displaystyle\int_2^8 f\left(\frac{1}{2}x\right)dx=10$에서 $\dfrac{1}{2}x=t$라 두면

$x:2\to 8$일 때, $t:1\to 4$이고 $dx=2dt$이므로

$\displaystyle\int_1^4 f(t)\times 2dt=10$에서 $\displaystyle\int_1^4 f(x)dx=5$이다.

(가)에서 함수 $f(x)$는 감소함수이므로 (나)에서 $f(1)=5$, $f(4)=1$이다.

Young의 법칙에서

$\int_1^4 f(x)dx + \int_{f(1)}^{f(4)} f^{-1}(x)dx = 4f(4) - f(1)$ 이므로

$\int_1^4 f(x)dx + \int_5^1 f^{-1}(x)dx = 4 - 5 = -1$

$\int_5^1 f^{-1}(x)dx = -1 - 5 = -6$

따라서 $\int_1^5 f^{-1}(x)dx = 6$ 이다.

172 정답 ③

[치환적분법이용]–세미나(89), (102) 참고

$\int_1^9 xf'(x)dx$ 에서

$x = g(t)$ 라 하면 $dx = g'(t)dt$ 이고

함수 $f(x)$ 와 함수 $g(x)$ 가 역함수 관계이므로

$f(g(t)) = t$ 이고 $f'(g(t))g'(t) = 1$ 이다.

또한

$f(1) = 1$ 이고, $g(3x) = 3f(x)$ 에

$x = 1$ 을 대입하면 $g(3) = 3f(1) = 3$ 에서 $f(3) = 3$

$x = 3$ 를 대입하면 $g(9) = 3f(3) = 9$ 에서 $f(9) = 9$

이므로

$x : 1 \to 9$ 이면 $t : 1 \to 9$ 이다.

그러므로

$\int_1^9 xf'(x)dx$

$= \int_1^9 g(t)f'(g(t))g'(t)dt$

$= \int_1^9 g(t)dt$ 이다.

$\int_1^9 g(t)dt = \int_1^3 g(t)dt + \int_3^9 g(t)dt$ 이고

(i) $young's$ 법칙에서

$\int_1^3 g(t)dt + \int_1^3 f(t)dt = 9 - 1 = 8$ 이므로

$\int_1^3 g(t)dt = 8 - \int_1^3 f(t)dt = \dfrac{17}{4}$ 이다.

(ii) $\int_3^9 g(t)dt$ 에서 $t = 3a$ 라 두면

$\int_3^9 g(t)dt = 3\int_1^3 g(3a)da$

$= 3\int_1^3 3f(a)da = 9 \times \dfrac{15}{4} = \dfrac{135}{4}$

(i), (ii)

$\int_1^9 g(t)dt = \dfrac{17}{4} + \dfrac{135}{4} = \dfrac{152}{4} = 38$ 이다.

173 정답 2

(가)에서 $f(g(e^x + 1)) = e^x$ 의 양변을 x 에 관하여 미분하면

$f'(g(e^x + 1))g'(e^x + 1)e^x = e^x$ 이고

$\dfrac{1}{f'(g(e^x + 1))} = g'(e^x + 1)$ 이다.

(나) $\int_2^3 \dfrac{2x - 2}{f'(g(x))}dx = 4$ 에서

$x = e^t + 1$ 이라 두면

$x : 2 \to 3$ 이므로 $t : 0 \to \ln 2$

$\dfrac{dx}{dt} = e^t$

$\int_2^3 \dfrac{2(x - 1)}{f'(g(x))}dx$

$= 2\int_0^{\ln 2} \dfrac{e^t}{f'(g(e^t + 1))}e^t dt$

$= 2\int_0^{\ln 2} g'(e^t + 1)(e^{2t})dt = 4$

따라서 $\int_0^{\ln 2} g'(e^t + 1)(e^{2t})dt = 2 \cdots \text{㉠}$

$\int_{g(2)}^{g(3)} f(x)dx$

$x = g(e^s + 1)$ 라 하면

$\dfrac{dx}{ds} = g'(e^s + 1)e^s$

$= \int_0^{\ln 2} \{f(g(e^s + 1))\}g'(e^s + 1)e^s ds$

$= \int_0^{\ln 2} e^s \times g'(e^s + 1)e^s ds$

$= \int_0^{\ln 2} g'(e^s + 1)(e^{2s})ds = 2 \ (\because \ \text{㉠})$

그러므로 $\int_{g(2)}^{g(3)} f(x)dx = 2$

[다른 풀이]–정일권T

$e^x + 1 = t$ 라 두면

$f(g(t)) = t - 1 \ (t > 1)$ 이고 양변을 t 에 관해 미분하면

$f'(g(t))g'(t) = 1$

(나)에서 $\dfrac{1}{f'(g(x))} = g'(x)$, $2(x - 1) = 2f(g(x))$ 이므로

$\int_2^3 \dfrac{2x - 2}{f'(g(x))}dx = \int_2^3 2f(g(x))g'(x)dx = 4$

즉, $\int_2^3 f(g(x))g'(x)dx = 2$

$g(x) = s$ 라 두면 $g'(x)dx = ds$ 이고

$x : 2 \to 3$ 일 때, $s : g(2) \to g(3)$ 이다.

따라서

$\int_{g(2)}^{g(3)} f(s)ds = 2$

$$\therefore \int_{g(2)}^{g(3)} f(x)dx = 2$$

[다른 풀이]–최혜권T

$f(g(e^x+1))=e^x$에서 $e^x=t$으로 치환하면 $f(g(t+1))=t$

이므로 $f(g(t))=t-1$이다.

양변을 미분하면 $f'(g(t))g'(t)=1$이고

$g'(t)=\dfrac{1}{f'(g(t))}$이다.

따라서 $\displaystyle\int_2^3 (2x-2)g'(x)dx=4$는

$2\displaystyle\int_2^3 (x-1)g'(x)dx=4$이므로 $\displaystyle\int_2^3 (x-1)g'(x)dx=2$이다.

여기서 $x-1$은 $x-1=f(g(x))$이기 때문에 $g(x)=t$로

치환하면 $g'(x)dx=dt$이므로

$\displaystyle\int_2^3 (x-1)g'(x)dx = \int_2^3 f(g(x))g'(x)dx = \int_{g(2)}^{g(3)} f(t)dt$로

나타낼 수 있다.

$$\therefore \int_{g(2)}^{g(3)} f(x)dx = 2 \text{이다.}$$

유형 6 부분적분법을 이용한 정적분

174 정답 5

$\displaystyle\int (t-2x)\sin 2\pi t\, dt$에서

$f(t)=t-2x$, $g'(t)=\sin 2\pi t$로 놓으면

$f'(t)=1$, $g(t)=-\dfrac{1}{2\pi}\cos 2\pi t$이므로

$\displaystyle\int (t-2x)\sin 2\pi t\, dt$

$=-\dfrac{t-2x}{2\pi}\cos 2\pi t - \displaystyle\int\left(-\dfrac{1}{2\pi}\cos 2\pi t\right)dt$

$=-\dfrac{t-2x}{2\pi}\cos 2\pi t + \dfrac{1}{4\pi^2}\sin 2\pi t$ (적분상수는 0이라 간주)

$\displaystyle\int_0^{4x} |t-2x|\sin 2\pi t\, dt$

$=-\displaystyle\int_0^{2x} (t-2x)\sin 2\pi t\, dx + \int_{2x}^{4x} (t-2x)\sin 2\pi t\, dt$

이므로

$-\left\{\dfrac{1}{4\pi^2}\sin 4\pi x - \dfrac{x}{\pi}\right\}+$

$\left\{\left(-\dfrac{x}{\pi}\cos 8\pi x + \dfrac{1}{4\pi^2}\sin 8\pi x\right)-\left(\dfrac{1}{4\pi^2}\sin 4\pi x\right)\right\}$

$=-\dfrac{1}{2\pi^2}\sin 4\pi x - \dfrac{x}{\pi}\cos 8\pi x + \dfrac{1}{4\pi^2}\sin 8\pi x + \dfrac{x}{\pi}$

이 성립한다.

즉, 주어진 방정식은

$-\dfrac{1}{\pi}\sin 4\pi x - 2x\cos 8\pi x + \dfrac{1}{2\pi}\sin 8\pi x + 2x$

$=2x-2x\cos 8\pi x$

$-\dfrac{1}{\pi}\sin 4\pi x + \dfrac{1}{2\pi}\sin 8\pi x = 0$

$\sin 8\pi x = 2\sin 4\pi x$

$2\sin 4\pi x \times \cos 4\pi x = 2\sin 4\pi x$

$\sin 4\pi x = 0$ 또는 $\cos 4\pi x = 1$

$0 \le x \le 1$이므로 방정식의 서로 다른 실근은

$x=0$ 또는 $x=\dfrac{1}{4}$ 또는 $x=\dfrac{1}{2}$ 또는 $x=\dfrac{3}{4}$ 또는 $x=1$

이고, 서로 다른 실근의 개수는 5이다.

175 정답 16

(나)에서

$g(-x)+g(x)=0$의 양변을 x에 대하여 미분하면

$-g'(-x)+g'(x)=0$

따라서 $g'(-x)=g'(x)$이고

$g(x+2)=g(x)$의 양변을 x에 대하여 미분하면

$g'(x+2)=g'(x)$이다.

따라서

함수 $g'(x)$는 y축 대칭이고 주기가 2인 함수이다.

$\displaystyle\int_{-3}^7 f(x)\{x+g'(x)\}dx$

$=\displaystyle\int_{-3}^7 f(x)x\, dx + \int_{-3}^7 f(x)g'(x)dx$

이다.

$\displaystyle\int_{-3}^7 f(x)x\, dx$

$=\displaystyle\int_{-3}^3 f(x)x\, dx + \int_3^7 f(x)x\, dx$

$=\displaystyle\int_3^5 f(x)x\, dx + \int_5^7 f(x)x\, dx$ ($\because f(x)x$는 원점대칭함수)

$=\displaystyle\int_{-1}^1 f(x+4)(x+4)dx + \int_{-1}^1 f(x+6)(x+6)dx$

$=\displaystyle\int_{-1}^1 f(x)(x+4)dx + \int_{-1}^1 f(x)(x+6)dx$

$=\displaystyle\int_{-1}^1 f(x)x\, dx + 4\int_{-1}^1 f(x)dx + \int_{-1}^1 f(x)x\, dx + 6\int_{-1}^1 f(x)dx$

$=10\displaystyle\int_{-1}^1 f(x)dx$

$=20\displaystyle\int_0^1 f(x)dx$

$=60$

$\displaystyle\int_{-3}^7 f(x)g'(x)dx$

$=10\displaystyle\int_0^1 f(x)g'(x)dx$

$$=10\left\{\left[\,f(x)g(x)\,\right]_0^1-\int_0^1 f'(x)\,g(x)\,dx\right\}$$

$$=-10\int_0^1 f'(x)g(x)dx\ \ (\because g(1)=g(0)=0)$$

따라서

$$\int_{-3}^7 f(x)\{x+g'(x)\}dx=60-10\int_0^1 f'(x)g(x)dx=100$$

$$\therefore \int_0^1 f'(x)g(x)dx=-4$$

따라서

$$\left(\int_0^1 f'(x)g(x)dx\right)^2=16\text{이다.}$$

176 정답 7

$f'(x)>0$이므로 $f(x)$는 실수 전체 집합에서 증가한다.

$f'(x)=e^{x^2}$의 양변에 $2x$을 곱하면

$2xf'(x)=2xe^{x^2}$이다.

$\int_a^0 f(x)dx=3$이므로

$$\int_a^0 2xf'(x)dx=\int_a^0 2xe^{x^2}dx$$

$$2\left\{\left[xf(x)\right]_a^0-\int_a^0 f(x)dx\right\}=\left[e^{x^2}\right]_a^0$$

$$-2\int_a^0 f(x)dx=1-e^{a^2}$$

$-6=1-e^{a^2}$에서

$e^{a^2}=7$

177 정답 ①

(가)에서 $g(1)=3$, $g'(1)=0$이다.

따라서

$$g(1)=\int_0^1 f(t)\,e^{f(t)}dt=3$$

$g'(x)=f(x)\,e^{f(x)}$에서 $g'(1)=f(1)\,e^{f(1)}=0$

$\therefore f(1)=0$

따라서 $f(-1)=0$

$$\int_{-1}^1 xf(x)f'(x)e^{f(x)}dx$$

$$=\int_{-1}^1 xf(x)\left(e^{f(x)}\right)'dx$$

$$=\left[xf(x)e^{f(x)}\right]_{-1}^1-\int_{-1}^1 (f(x)+xf'(x))e^{f(x)}dx$$

$$=-\int_{-1}^1 (f(x)+xf'(x))e^{f(x)}dx$$

$$=-\int_{-1}^1 \{f(x)e^{f(x)}+xf'(x)e^{f(x)}\}dx$$

$$=-\left\{\int_{-1}^1 f(x)e^{f(x)}dx+\int_{-1}^1 xf'(x)e^{f(x)}dx\right\}$$

$$=-\left\{\int_{-1}^0 f(x)e^{f(x)}dx+\int_0^1 f(x)e^{g(x)}dx+\int_{-1}^1 xf'(x)e^{f(x)}dx\right\}$$

$$=-\left\{\int_{-1}^0 f(x)e^{f(x)}dx+g(1)+\int_{-1}^1 xf'(x)e^{f(x)}dx\right\}$$

$$=-\int_{-1}^0 f(x)e^{f(x)}dx-3-\int_{-1}^1 xf'(x)e^{f(x)}dx$$

[조건에서 $g(1)=\int_0^1 f(x)e^{f(x)}dx=3$, 또한

$\int_{-1}^0 f(x)e^{f(x)}dx$의 $x=-s$을 대입하면

$$\int_1^0 f(-s)e^{f(-s)}(-ds)$$

$$=\int_0^1 f(-s)e^{f(-s)}ds$$

$$=\int_0^1 f(s)e^{f(s)}ds$$

$$=g(1)=3]$$

$$=-6-\int_{-1}^1 xf'(x)e^{f(x)}dx$$

$$=-6-\left[xe^{f(x)}\right]_{-1}^1+\int_{-1}^1 e^{f(x)}dx$$

$$=-6-e^{f(1)}-e^{f(-1)}+2\int_0^1 e^{f(x)}dx\ \ (\because f(1)=f(-1)=0)$$

$$=-8+2\times 1=-6$$

178 정답 ②

표기상 $f^{-1}(x)=g(x)$라 하자.

$g(f(x))=x$이고 양변 미분하면 $g'(f(x))f'(x)=1$이다.

$$\int_1^2 \frac{f^{-1}(x)}{x}dx=\int_1^2 \frac{g(x)}{x}dx$$

$$=\left[g(x)\ln x\right]_1^2-\int_1^2 g'(x)\ln x\,dx$$

$$=g(2)\ln 2-\int_1^2 g'(x)\ln x\,dx$$

$\left[\ \int_1^2 g'(x)\ln x\,dx\right.$에서 $x=f(t)$라 하면 $dx=f'(t)dt$이다.

$1=f(3)$, $2=f(1)$이다. 따라서

$$\int_1^2 g'(x)\ln x\,dx=\int_3^1 g'(f(t))\ln f(t)\,f'(t)dt=-\int_1^3 \ln f(t)dt$$

$$=-\frac{1}{4}\ \left.\right]$$

$$=1\times \ln 2-\left(-\frac{1}{4}\right)=\ln 2+\frac{1}{4}$$

179 정답 ②

$f(x)=\int_0^x (\cos t - k\sin t)dt$ 에서 $f(0)=0$이고

$f'(x)=\cos x - k\sin x$이다.

방정식 $f'(x)=0$의 해는 $\cos x = k\sin x \Rightarrow \tan x = \dfrac{1}{k}$의

해이다.

$k>0$이므로 $\tan x = \dfrac{1}{k}$의 해를 $x=\alpha$, $x=\beta\ (\alpha<\beta)$라 하면

$\alpha\left(0<\alpha<\dfrac{\pi}{2}\right)$, $\beta\left(\pi<\beta<\dfrac{3}{2}\pi\right)$이다.

$\sin\alpha = \dfrac{1}{\sqrt{k^2+1}}$, $\cos\alpha = \dfrac{k}{\sqrt{k^2+1}}$

$\sin\beta = -\dfrac{1}{\sqrt{k^2+1}}$, $\cos\beta = -\dfrac{k}{\sqrt{k^2+1}}$

한편,

$f'(x)$의 부호는 $\cos\alpha = k\sin\alpha$에서 $x=\alpha$의 좌우에서 양에서 음으로 변하므로 함수 $f(x)$는 $x=\alpha$에서 극댓값을 갖는다.

따라서

$f(\alpha)=\int_0^\alpha (\cos t - k\sin t)dt$

$\quad = \Big[\sin t + k\cos t\Big]_0^\alpha$

$\quad = \sin\alpha + k\cos\alpha - k$

$\quad = \dfrac{1}{\sqrt{k^2+1}} + \dfrac{k^2}{\sqrt{k^2+1}} - k$

$\quad = \sqrt{k^2+1} - k$

$f(\beta)=\int_0^\beta (\cos t - k\sin t)dt$

$\quad = \Big[\sin t + k\cos t\Big]_0^\beta$

$\quad = \sin\beta + k\cos\beta - k$

$\quad = -\dfrac{1}{\sqrt{k^2+1}} \pm \dfrac{k^2}{\sqrt{k^2+1}} - k$

$\quad = -\sqrt{k^2+1} - k$

따라서 극댓값과 극솟값의 곱은

$\left(\sqrt{k^2+1}-k\right)\left(-\sqrt{k^2+1}-k\right)=-1$이다.

180 정답 5

$g(\ln x)=\int_0^{\ln x} f(xe^t)dt - f(x)$의 $\int_0^{\ln x} f(xe^t)dt$에서

$xe^t = s$라 하면

$\int_0^{\ln x} f(xe^t)dt = \int_x^{x^2} \dfrac{f(s)}{s}ds$이므로

$g(\ln x)=\int_x^{x^2} \dfrac{f(s)}{s}ds - f(x)$이다.

$\dfrac{g'(\ln x)}{x} = 2x \times \dfrac{f(x^2)}{x^2} - \dfrac{f(x)}{x} - f'(x)$

$\qquad\qquad = \dfrac{8(\ln x)^2+2}{x} - \dfrac{(\ln x)^2+1}{x} - \dfrac{2\ln x}{x}$

$g'(\ln x) = 7(\ln x)^2 - 2\ln x + 1$

따라서 $g'(x)=7x^2-2x+1$

그러므로 $g(x)=\dfrac{7}{3}x^3 - x^2 + x + C$

$g(0)=-f(1)=-1$에서 $C=-1$이다.

$\therefore\ g(x)=\dfrac{7}{3}x^3 - x^2 + x - 1$

그러므로

$\displaystyle\int_0^1 g(x)dx$

$= \int_0^1 \left(\dfrac{7}{3}x^3 - x^2 + x - 1\right)dx$

$= \left[\dfrac{7}{12}x^4 - \dfrac{1}{3}x^3 + \dfrac{1}{2}x^2 - x\right]_0^1$

$= \dfrac{7}{12} - \dfrac{1}{3} + \dfrac{1}{2} - 1$

$= \dfrac{7-4+6-12}{12} = -\dfrac{1}{4}$

$p=4$, $q=1$이므로 $p+q=5$이다.

181 정답 ①

$f(1)=4$이므로

$xf(x)+2\int_1^x f(t)dt = 3x + 2\ln x + a$의 양변에 $x=1$을 대입하면

$f(1)=3+a=4$이다.

$\therefore\ a=1$

$xf(x)+2\int_1^x f(t)dt = 3x+2\ln x+1$의 양변을 x에 관해 미분하면

$f(x)+xf'(x)+2f(x)=3+\dfrac{2}{x}$

$3f(x)+xf'(x)=3+\dfrac{2}{x}$

이고 양변에 x^2을 곱하면

$3x^2 f(x)+x^3 f'(x)=3x^2+2x$

양변을 적분하면

$x^3 f(x)=x^3+x^2+C$

양변을 x^3으로 나누면

$f(x)=1+\dfrac{1}{x}+\dfrac{C}{x^3}$

$f(1)=1+1+C=4$에서 $C=2$

따라서 $f(x)=1+\dfrac{1}{x}+\dfrac{2}{x^3}$

$f(2a)=f(2)=1+\dfrac{1}{2}+\dfrac{1}{4}=\dfrac{7}{4}$

[다른 풀이]-유승희T

$f(1)=4$이므로

$xf(x)+2\displaystyle\int_{1}^{x}f(t)dt=3x+2\ln x+a$의 양변에 $x=1$을

대입하면 $f(1)=3+a=4$이다.

$\therefore\ a=1$

$xf(x)+2\displaystyle\int_{1}^{x}f(t)dt=3x+2\ln x+1$의 양변을 x를 곱하면

$x^2f(x)+2x\displaystyle\int_{1}^{x}f(t)dt=3x^2+2x\ln x+x$

$\left(x^2\displaystyle\int_{1}^{x}f(t)dt\right)'=(x^3+x^2\ln x)'$

$x^2\displaystyle\int_{1}^{x}f(t)dt=x^3+x^2\ln x+C$

위의 식의 양변에 $x=1$을 대입하면

$0=1+C$ 이므로 $C=-1$

$x^2\displaystyle\int_{1}^{x}f(t)dt=x^3+x^2\ln x-1$

$x>0$이므로 양변을 x^2으로 나누면

$\displaystyle\int_{1}^{x}f(t)dt=x+\ln x-\dfrac{1}{x^2}$

x에 대하여 미분하면

$f(x)=1+\dfrac{1}{x}+\dfrac{2}{x^3}$

$\therefore\ f(2a)=f(2)=\dfrac{7}{4}$

182 정답 ②

$f(x)=\displaystyle\int_{1}^{x+1}tf(t-1)dt$의 양변에 $x=0$을 대입하면 $f(0)=0$

$f(x)=\displaystyle\int_{1}^{x+1}tf(t-1)dt$의 양변을 x에 관해 미분하면

$f'(x)=(x+1)f(x)$

$f(x)=\displaystyle\int_{1}^{x+1}tf(t-1)dt=\int_{0}^{x}(t+1)f(t)dt$

$f(-1)=1$에서

$f(-1)=\displaystyle\int_{0}^{-1}(t+1)f(t)dt=-\int_{-1}^{0}(t+1)f(t)dt=1$

$\therefore\ \displaystyle\int_{-1}^{0}(x+1)f(x)dx=-1$

이제 $\displaystyle\int_{-1}^{0}x(x+1)(x+2)f(x)dx$

$=\displaystyle\int_{-1}^{0}(x^2+2x)(x+1)f(x)dx$

$=\displaystyle\int_{-1}^{0}(x^2+2x)f'(x)dx$

$=\left[(x^2+2x)f(x)\right]_{-1}^{0}-2\displaystyle\int_{-1}^{0}(x+1)f(x)dx$

$=f(-1)-2\times(-1)=1+2=3$이다.

183 정답 ④

$g'(\theta)=f'(\cos\theta)(-\sin\theta)-f'(\cos\theta)(\cos\theta)$ 이며,

$f'(x)=\sqrt{1-x^2}$ 이므로,

$f'(\cos\theta)=\sqrt{1-\cos^2\theta}=|\sin\theta|$,

$f'(\sin\theta)=\sqrt{1-\sin^2\theta}=|\cos\theta|$

임을 알 수 있다.

$g'(\theta)=f'(\cos\theta)(-\sin\theta)-f'(\cos\theta)(\cos\theta)$를

정리하면,

$g'(\theta)=-\sin\theta|\sin\theta|-\cos\theta|\cos\theta|$ 이다. 한편 θ의 범위

따라 $\cos,\sin$의 부호가 다르게 형성되므로, 범위에 따라 나누면

다음 〈표〉와 같다. $(0\le\theta\le 2\pi)$

θ의 범위	$g'(\theta)$
$0\le x<\dfrac{\pi}{2}$	$g'(\theta)=-1$
$\dfrac{\pi}{2}\le x<\pi$	$g'(\theta)=\cos 2\theta$
$\pi\le x<\dfrac{3\pi}{2}$	$g'(\theta)=1$
$\dfrac{3\pi}{2}\le x\le 2\pi$	$g'(\theta)=-\cos 2\theta$

〈표〉를 바탕으로 $g'(\theta)$를 그리면 다음과 같다.

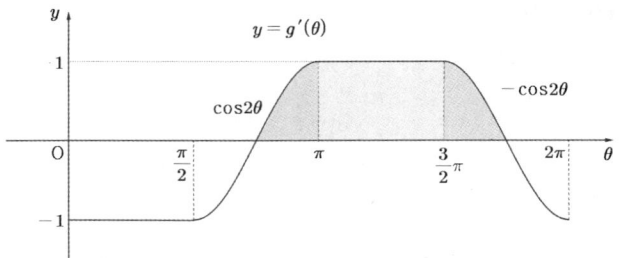

한편, 극댓값과 극솟값의 차이는 $\left[\dfrac{3}{4}\pi,\dfrac{7}{4}\pi\right]$로 둘러싸인

$y=g'(\theta)$로 둘러싸인 색칠된 부분의 넓이와 같다.

따라서

$g(\theta)$의 극댓값$-$극솟값

$=2\times\displaystyle\int_{\frac{3}{4}\pi}^{\pi}\cos 2\theta\,d\theta+\dfrac{\pi}{2}=\dfrac{\pi}{2}+1$ 이다.

184 정답 ③

$$\lim_{x \to 0} \frac{1}{x^2} \int_0^x f(t) \cos \frac{\pi(x-1)}{2} dt$$

$$= \lim_{x \to 0} \frac{\cos \frac{\pi(x-1)}{2}}{x} \times \lim_{x \to 0} \frac{\int_0^x f(t)\, dt}{x}$$

$$= -\frac{\pi}{2} \sin \frac{-\pi}{2} \times f(0)$$

$$= \frac{\pi}{2} f(0)$$

$$= \frac{a\pi}{4} = \frac{\pi^2}{16}$$

$$\therefore a = \frac{\pi}{4}$$

따라서 $f(x) = \frac{\pi}{8} \cos \frac{\pi}{4} x$이다.

$f\left(\frac{4}{3}\right) = \frac{\pi}{8} \cos \frac{\pi}{3} = \frac{\pi}{16}$이다.

185 정답 75

[그림 : 서태욱T]

$$g(x) = \begin{cases} 0 & (x < 0) \\ 2\sin(\pi x) & (x \geq 0) \end{cases} \text{이므로}$$

$$h(x) = \begin{cases} \dfrac{\pi}{a} \sin \pi x & (x < 0) \\ 2\sin^2(\pi x) & (x \geq 0) \end{cases} \text{이다.}$$

㉠

$$\int_0^1 2\sin^2(\pi x) dx = \int_0^1 (1 - \cos 2\pi x) dx$$

$$= \left[x - \frac{1}{2\pi} \sin 2\pi x \right]_0^1 = 1$$

㉡ $\displaystyle \int_{-1}^0 \left(\frac{\pi}{a} \sin \pi x \right) dx = \left[-\frac{\cos \pi x}{a} \right]_{-1}^0 = -\frac{1}{a} - \frac{1}{a} = -\frac{2}{a}$

따라서 함수 $y = h(x)$의 그래프는 다음과 같다.

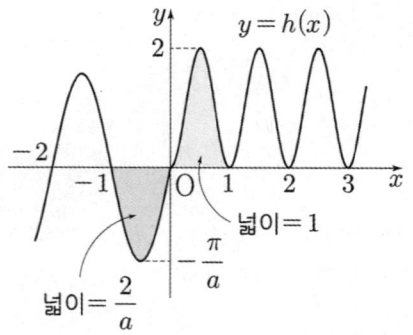

함수 $\left| \displaystyle\int_a^x h(t)dt \right|$ 에서

$k(x) = \displaystyle\int_a^x h(t)dt$라 하면 $k(a) = 0$이고 $k'(x) = h(x)$이다.

함수 $|k(x)|$가 실수 전체의 집합에서 미분가능하므로
$k(a) = 0$에서 $k'(a) = 0$이어야 한다. 즉, $h(a) = 0$이다.

함수 $h(x)$에서 $a > 0$이므로 a는 자연수가 가능하다.

(i) $a = 1$일 때,

$$h(x) = \begin{cases} \pi \sin \pi x & (x < 0) \\ 2\sin^2(\pi x) & (x \geq 0) \end{cases} \text{이고 } k(x) = \int_1^x h(t)dt \text{이다.}$$

㉠에서 $\displaystyle\int_n^{n+1} h(t)dt = 1$이다.

㉡에서 $\displaystyle\int_{-1}^0 h(t)dt = -2$

따라서 함수 $k(x)$의 그래프는 $x < 0$에서 x축과 만나므로 함수 $|k(x)|$는 미분가능하지 않은 점이 생기므로 모순이다.

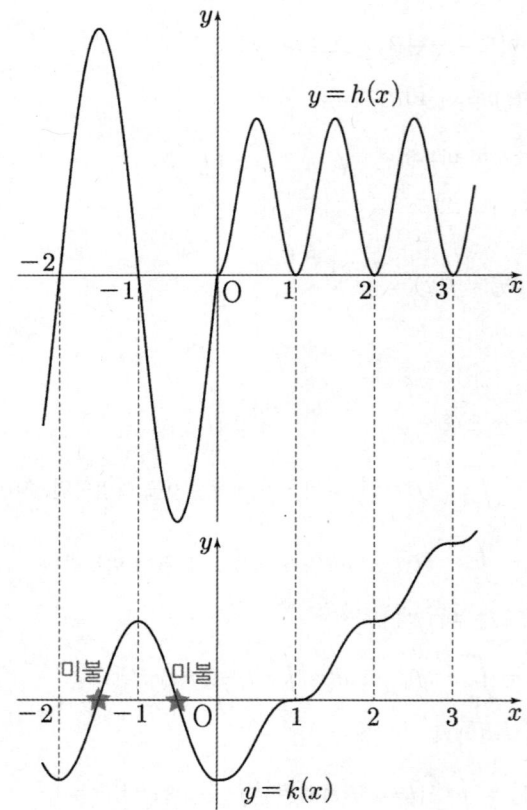

(ii) $a = 2$일 때,

$$h(x) = \begin{cases} \dfrac{\pi}{2} \sin \pi x & (x < 0) \\ 2\sin^2(\pi x) & (x \geq 0) \end{cases} \text{이고 } k(x) = \int_2^x h(t)dt \text{이다.}$$

㉠에서 $\displaystyle\int_n^{n+1} h(t)dt = 1$이다.

㉡에서 $\displaystyle\int_{-1}^0 h(t)dt = -1$

따라서 함수 $k(x)$의 그래프는 $x < 0$에서 x축과 만나지 않으므로 $x > 0$에서는 $x = 2$에서만 접하므로 함수 $|k(x)|$는 실수 전체의 집합에서 미분가능하다.

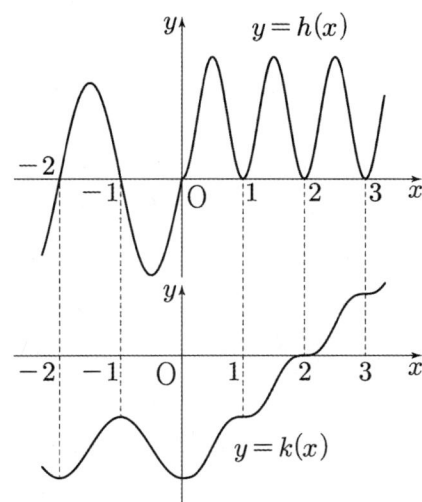

따라서 a의 최솟값은 2이다.

186 정답 ④

$$f'(x)=\begin{cases}(1+x)\sin(\pi+x)\ (x<0)\\(1-x)\sin(\pi-x)\ (x>0)\end{cases}\text{에서}$$

[세미나 (143) 참고]

도표적분법 랑데뷰식을 이용하여 간단히 적분해보면
$x<0$일 때,
$$f(x)=(1+x)\{-\cos(\pi+x)\}-(1)\{-\sin(\pi+x)\}$$
$$=-(1+x)\cos(\pi+x)+\sin(\pi+x)+C_1$$

$x>0$일 때,
$$f(x)=(1-x)\{\cos(\pi-x)\}-(-1)\{-\sin(\pi-x)\}$$
$$=(1-x)\cos(\pi-x)-\sin(\pi-x)+C_2$$

$f(x)$는 $x=0$에서 연속이므로
$$\lim_{x\to0-}f(x)=1+C_1$$
$$\lim_{x\to0+}f(x)=-1+C_2$$
$$\therefore\ C_1-C_2=-2\ \cdots\text{㉠}$$

(나)에서 함수 $f(x)$의 부정적분을 $F(x)$라 하면
$$\lim_{x\to0}\frac{1}{x}\int_0^{\frac{x}{4}}f(4t+\pi)dt$$
$$=\lim_{x\to0}\frac{\left[\frac{1}{4}F(4t+\pi)\right]_0^{\frac{x}{4}}}{x}$$
$$=\frac{1}{4}\lim_{x\to0}\frac{F(x+\pi)-F(\pi)}{x}$$
$$=\frac{1}{4}f(\pi)=\frac{1}{4}\text{에서}\ f(\pi)=1$$

$x>0$일 때, $f(x)=(1-x)\cos(\pi-x)-\sin(\pi-x)+C_2$이므로
$$f(\pi)=(1-\pi)+C_2=1$$
$$\therefore\ C_2=\pi$$

㉠에서 $C_1=\pi-2$

따라서
$x<0$일 때,
$$f(x)=-(1+x)\cos(\pi+x)+\sin(\pi+x)+\pi-2$$
$$f(-\pi)=-1+\pi+\pi-2=2\pi-3$$

187 정답 ③

$F'(x)=f(x)$라 할 때
$$\lim_{x\to1}\frac{1}{x^2-1}\int_{x-1}^{x+1}f(t)dt$$
$$=\lim_{x\to1}\frac{\displaystyle\int_{x-1}^{x+1}f(t)dt}{x^2-1}\ \cdots\text{㉠}$$
$$=\lim_{x\to1}\frac{F(x+1)-F(x-1)}{x^2-1}$$
$$=\lim_{x\to1}\frac{f(x+1)-f(x-1)}{2x}$$
$$=\frac{f(2)-f(0)}{2}=4\cdots\text{㉡}$$

㉠에서 $\frac{0}{0}$꼴 이므로 $\int_0^2 f(t)dt=0$

$f(x)=ax^2+b\displaystyle\int_0^x f(s)ds$의 양변에 $x=2$을 대입하면
$$f(2)=4a+b\int_0^2 f(s)\,ds=4a$$

$x=0$을 대입하면 $f(0)=0$이다.

따라서 ㉡에서 $\frac{4a}{2}=4$이다.

그러므로 $a=2$, $f(2)=8$

한편, $f(x)=2x^2+b\displaystyle\int_0^x f(s)ds$의 양변을 미분하면
$$f'(x)=4x+bf(x)\text{에서}\ f'(2)=16\text{이므로}$$
$$f'(2)=8+bf(2)=8+8b=16$$
$$b=1$$

따라서 $a+b=2+1=3$

188 정답 ②

각 구간의 $f'(x)$를 구해보자.

$$f'(x) = \begin{cases} \sin 2\pi x & (0 \le x < 1) \\ \sin 4\pi x & \left(1 \le x < \dfrac{3}{2}\right) \\ \sin 8\pi x & \left(\dfrac{3}{2} \le x < \dfrac{7}{4}\right) \\ \quad \vdots & \quad \vdots \end{cases}$$

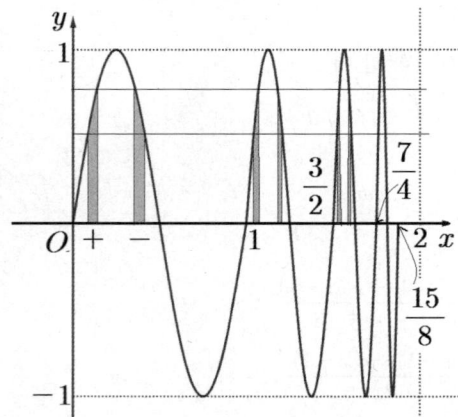

$0 \le x < 1$에서 $f'(x) = \sin 2\pi x$이므로

$f(x) = -\dfrac{1}{2\pi}\cos 2\pi x + C$ 이다.

$f(0) = 0$에서 $C = \dfrac{1}{2\pi}$

함수 $f(x)$가 $[0, 2)$에서 연속이므로

$$f(x) = \begin{cases} -\dfrac{1}{2\pi}\cos 2\pi x + \dfrac{1}{2\pi} & (0 \le x < 1) \\ -\dfrac{1}{4\pi}\cos 4\pi x + \dfrac{1}{4\pi} & \left(1 \le x < \dfrac{3}{2}\right) \\ -\dfrac{1}{8\pi}\cos 8\pi x + \dfrac{1}{8\pi} & \left(\dfrac{3}{2} \le x < \dfrac{7}{4}\right) \\ \quad \vdots & \quad \vdots \end{cases}$$

$\displaystyle\int_0^1 \left(-\dfrac{1}{2\pi}\cos 2\pi x + \dfrac{1}{2\pi}\right)dx = \dfrac{1}{2\pi}$

$\displaystyle\int_1^{\frac{3}{2}} \left(-\dfrac{1}{4\pi}\cos 4\pi x + \dfrac{1}{4\pi}\right)dx = \dfrac{1}{8\pi}$

$\displaystyle\int_{\frac{3}{2}}^{\frac{7}{4}} \left(-\dfrac{1}{8\pi}\cos 8\pi x + \dfrac{1}{8\pi}\right)dx = \dfrac{1}{32\pi}$

…

따라서 함수 $f(x)$와 x축으로 둘러싸인 부분의 넓이는 첫째항이 $\dfrac{1}{2\pi}$이고 공비가 $\dfrac{1}{4}$인 등비급수를 나타낸다.

따라서

$\displaystyle\lim_{k\to\infty}\int_0^{2-\frac{1}{2^{k-1}}} f(x)dx$

$= \displaystyle\int_0^2 f(x)dx$

$= \dfrac{\dfrac{1}{2\pi}}{1 - \dfrac{1}{4}} = \dfrac{\dfrac{1}{2\pi}}{\dfrac{3}{4}} = \dfrac{2}{3\pi}$

유형 9 정적분과 급수

189 정답 2

$x_k - x_{k-1} = \dfrac{m}{n}$, $x_k = \dfrac{m}{n}k$이므로

$S_k = \dfrac{m}{n} \times f\left(\dfrac{m}{n}k\right)$이다.

$g(m) = \displaystyle\lim_{n\to\infty}\sum_{k=1}^n \tan\dfrac{mk}{n} S_k$

$= \displaystyle\lim_{n\to\infty}\sum_{k=1}^n \left\{ \dfrac{\sin\dfrac{mk}{n}}{\cos\dfrac{mk}{n}} \times f\left(\dfrac{mk}{n}\right) \times \dfrac{m}{n} \right\}$

$= \displaystyle\int_0^m \left\{ \dfrac{\sin x}{\cos x} f(x) \right\} dx$

$= \displaystyle\int_0^m \left\{ \dfrac{\sin x}{\cos x} \times (a\cos x + b) \right\} dx$

$= \displaystyle\int_0^m \left\{ a\sin x + b\dfrac{\sin x}{\cos x} \right\} dx$

$= \Big[-a\cos x - b\ln|\cos x| \Big]_0^m$

$= -a\cos m - b\ln(\cos m) + a$

$g\left(\dfrac{\pi}{3}\right) = -\dfrac{1}{2}a + b\ln 2 + a = \dfrac{1}{2}a + b\ln 2 = 2$

a와 b가 유리수이므로 $a = 4$, $b = 0$이다.

그러므로 $f(x) = 4\cos x$

$f\left(\dfrac{\pi}{3}\right) = 4\cos\dfrac{\pi}{3} = 2$

---

190 정답 ⑤

[그림 : 이호진T]

O를 원점이라 하면 선분 $OP_k (1 \le k \le n-1)$이

$\angle AOB\left(= \dfrac{\pi}{2}\right)$를 n등분하므로

$\angle AOP_k = \dfrac{\pi}{2} \times \dfrac{k}{n}$

부채꼴 AOP_k의 넓이는

$\dfrac{1}{2} \times 5^2 \times \dfrac{k\pi}{2n} = \dfrac{25k\pi}{4n}$

$\angle COP_k = \pi - \dfrac{k\pi}{2n}$이므로

삼각형 COP_k의 넓이는

$\dfrac{1}{2} \times 1 \times 5 \times \sin\left(\pi - \dfrac{k\pi}{2n}\right) = \dfrac{5}{2} \times \sin\dfrac{k\pi}{2n}$

구하는 도형의 넓이는 부채꼴 AOP_k의 넓이와 삼각형 COP_k의 넓이의 합이므로

$S(k) = \dfrac{25k\pi}{4n} + \dfrac{5}{2} \times \sin\dfrac{k\pi}{2n}$

따라서

$$\lim_{n\to\infty}\frac{1}{n}\sum_{k=1}^{n}S(k)$$

$$=\lim_{n\to\infty}\frac{1}{n}\sum_{k=1}^{n}\left(\frac{25k\pi}{4n}+\frac{5}{2}\times\sin\frac{k\pi}{2n}\right)$$

$$=\int_{0}^{1}\left(\frac{25}{4}\pi x+\frac{5}{2}\sin\frac{\pi}{2}x\right)dx$$

$$=\left[\frac{25}{8}\pi x^{2}-\frac{5}{\pi}\cos\left(\frac{\pi}{2}x\right)\right]_{0}^{1}$$

$$=\frac{25}{8}\pi-0-\left(0-\frac{5}{\pi}\right)$$

$$=\frac{25\pi}{8}+\frac{5}{\pi}$$

191 정답 ②

[그림 : 최성훈T]

곡선 $y=e^{x}$ 위의 점 $\mathrm{P}_{k}\left(x_{k},\,e^{x_{k}}\right)$에서의 접선의 방정식은

$y=e^{x_{k}}(x-x_{k})+e^{x_{k}}=e^{x_{k}}x-x_{k}e^{x_{k}}+e^{x_{k}}$이다.

따라서 $\mathrm{Q}_{k}\left(x_{k}-1,\,0\right),\ \mathrm{R}_{k}\left(0,\,e^{x_{k}}(1-x_{k})\right)$이다.

한편, 곡선 $y=e^{x}$ 위의 점 $(1,\,e)$에서의 접선의 방정식은

$y=e(x-1)+e=ex$은 원점을 지나므로 $x_{k}>1$이므로

x절편은 양수이고 y절편은 음수이다.

따라서

$$S_{k}=\frac{1}{2}\times\left(x_{k}-1\right)\times e^{x_{k}}(x_{k}-1)$$

$$=\frac{1}{2}(x_{k}-1)^{2}e^{x_{k}}\text{이다.}$$

$x_{k}=1+\dfrac{k}{n}$이므로

$$S_{k}=\frac{1}{2}\left(\frac{k}{n}\right)^{2}e^{1+\frac{k}{n}}$$

$$\lim_{n\to\infty}\sum_{k=1}^{n}\frac{S_{k}}{k}$$

$$=\frac{1}{2}\lim_{n\to\infty}\frac{1}{n}\sum_{k=1}^{n}\left(\frac{k}{n}\right)e^{1+\frac{k}{n}}$$

$$=\frac{1}{2}\int_{0}^{1}xe^{1+x}dx$$

$$=\frac{1}{2}\left[xe^{x+1}-e^{x+1}\right]_{0}^{1}$$

$$=\frac{1}{2}\left(e^{2}-e^{2}+e\right)$$

$$=\frac{1}{2}e$$

192 정답 ④

$f(x)=\dfrac{\ln x}{x}$ 의 도함수는 $f'(x)=\dfrac{1-\ln x}{x^{2}}$이다.

$$\lim_{n\to\infty}\sum_{k=1}^{n}\left\{\frac{k}{k^{2}-4n^{2}}\frac{k}{n-\ln\left(\frac{k}{n}\right)^{n}}f'\left(\frac{k}{n}\right)\right\}$$

$$=\lim_{n\to\infty}\sum_{k=1}^{n}\left\{\frac{k^{2}}{k^{2}-4n^{2}}\frac{1}{1-\ln\left(\frac{k}{n}\right)}f'\left(\frac{k}{n}\right)\frac{1}{n}\right\}$$

$$=\lim_{n\to\infty}\sum_{k=1}^{n}\frac{\left(\frac{k}{n}\right)^{2}}{\left(\frac{k}{n}\right)^{2}-4}\frac{1}{1-\ln\left(\frac{k}{n}\right)}f'\left(\frac{k}{n}\right)\frac{1}{n}$$

$$=\int_{0}^{1}\left(\frac{x^{2}}{x^{2}-4}\times\frac{1}{1-\ln x}\times\frac{1-\ln x}{x^{2}}\right)dx$$

$$=\int_{0}^{1}\left(\frac{1}{x^{2}-4}\right)dx$$

$$=\int_{0}^{1}\frac{1}{(x-2)(x+2)}dx$$

$$=\frac{1}{4}\int_{0}^{1}\frac{1}{x-2}-\frac{1}{x+2}dx$$

$$=\frac{1}{4}\left[\ln|x-2|-\ln|x+2|\right]_{0}^{1}$$

$$=\frac{1}{4}\left\{(0-\ln3)-(\ln2-\ln2)\right\}$$

$$=-\frac{1}{4}\ln3$$

193 정답 ①

$y=\dfrac{1}{e^{x}}$ 에서

$y'=-\dfrac{1}{e^{x}}$ 이므로

점 $\mathrm{P}_{k}\left(x_{k},\,\dfrac{1}{e^{x_{k}}}\right)$에서의 접선의 방정식은

$$y=-\frac{1}{e^{x_{k}}}\left(x-x_{k}\right)+\frac{1}{e^{x_{k}}}$$

$y=0$을 대입하면

$\dfrac{1}{e^{x_{k}}}(x-x_{k})=\dfrac{1}{e^{x_{k}}}$ 에서 $x=x_{k}+1$

$\mathrm{Q}_{k}\left(x_{k}+1,\,0\right)$

$$S_{k}=\frac{1}{2}\times\left(x_{k}+1\right)\times\frac{1}{e^{x_{k}}}$$

$$=\frac{1}{2}\times\left(\frac{2k}{n}+1\right)\times\frac{1}{e^{\frac{2k}{n}}}=\frac{\frac{2k}{n}+1}{2e^{\frac{2k}{n}}}$$

$$\lim_{n \to \infty} \frac{1}{n} \sum_{k=1}^{n} S_k$$

$$= \lim_{n \to \infty} \frac{1}{n} \sum_{k=1}^{n} \left\{ \frac{\dfrac{2k}{n}+1}{2e^{\frac{2k}{n}}} \right\}$$

$$= \frac{1}{2} \int_0^1 (2x+1)e^{-2x}\,dx$$

$$= \frac{1}{2} \times \left[\left(-\frac{1}{2}e^{-2x}\right)(2x+1) - \left(\frac{1}{4}e^{-2x}\right)2 \right]_0^1$$

$$= \frac{1}{2} \times \left(-\frac{3}{2}e^{-2} - \frac{1}{2}e^{-2} + \frac{1}{2} + \frac{1}{2} \right)$$

$$= \frac{1}{2} - \frac{1}{e^2}$$

유형 10 곡선과 좌표축 사이의 넓이

---

194 정답 8

$$\int_{a_n}^{a_{n+1}} e^{\frac{1}{2}x}\,dx$$

$$= \left[2e^{\frac{1}{2}x} \right]_{a_n}^{a_{n+1}} = 2\left(e^{\frac{1}{2}a_{n+1}} - e^{\frac{1}{2}a_n} \right) = 1$$

$$\to e^{\frac{1}{2}a_{n+1}} - e^{\frac{1}{2}a_n} = \frac{1}{2}$$

수열 $\left\{ e^{\frac{1}{2}a_n} \right\}$은 첫째항이 1, 공차가 $\frac{1}{2}$인 등차수열이다.

따라서 $e^{\frac{1}{2}a_n} = \frac{n+1}{2}$

$$\frac{1}{2}a_n = \ln\left(\frac{n+1}{2}\right)$$

$$\therefore \ a_n = 2\ln\left(\frac{n+1}{2}\right)$$

$$S_n = \int_{a_n}^{a_{n+1}} (e^{-x})\,dx = \left[-e^{-x} \right]_{a_n}^{a_{n+1}}$$

$$= -e^{-a_{n+1}} + e^{-a_n}$$

$$= -e^{-2\ln\left(\frac{n+2}{2}\right)} + e^{-2\ln\left(\frac{n+1}{2}\right)}$$

$$= -\frac{4}{(n+2)^2} + \frac{4}{(n+1)^2}$$

$$= \frac{4(2n+3)}{(n+2)^2(n+1)^2}$$

따라서
$$\lim_{n \to \infty} n^3 S_n = 8$$

---

195 정답 ②

$f(x) = (-ax-1)e^{ax+a}$에서 $f(x)=0$의 해는 $x = -\dfrac{1}{a}$

$$f'(x) = -ae^{ax+a} + (-ax-1)e^{ax+a} \times a$$
$$= -ae^{ax+a}(ax+2)$$

$f'(x)=0$의 해는 $x = -\dfrac{2}{a}$이고 증감표에서 $f(x)$는

$x = -\dfrac{2}{a}$에서 극댓값을 갖고 그 값이 최대임을 알 수 있다.

따라서 $b = -\dfrac{2}{a}$

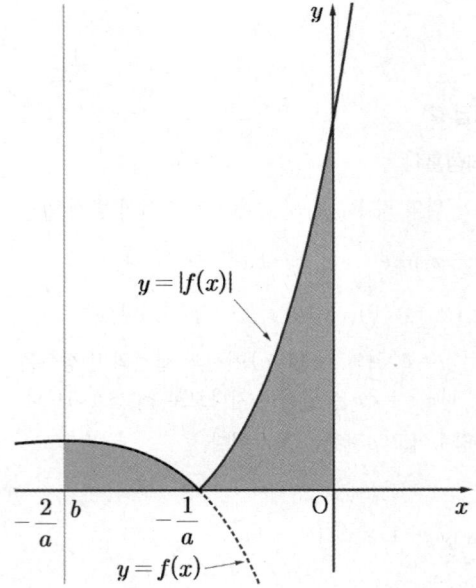

$$g(a) = \int_b^0 |f(x)|\,dx$$

$$= \int_{-\frac{2}{a}}^{-\frac{1}{a}} f(x)\,dx + \int_{-\frac{1}{a}}^{0} -f(x)\,dx$$

$$= \int_{-\frac{2}{a}}^{-\frac{1}{a}} \{(-ax-1)e^{ax+a}\}\,dx + \int_{-\frac{1}{a}}^{0} \{(ax+1)e^{ax+a}\}\,dx$$

$$= \left[(-ax-1)\left(e^{ax+a} \times \frac{1}{a}\right) - (-a)\left(e^{ax+a} \times \frac{1}{a^2}\right) \right]_{-\frac{2}{a}}^{-\frac{1}{a}}$$
$$+ \left[(ax+1)\left(e^{ax+a} \times \frac{1}{a}\right) - (a)\left(e^{ax+a} \times \frac{1}{a^2}\right) \right]_{-\frac{1}{a}}^{0}$$

$$= \left[e^{ax+a}(-x) \right]_{-\frac{2}{a}}^{-\frac{1}{a}} + \left[e^{ax+a}(x) \right]_{-\frac{1}{a}}^{0}$$

$$= e^{a-1}\left(\frac{1}{a}\right) - e^{a-2}\left(\frac{2}{a}\right) - e^{a-1}\left(-\frac{1}{a}\right)$$

$$= \frac{2}{a}(e^{a-1} - e^{a-2})$$

$$= 2(e-1)\frac{e^{a-2}}{a}$$

$$\therefore \ g(a) = 2(e-1)\frac{e^{a-2}}{a}$$

$$g'(a)=2(e-1)\frac{e^{a-2}(a-1)}{a^2}$$

$g'(1)=0$이므로 $a>0$에서 $g(a)$는 $a=1$에서 극소이자 최솟값을 갖는다.

따라서 $g(1)=2(e-1)e^{-1}=2\left(1-\dfrac{1}{e}\right)$

196 정답 ②

$(x-1-t)\{f(x)-t\} \leq 0$

$\Rightarrow (t-x+1)\{t-f(x)\} \leq 0$

$\Rightarrow x-1 \leq t \leq f(x)$ 또는 $f(x) \leq t \leq x-1$

에서 만족하는 x의 최댓값이 $g(t)$이므로

$y=e^x(x-1)$ $(x \geq 0)$과 $y=x-1$ 그래프에서 t값에 따른 x의 최댓값을 나타내는 그래프는 다음 그림과 같다.

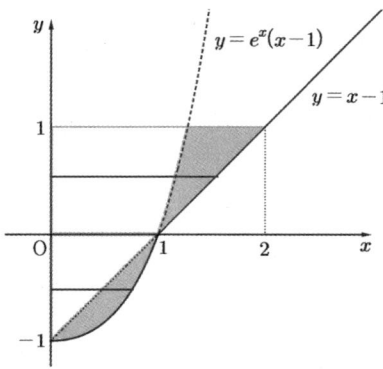

따라서 $\displaystyle\int_{-1}^{1}g(t)dt$의 값은 다음 그림과 같은 영역의 넓이와 같다.

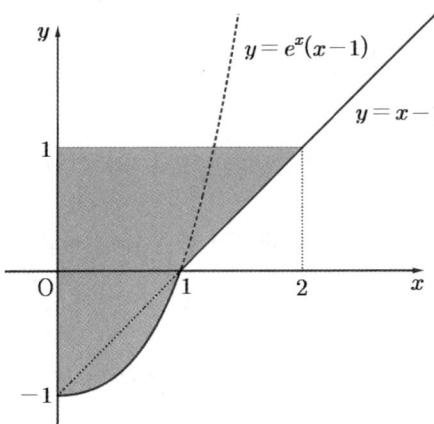

$$\int_{-1}^{1}g(t)dt=\int_{0}^{1}|e^t(t-1)|dt+2-\int_{1}^{2}(t-1)dt$$

$$=-\int_{0}^{1}e^t(t-1)dt+2-\left[\frac{1}{2}t^2-t\right]_{1}^{2}$$

$$=-\left[e^t(t-1)-e^t\right]_{0}^{1}+2-\left(\frac{3}{2}-1\right)$$

$$=-(-e+1+1)+\frac{3}{2}$$

$$=e-2+\frac{3}{2}=e-\frac{1}{2}$$

197 정답 17

$k>0$이고 함수 $g(x)$가 $(k, 0)$과 $(2k, k)$을 지나므로 (전체적으로 증가)

(나)에서 $g'(x)=\pm\sqrt{1+\{f'(x)\}^2}$에서

$g'(x)=\sqrt{1+\{f'(x)\}^2}$ 이어야 한다.

(다)에서

$$\int_{k}^{2k}g'(x)dx=g(2k)-g(k)=k$$이므로

$$\int_{k}^{2k}g'(x)dx=\int_{k}^{2k}\sqrt{1+\{f'(x)\}^2}dx=k$$

구간 $[k, 2k]$에서 $f(x)$의 곡선의 길이가 k를 뜻하므로 함수 $f(x)$는 다음과 같다.

$$f(x)=\begin{cases}-x^2(x-2)^2+2 & (0 \leq x \leq k) \\ c & (k \leq x \leq 2k)\end{cases}$$

함수 $f(x)$가 실수 전체에서 미분 가능하므로 $x=k$에서도 미분 가능하다.

$x=k$에서 미분 가능하기 위해서는 k는 극점의 x좌표가 되어야 한다.

$$f'(x)=-2x(x-2)^2-2x^2(x-2)$$

$$=-2x(x-2)\{(x-2)+x\}$$

$$=-4x(x-1)(x-2)$$

$f'(x)=0$의 해는 $x=0$ 또는 $x=1$ 또는 $x=2$이다.

따라서 $k=1$ 또는 $k=2$이다.

(i) $k=1$일 때,

$f(1)=1$이므로 $c=1$이다.

따라서 $f(x)=\begin{cases}-x^2(x-2)^2+2 & (0 \leq x \leq 1) \\ 1 & (1 \leq x \leq 2)\end{cases}$

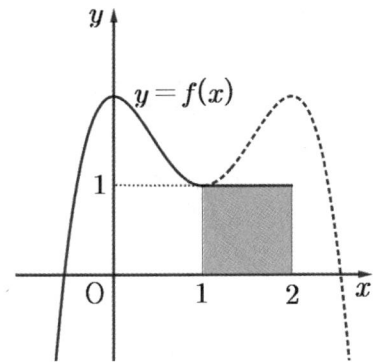

$$\int_{k}^{2k}f(x)dx=\int_{1}^{2}1dx=1$$

(ii) $k=2$일 때,

$f(2)=2$이므로 $c=2$이다.

따라서 $f(x)=\begin{cases}-x^2(x-2)^2+2 & (0 \leq x \leq 2) \\ 2 & (2 \leq x \leq 4)\end{cases}$

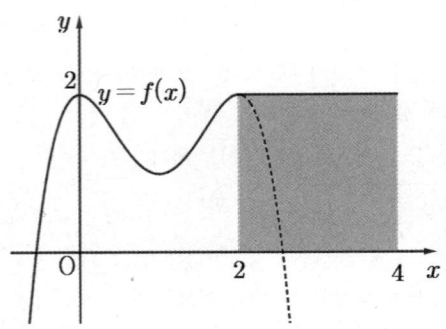

$$\int_k^{2k} f(x)dx = \int_2^4 2dx = 4$$

따라서 $M=4$, $m=1$이므로
$$M^2+m^2 = 16+1 = 17$$

유형 11 두 곡선 사이의 넓이

198 정답 ①

[그림 : 배용제T]

곡선 $y = \dfrac{e^x-1}{2}$과 직선 $y = \dfrac{e^2-1}{2}$의 교점의 x좌표는

$x=2$이다.

곡선 $y = \dfrac{e^x-1}{2}$와 두 직선 $y=mx$, $x=2$로 둘러싸인 부분의

넓이를 A라 하고 세 직선 $y = \dfrac{e^2-1}{2}$, $x=2$, $y=mx$로

둘러싸인 부분의 넓이를 B라 하면 $S_2 = A+B$이다.

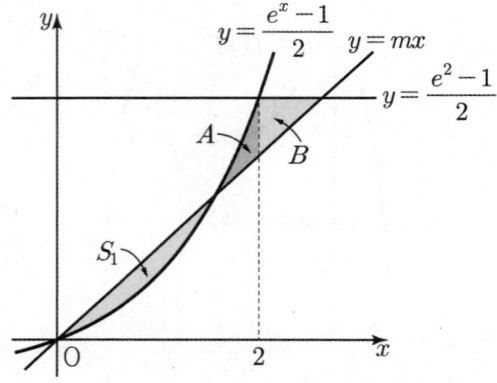

따라서 $S_1 = A+B$이고 $S_1-A = B$이다.

$$\int_0^2 \left(\frac{e^x-1}{2} - mx\right)dx = -S_1+A \text{에서}$$

$$-S_1+A = \left[\frac{e^x-x}{2} - \frac{1}{2}mx^2\right]_0^2$$

$$= \frac{e^2-2}{2} - 2m - \frac{1}{2}$$

$$= \frac{e^2-3}{2} - 2m$$

$$S_1 - A = 2m - \frac{e^2-3}{2} \cdots \text{㉠}$$

직선 $y = \dfrac{e^2-1}{2}$와 직선 $y = mx$의 교점의 좌표는

$x = \dfrac{e^2-1}{2m}$이다.

따라서

$$B = \frac{1}{2}\left(\frac{e^2-1}{2m} - 2\right)\left(\frac{e^2-1}{2} - 2m\right)$$

$$= \frac{1}{2}\left\{\frac{(e^2-1)^2}{4m} - (e^2-1) - (e^2-1) + 4m\right\}$$

$$= \frac{(e^2-1)^2}{8m} - (e^2-1) + 2m \cdots \text{㉡}$$

㉠, ㉡에서 $S_1 - A = B$이므로

$$2m - \frac{e^2-3}{2} = \frac{(e^2-1)^2}{8m} - (e^2-1) + 2m$$

$$-\frac{e^2-3}{2} = \frac{(e^2-1)^2}{8m} - (e^2-1)$$

$$\frac{(e^2-1)^2}{8m} = \frac{e^2+1}{2}$$

$$4m = \frac{(e^2-1)^2}{e^2+1}$$

$$m = \frac{(e^2-1)^2}{4(e^2+1)}$$

199 정답 ④

[그림 : 배용제T]

$$f(x) = \int f'(x)dx = \int \ln x\,dx = x\ln x - x + C$$

$f(1)=0$에서 $C=1$

$\therefore f(x) = x\ln x - x + 1 \ (x \geq 1)$

$x > 1$에서 $f'(x) > 0$, $f''(x) > 0$이므로 함수 $f(x)$는 아래로
볼록 모양으로 증가한다.

따라서 역함수 $g(x)$가 존재하고 두 함수 $y=f(x)$와
$y=g(x)$의 그래프는 다음과 같다.

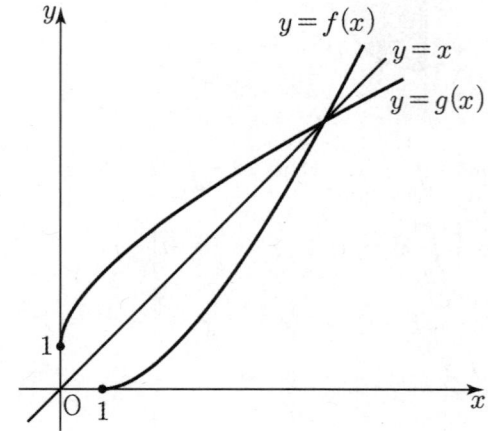

함수 $y = |g(x)-2|$와 $y=1$로 둘러싸인 부분의 넓이는 다음과
같다.

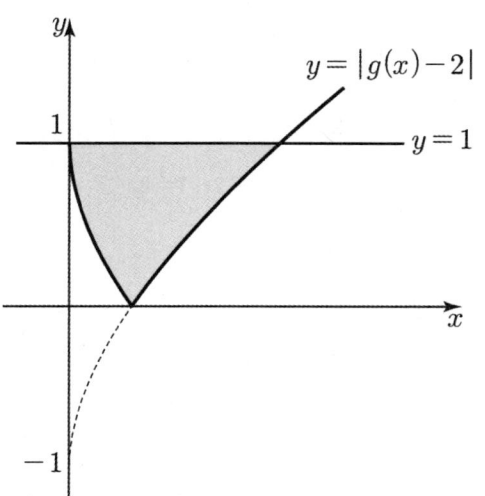

색칠된 부분의 넓이는 다음과 같이 S_1의 넓이에서 S_2의 넓이를 빼면 된다.

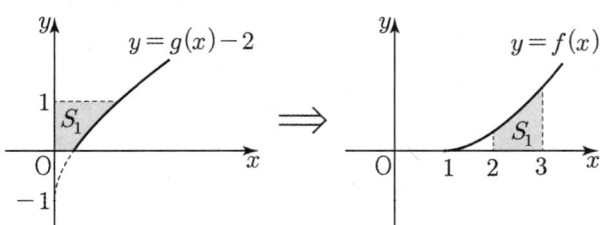

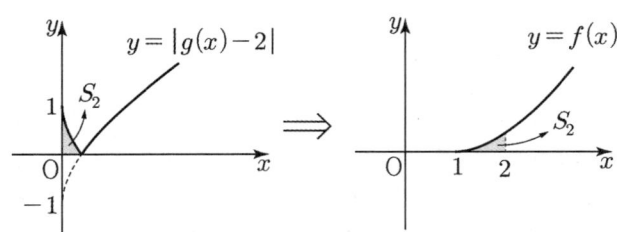

그러므로
$$S = \int_2^3 f(x)dx - \int_1^2 f(x)dx \text{이다.}$$

(i) $S_1 = \int_2^3 f(x)dx$

$= \int_2^3 (x\ln x - x + 1)dx$

$= \int_2^3 x\ln x\,dx + \int_2^3 (-x+1)dx$

$= \left[\dfrac{1}{2}x^2\ln x\right]_2^3 - \int_2^3 \left(\dfrac{1}{2}x\right)dx + \int_2^3 (-x+1)dx$

$= \dfrac{9}{2}\ln 3 - 2\ln 2 + \int_2^3 \left(-\dfrac{3}{2}x+1\right)dx$

$= \dfrac{9}{2}\ln 3 - 2\ln 2 + \left[-\dfrac{3}{4}x^2+x\right]_2^3$

$= \dfrac{9}{2}\ln 3 - 2\ln 2 - \dfrac{11}{4}$

(ii) $S_2 = \int_1^2 f(x)dx$

$= \int_1^2 (x\ln x - x + 1)dx$

$= \int_1^2 x\ln x\,dx + \int_1^2 (-x+1)dx$

$= \left[\dfrac{1}{2}x^2\ln x\right]_1^2 - \int_1^2 \left(\dfrac{1}{2}x\right)dx + \int_1^2 (-x+1)dx$

$= 2\ln 2 + \int_1^2 \left(-\dfrac{3}{2}x+1\right)dx$

$= 2\ln 2 + \left[-\dfrac{3}{4}x^2+x\right]_1^2$

$= 2\ln 2 - \dfrac{5}{4}$

따라서

$S = \int_2^3 f(x)dx - \int_1^2 f(x)dx$

$= \dfrac{9}{2}\ln 3 - 2\ln 2 - \dfrac{11}{4} - \left(2\ln 2 - \dfrac{5}{4}\right)$

$= \dfrac{9}{2}\ln 3 - 4\ln 2 - \dfrac{3}{2}$

200 정답 3

[그림 : 이정배T]

$y = tx$와 $y = e^x - 1$의 교점의 x좌표가 $f(t)$이므로

$e^{f(t)} - 1 = tf(t) \cdots \text{㉠}$

㉠의 양변에 $t = \alpha$를 대입하면 $f(\alpha) = \ln 2$이므로

$e^{\ln 2} - 1 = \alpha \times \ln 2$

$\therefore \alpha = \dfrac{1}{\ln 2} \cdots \text{㉡}$

㉠의 양변을 t에 관해 미분하면

$e^{f(t)} \times f'(t) = f(t) + tf'(t)$이다.

양변에 $t = \alpha$을 대입하면

$e^{\ln 2} \times f'(\alpha) = \ln 2 + \dfrac{1}{\ln 2}f'(\alpha)$

$\left(2 - \dfrac{1}{\ln 2}\right)f'(\alpha) = \ln 2$

$\therefore f'(\alpha) = \dfrac{(\ln 2)^2}{2\ln 2 - 1} \cdots \text{㉢}$

$S(t)$는 다음 그림과 같다.

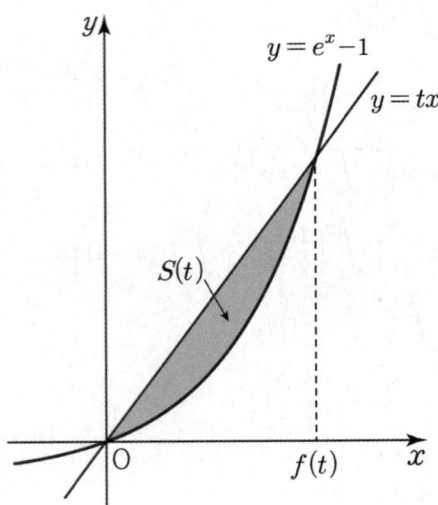

$$S(t) = \frac{1}{2}t\{f(t)\}^2 - \int_0^{f(t)}(e^x - 1)dx$$

$$S'(t) = \frac{1}{2}\{f(t)\}^2 + tf(t)f'(t) - (e^{f(t)} - 1)f'(t)$$

$$S'(\alpha) = \frac{1}{2}\{f(\alpha)\}^2 + \alpha f(\alpha)f'(\alpha) - (e^{f(\alpha)} - 1)f'(\alpha)$$

ⓛ, ⓒ에서

$$S'(\alpha) = \frac{1}{2} \times (\ln 2)^2 + \frac{1}{\ln 2}$$

$$\times \ln 2 \times \frac{(\ln 2)^2}{2\ln 2 - 1} - (e^{\ln 2} - 1) \times \frac{(\ln 2)^2}{2\ln 2 - 1}$$

$$= \frac{(\ln 2)^2}{2} + \frac{(\ln 2)^2}{2\ln 2 - 1} - \frac{(\ln 2)^2}{2\ln 2 - 1}$$

$$= \frac{(\ln 2)^2}{2}$$

따라서 $p = 2$, $q = 1$이다.

$p + q = 3$

201 정답 3

$A = \int_{-2}^{a}\{2 - f(x)\}dx$, $B = \int_{a}^{2}\{f(x) - 2\}dx$이므로

$A - B$

$$= \int_{-2}^{a}\{2 - f(x)\}dx - \int_{a}^{2}\{f(x) - 2\}dx$$

$$= \int_{-2}^{a}\{2 - f(x)\}dx + \int_{a}^{2}\{2 - f(x)\}dx$$

$$= \int_{-2}^{2}\{2 - f(x)\}dx$$

$$= \left[\, 2x \,\right]_{-2}^{2} - \int_{-2}^{2}f(x)dx$$

$$= 8 - \int_{-2}^{2}f(x)dx = 1$$

따라서 $\int_{-2}^{2}f(x)dx = 7$이다.

$$\int_{-2}^{2}xf'(x)dx = \left[\, xf(x) \,\right]_{-2}^{2} - \int_{-2}^{2}f(x)dx$$

$$= 2f(2) - (-2)f(-2) - \int_{-2}^{2}f(x)dx$$

$$= 2 \times 3 - (-2) \times 2 - 7 = 3$$

202 정답 ②

$g(e) = x$에서 $f(x) = e$이므로 $xe^x = e$

$x = 1$이다.

$S_1 = S_2$이므로 $\int_0^e\{g(x) - k\}dx = 0$

$$\int_0^e g(x)dx - ke = 0$$

$$\int_0^e g(x)dx = ke$$이다.

한편

$$\int_0^1 f(x)dx + \int_0^e g(x)dx = e \ (young's \ 법칙)$$ 이 성립하므로

$$\int_0^1 xe^x dx + ke = e$$

$$\left[\, xe^x - e^x \,\right]_0^1 + ke = e$$

$$1 + ke = e$$

$$\therefore \ k = \frac{e - 1}{e} = 1 - \frac{1}{e}$$

[다른 풀이]

모든 상황을 $y = x$에 대칭이동시켜서 파악하자.

S_1은 $y = f(x)$와 x축, $x = k$로 둘러싸인 부분의 넓이이고 S_2는 $y = f(x)$와 $x = k$, $y = e$로 둘러싸인 부분의 넓이이다.

따라서

$$S_1 = \int_0^k xe^x dx, \ S_2 = e(1 - k) - \int_k^1 xe^x dx$$

$S_1 = S_2$이므로

$$\int_0^k xe^x dx = e(1 - k) - \int_k^1 xe^x dx$$

$$\int_0^k xe^x dx + \int_k^1 xe^x dx = e(1 - k)$$

$$\int_0^1 xe^x dx = e(1 - k)$$

$$\int_0^1 xe^x dx = \left[\, xe^x - e^x \,\right]_0^1 = 1$$이므로

$1 = e(1 - k)$에서 $k = 1 - \frac{1}{e}$

203 정답 ③

[출제자 : 이소영T]

[그림 : 도정영T]

$0 \leq x \leq \dfrac{\pi}{2}$에서 정의된 함수 $h(x)$는

$\left(h(x) - \sqrt{x\sin^2 x}\right)\left(h(x) - \sqrt{x\cos^2 x}\right) = 0$을 만족하므로 $h(x) = \sqrt{x\sin^2 x}$ 또는 $h(x) = \sqrt{x\cos^2 x}$이다. 그래프를 그리면 아래와 같다.

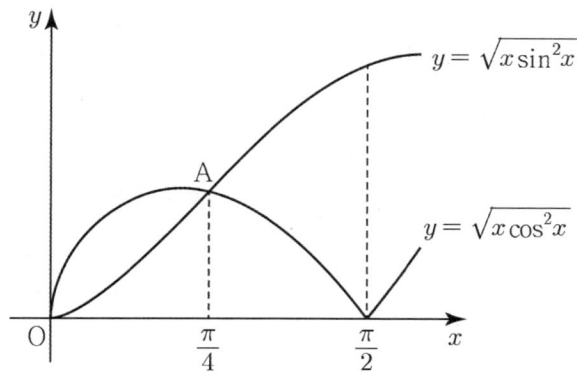

두 곡선의 교점을 구해보면

$\sqrt{x\cos^2 x} = \sqrt{x\sin^2 x}$

$x(\cos^2 x - \sin^2 x) = 0$

$x(\cos x - \sin x)(\cos x + \sin x) = 0$

주어진 범위 $0 \leq x \leq \dfrac{\pi}{2}$에서의 해는 $x = 0$ 또는 $x = \dfrac{\pi}{4}$이다.

곡선 $y = h(x)$ $\left(0 \leq x \leq \dfrac{\pi}{2}\right)$와 x축 및 직선 $y = \dfrac{\pi}{2}$로 둘러싸인 부분을 밑면으로 하고 x축에 수직인 평면으로 자른 단면이 모두 정삼각형일 때, 이 입체도형의 부피가 최대가 되려면

$h(x) = \begin{cases} \sqrt{x\cos^2 x} & \left(0 \leq x \leq \dfrac{\pi}{4}\right) \\ \sqrt{x\sin^2 x} & \left(\dfrac{\pi}{4} < x \leq \dfrac{\pi}{2}\right) \end{cases}$ 이다.

부피의 최댓값을 V_M이라 하면

$V_M = \displaystyle\int_0^{\frac{\pi}{4}} \dfrac{\sqrt{3}}{4} x\cos^2 x\, dx + \int_{\frac{\pi}{4}}^{\frac{\pi}{2}} \dfrac{\sqrt{3}}{4} x\sin^2 x\, dx$

여기서 $\cos^2 x = \dfrac{1+\cos 2x}{2}$, $\sin^2 x = \dfrac{1-\cos 2x}{2}$ 이므로

$= \dfrac{\sqrt{3}}{4}\left(\displaystyle\int_0^{\frac{\pi}{4}} \dfrac{x + x\cos 2x}{2}\, dx + \int_{\frac{\pi}{4}}^{\frac{\pi}{2}} \dfrac{x - x\cos 2x}{2}\, dx\right)$

$= \dfrac{\sqrt{3}}{8}\left(\displaystyle\int_0^{\frac{\pi}{4}} (x + x\cos 2x)\, dx + \int_{\frac{\pi}{4}}^{\frac{\pi}{2}} (x - x\cos 2x)\, dx\right)$

$= \dfrac{\sqrt{3}}{8}\left(\left[\dfrac{1}{2}x^2 + \dfrac{x}{2}\sin 2x + \dfrac{1}{4}\cos 2x\right]_0^{\frac{\pi}{4}} \right.$

$\left. + \left[\dfrac{1}{2}x^2 - \dfrac{x}{2}\sin 2x - \dfrac{1}{4}\cos 2x\right]_{\frac{\pi}{4}}^{\frac{\pi}{2}}\right)$

$= \dfrac{\sqrt{3}}{8}\left(\dfrac{\pi^2}{8} + \dfrac{\pi}{4}\right)$

$= \dfrac{\sqrt{3}}{32}\pi\left(\dfrac{\pi}{2} + 1\right)$

204 정답 ③

[그림 : 이정배T]

$f(x) = \sin x - \cos x + 1$라 하면 $f'(x) = \cos x + \sin x$이고 $f'(x) = 0$의 해는 $\tan x = -1$에서 $x = \dfrac{3}{4}\pi$이다.

$f(0) = 0$. $f\left(\dfrac{3\pi}{2}\right) = 0$이므로 곡선 $y = \sin x - \cos x + 1$ $\left(0 \leq x \leq \dfrac{3\pi}{2}\right)$의 그래프는 다음과 같다.

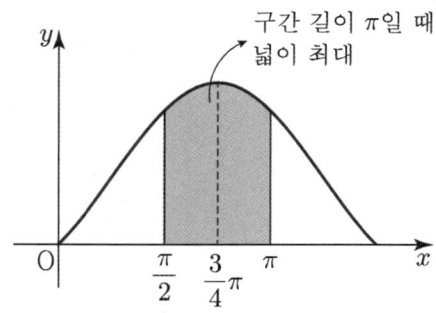

구간 길이가 π일 때 넓이 최대

$a = \dfrac{\pi}{2}$ 일 때, $x = \dfrac{\pi}{2}$에서 $x = \pi$까지 곡선 $y = \sin x - \cos x + 1$와 x축으로 둘러싸인 부분의 넓이가 최대이므로 이때 부피가 최대가 된다.

즉, 부피의 최댓값은

$\displaystyle\int_{\frac{\pi}{2}}^{\pi} (\sin x - \cos x + 1)^2\, dx$

$= \displaystyle\int_{\frac{\pi}{2}}^{\pi} (\sin^2 x + \cos^2 x + 1 - 2\sin x\cos x - 2\cos x + 2\sin x)\, dx$

$= \displaystyle\int_{\frac{\pi}{2}}^{\pi} (2 - \sin 2x - 2\cos x + 2\sin x)\, dx$

$= \left[2x + \dfrac{1}{2}\cos 2x - 2\sin x - 2\cos x\right]_{\frac{\pi}{2}}^{\pi}$

$= \left(2\pi + \dfrac{1}{2} - 0 - 2\right) - \left(\pi - \dfrac{1}{2} - 2 + 0\right)$

$= \pi + 5$

205 정답 2

$0 \leq k \leq t$인 실수 k에 대하여 직선 $x = k$를 포함하고 x축에 수직인 평면으로 입체도형을 자른 단면은 한 변의 길이가 $f(k)$인 정삼각형이므로 그 넓이를 $S(k)$이라 하면

$$S(k) = \frac{\sqrt{3}}{4}\{f(k)\}^2$$

구하는 입체도형의 부피를 V라 하면

$$V = \int_0^t S(k)\,dk = \int_0^t \left(\frac{\sqrt{3}}{4}\{f(k)\}^2\right)dk \text{이다.}$$

$V = \frac{\sqrt{3}}{8}t + \frac{\sqrt{3}}{8}\sin t$이므로

$$\int_0^t \left(\frac{\sqrt{3}}{4}\{f(k)\}^2\right)dt = \frac{\sqrt{3}}{8}t + \frac{\sqrt{3}}{8}\sin t$$

양변을 t에 관하여 미분하면

$$\frac{\sqrt{3}}{4}\{f(t)\}^2 = \frac{\sqrt{3}}{8} + \frac{\sqrt{3}}{8}\cos t$$

$$\{f(t)\}^2 = \frac{1 + \cos t}{2} = \cos^2\frac{t}{2}$$

$$f(t) = \cos\frac{t}{2} \quad (\because f(t) \geq 0)$$

따라서 구간 $[0, \pi]$에서 곡선 $y = f(x)$와 x축으로 둘러싸인 부분의 넓이 S는

$$S = \int_0^\pi \cos\frac{x}{2}\,dx$$
$$= \left[2\sin\frac{x}{2}\right]_0^\pi$$
$$= 2$$

206 정답 ②

x축 위의 점 $(t, 0)$ $\left(-\frac{\pi}{6} \leq t \leq \frac{\pi}{6}\right)$를 지나고 x축에 수직인 평면으로 자른 단면은 한 변의 길이가 $\sqrt{\cos t} + \tan t$인 정삼각형이므로 단면의 넓이를 $S(t)$라 하면

$$S(t) = \frac{\sqrt{3}}{4}(\sqrt{\cos t} + \tan t)^2$$
$$= \frac{\sqrt{3}}{4}(\cos t + 2\sqrt{\cos t}\,\tan t + \tan^2 t)$$

이고

$f(x) = \sqrt{\cos x}\,\tan x$라 두면

$$f(-x) = \sqrt{\cos(-x)}\,\tan(-x)$$
$$= -\sqrt{\cos x}\,\tan x = -f(x)$$

따라서 $\displaystyle\int_{-\frac{\pi}{6}}^{\frac{\pi}{6}}(\sqrt{\cos t}\,\tan t)\,dt = 0$

입체도형의 부피 V는

$$V = \int_{-\frac{\pi}{6}}^{\frac{\pi}{6}} S(t)\,dt$$

$$= \frac{\sqrt{3}}{4} \times 2\int_0^{\frac{\pi}{6}}(\cos t + \tan^2 t)\,dt$$

$$= \frac{\sqrt{3}}{2}\int_0^{\frac{\pi}{6}}(\cos t + \sec^2 t - 1)\,dt$$

$$= \frac{\sqrt{3}}{2}\left[\sin t + \tan t - t\right]_0^{\frac{\pi}{6}}$$

$$= \frac{\sqrt{3}}{2}\left(\frac{1}{2} + \frac{\sqrt{3}}{3} - \frac{\pi}{6}\right)$$

$$= \frac{\sqrt{3}}{4} + \frac{1}{2} - \frac{\sqrt{3}}{12}\pi$$

207 정답 ①

$$y = \sin x + 1 \rightarrow y' = \cos x$$

에서 $P(0, 1)$에서의 접선의 기울기는 $\cos 0 = 1$이므로 접선의 방정식은 $y = x + 1$이다.

$x = t$일 때, 입체도형의 단면인 정삼각형의 한 변의 길이가 $(t + 1) - (-\cos t + 1) = t + \cos t$이므로 정삼각형의 넓이는 $\frac{\sqrt{3}}{4}(t + \cos t)^2$이다.

따라서 이 입체도형의 부피는

$$\frac{\sqrt{3}}{4}\int_0^\pi(t + \cos t)^2\,dt$$

$$= \frac{\sqrt{3}}{4}\int_0^\pi(t^2 + 2t\cos t + \cos^2 t)\,dt$$

$$= \frac{\sqrt{3}}{4}\left\{\int_0^\pi t^2\,dt + 2\int_0^\pi t\cos t\,dt + \int_0^\pi \frac{1 + \cos 2t}{2}\,dt\right\}$$

$$= \frac{\sqrt{3}}{4}\left\{\left[\frac{1}{3}t^3\right]_0^\pi + 2\left[t\sin t + \cos t\right]_0^\pi + \left[\frac{1}{2}t + \frac{1}{4}\sin 2t\right]_0^\pi\right\}$$

$$= \frac{\sqrt{3}}{4}\left(\frac{1}{3}\pi^3 + 2(-1 - 1) + \frac{1}{2}\pi\right)$$

$$= \frac{\sqrt{3}}{4}\left(-4 + \frac{\pi}{2} + \frac{\pi^3}{3}\right)$$

유형 13 좌표평면 위를 움직이는 점의 속도와 거리

208 정답 7

$\ln|s - t| = t$을 s에 관한 식으로 나타내면

$|s - t| = e^t \Rightarrow s = t + e^t$ (모든 t에 대하여 $s > 0$)

한편, $\frac{dx}{dt} = f'(t)$, $\frac{dy}{dt} = 2e^{\frac{t}{2}}$이므로

$t = 2$일 때, 점 P의 속도는 $(f'(2), 2e)$에서 $f'(2) = 1 - e^2$이다.

또한, $\dfrac{d^2x}{dt^2}=f''(t)$, $\dfrac{d^2y}{dt^2}=e^{\frac{t}{2}}$ 이므로

$t=2$일 때 점 P의 가속도는 $(f''(2), e)$에서

$f''(2)=a$, $b=e$이다.

따라서

$$\int_0^t \sqrt{\left(\dfrac{dx}{dk}\right)^2+\left(\dfrac{dy}{dk}\right)^2}\,dk=s$$ 이므로

$$\int_0^t \sqrt{(f'(k))^2+\left(2e^{\frac{k}{2}}\right)^2}\,dk=t+e^t$$ 이다.

양변을 t에 대하여 미분하면

$$\sqrt{(f'(t))^2+4e^t}=1+e^t$$

양변을 제곱하여 정리하면

$$\{f'(t)\}^2=(1-e^t)^2$$

$f'(2)=1-e^2$이므로 $f'(t)=1-e^t$이다.

그러므로 $f''(t)=-e^t$

따라서 $a=f''(2)=-e^2$

$a^2b^3=(-e^2)^2(e)^3=e^7$

$\therefore \ln(a^2b^3)=\ln e^7=7$

209 정답 ③

$\dfrac{dx}{dt}=\cos t-t\sin t$, $\dfrac{dy}{dt}=\sin t+t\cos t$

$$\left(\dfrac{dx}{dt}\right)^2+\left(\dfrac{dy}{dt}\right)^2$$
$$=(\cos t-t\sin t)^2+(\sin t+t\cos t)^2$$
$$=1+t^2$$

$t=0$에서 $t=a$까지 점 P가 움직인 거리는

$$f(a)=\int_0^a \sqrt{\left(\dfrac{dx}{dt}\right)^2+\left(\dfrac{dy}{dt}\right)^2}\,dt$$
$$=\int_0^a \sqrt{1+t^2}\,dt$$

$f'(a)=\sqrt{1+a^2}$

따라서

$$\int_{\sqrt{3}}^{2\sqrt{2}} af'(a)\,da$$
$$=\int_{\sqrt{3}}^{2\sqrt{2}} a\sqrt{1+a^2}\,da$$

$b=a^2+1$이라 두면 $db=2a\,da$이고

$a : \sqrt{3}\to 2\sqrt{2}$ 일 때, $b : 4\to 9$이므로

$$=\int_4^9 \dfrac{1}{2}\sqrt{b}\,db=\dfrac{1}{2}\left[\dfrac{2}{3}b^{\frac{3}{2}}\right]_4^9$$
$$=\dfrac{1}{2}\left(18-\dfrac{16}{3}\right)=\dfrac{1}{2}\times\dfrac{38}{3}$$
$$=\dfrac{19}{3}$$

210 정답 ②

점 P의 속도가 $v=\left(-\pi\sin\left(\pi t+\dfrac{\pi}{2}\right), \pi\cos\left(\dfrac{\pi}{2}t\right)\right)$

이므로 점 P의 위치 s는

$$s=\left(\cos\left(\pi t+\dfrac{\pi}{2}\right)+C_1, 2\sin\left(\dfrac{\pi}{2}t\right)+C_2\right)$$

$t=0$일 때, $s=\left(-\dfrac{1}{2}, -1\right)$이므로

$$C_1=-\dfrac{1}{2}, C_2=-1$$

따라서

$$s=\left(\cos\left(\pi t+\dfrac{\pi}{2}\right)-\dfrac{1}{2}, 2\sin\left(\dfrac{\pi}{2}t\right)-1\right)$$

점 P가 제1사분면 위에 있을 조건은

$$\cos\left(\pi t+\dfrac{\pi}{2}\right)-\dfrac{1}{2}>0, 2\sin\left(\dfrac{\pi}{2}t\right)-1>0$$이다.

(i) $\cos\left(\pi t+\dfrac{\pi}{2}\right)-\dfrac{1}{2}>0$

$\cos\left(\pi t+\dfrac{\pi}{2}\right)>\dfrac{1}{2}$에서 $y=\cos\left(\pi t+\dfrac{\pi}{2}\right)=-\sin(\pi t)$의

그래프는 주기가 2이므로 $0<t<2$에서 아래 그림과 같다.

따라서 $\dfrac{7}{6}\pi<\pi t<\dfrac{11}{6}\pi \to \dfrac{7}{6}<t<\dfrac{11}{6}$

(ii) $2\sin\left(\dfrac{\pi}{2}t\right)-1>0$

$\sin\left(\dfrac{\pi}{2}t\right)>\dfrac{1}{2}$에서 $y=\sin\left(\dfrac{\pi}{2}t\right)$의 그래프는 주기가 4이므로

$0<t<2$에서 아래 그림과 같다.

따라서 $\dfrac{\pi}{6}<\dfrac{\pi}{2}t<\dfrac{5}{6}\pi \Rightarrow \dfrac{1}{3}<t<\dfrac{5}{3}$

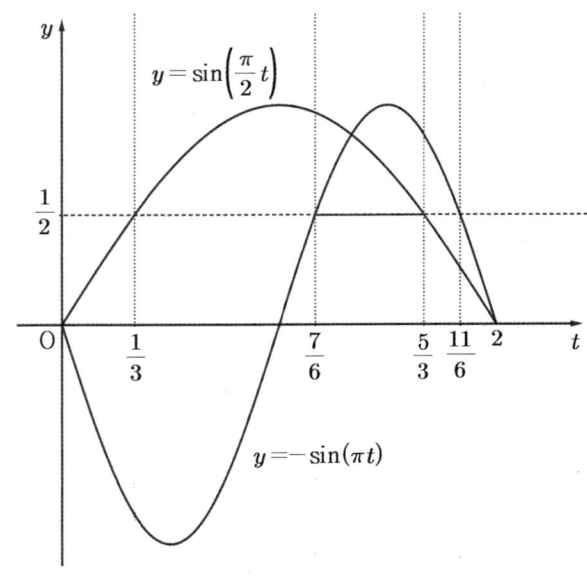

(i), (ii)에서 $\dfrac{7}{6}<t<\dfrac{5}{3}$

따라서 $a=\dfrac{7}{6}$, $b=\dfrac{5}{3}$일 때 $b-a=\dfrac{1}{2}$로 최댓값을 갖는다.

유형 14 곡선의 길이

211 정답 5

[출제자 : 황보성호T]
[검토자 : 최수영T]

$f(x)=\int_0^x \sqrt{e^t(e^t+2)}\,dt$에서 $f(0)=0$이고,

$f'(x)=\sqrt{e^x(e^x+2)}$

$x=1$에서 $x=a(a>1)$까지의 곡선의 길이는

$\int_1^a \sqrt{1+\{f'(x)\}^2}\,dx=\int_1^a \sqrt{e^{2x}+2e^x+1}\,dx$

$=\int_1^a \sqrt{(e^x+1)^2}\,dx$

$=\int_1^a (e^x+1)\,dx$

$=\Big[e^x+x\Big]_1^a$

$=(e^a+a)-(e+1)$

$=e^a-e+(a-1)=e^5-e+4$

즉, $a=5$이다.

212 정답 ①

$y=\sqrt{e^x+1}$에서

$e^x=y^2-1$

$x=\ln(y^2-1)$

$\therefore g(x)=\ln(x^2-1)\ (x>1)$

$g'(x)=\dfrac{2x}{x^2-1}$이고 곡선의 길이는

$\int_2^3 \sqrt{1+\{g'(x)\}^2}\,dx$이므로

$\int_2^3 \sqrt{1+\left(\dfrac{2x}{x^2-1}\right)^2}\,dx$

$=\int_2^3 \sqrt{1+\dfrac{4x^2}{x^4-2x^2+1}}\,dx$

$=\int_2^3 \sqrt{\dfrac{x^4+2x^2+1}{x^4-2x^2+1}}\,dx$

$=\int_2^3 \dfrac{x^2+1}{x^2-1}\,dx$

$=\int_2^3 \left(1+\dfrac{2}{x^2-1}\right)dx$

$=\Big[\ x\ \Big]_2^3+\int_2^3 \dfrac{2}{(x-1)(x+1)}\,dx$

$=1+\int_2^3 \left(\dfrac{1}{x-1}-\dfrac{1}{x+1}\right)dx$

$=1+\Big[\ln\dfrac{x-1}{x+1}\Big]_2^3$

$=1+\ln\dfrac{2}{4}-\ln\dfrac{1}{3}$

$=1+\ln\dfrac{3}{2}$

213 정답 ⑤

$P\left(\dfrac{\ln t}{2},\,t+\dfrac{2\sqrt2}{\sqrt t}\right)$, $Q\left(\dfrac{1}{2t},\,-\dfrac12 t\right)$

선분 PQ를 2 : 1로 내분하는 점 R의 좌표는

$\left(\dfrac{\frac{\ln t}{2}+\frac{1}{t}}{3},\,\dfrac{\frac{2\sqrt2}{\sqrt t}}{3}\right)=\dfrac13\left(\dfrac{\ln t}{2}+\dfrac{1}{t},\,\dfrac{2\sqrt2}{\sqrt t}\right)$

점 R의 속도는

$\dfrac13\left(\dfrac{1}{2t}-\dfrac{1}{t^2},\,-\dfrac{\sqrt2}{t^{\frac32}}\right)$이다.

따라서
시각 $t=1$에서 $t=2$까지 점 R가 움직인 거리

$\int_1^2 \dfrac13\sqrt{\left(\dfrac{1}{2t}-\dfrac{1}{t^2}\right)^2+\left(-\dfrac{\sqrt2}{t^{\frac32}}\right)^2}\,dt$

$=\dfrac13\int_1^2 \sqrt{\dfrac{1}{4t^2}-\dfrac{1}{t^3}+\dfrac{1}{t^4}+\dfrac{2}{t^3}}\,dt$

$=\dfrac13\int_1^2 \sqrt{\dfrac{1}{4t^2}+\dfrac{1}{t^3}+\dfrac{1}{t^4}}\,dt$

$=\dfrac13\int_1^2 \sqrt{\dfrac{t^2+4t+4}{4t^4}}\,dt$

$=\dfrac13\int_1^2 \dfrac{t+2}{2t^2}\,dt$

$=\dfrac13\int_1^2 \left(\dfrac{1}{2t}+\dfrac{1}{t^2}\right)dt$

$=\dfrac13\Big[\dfrac12\ln t-\dfrac1t\Big]_1^2$

$=\dfrac13\left(\dfrac12\ln2+\dfrac12\right)$

$=\dfrac16(\ln2+1)$

214 정답 ②

$f(x)=\dfrac14 x+\dfrac18\sin2x-\dfrac12\tan x$이라 하면

$f'(x)=\dfrac14+\dfrac14\cos2x-\dfrac12\sec^2 x$

$=\dfrac14(1+\cos2x)-\dfrac{1}{2\cos^2 x}$

$=\dfrac14\times2\cos^2 x-\dfrac{1}{2\cos^2 x}$

$=\dfrac12\cos^2 x-\dfrac{1}{2\cos^2 x}$

$$\sqrt{1+\{f'(x)\}^2}$$
$$=\sqrt{1+\left(\frac{1}{2}\cos^2 x-\frac{1}{2\cos^2 x}\right)^2}$$
$$=\sqrt{\left(\frac{1}{2}\cos^2 x+\frac{1}{2\cos^2 x}\right)^2}$$
$$=\frac{1}{2}\cos x^2+\frac{1}{2\cos^2 x}$$

$x=0$에서 $x=t$까지

곡선 $y=\frac{1}{4}x+\frac{1}{8}\sin 2x-\frac{1}{2}\tan x$의 길이 $l(t)$는

$$l(t)=\int_0^t \sqrt{1+\{f'(x)\}^2}\,dx$$
$$=\int_0^t \left(\frac{1}{2}\cos^2 x+\frac{1}{2}\sec^2 x\right)dx$$
$$=\frac{1}{2}\int_0^t \left(\frac{1+\cos 2x}{2}+\sec^2 x\right)dx$$
$$=\frac{1}{2}\left[\frac{1}{2}x+\frac{1}{4}\sin 2x+\tan x\right]_0^t$$
$$=\frac{1}{4}t+\frac{1}{8}\sin 2t+\frac{1}{2}\tan t$$

그러므로

$$l(k)=\frac{1}{4}k+\frac{1}{8}\sin 2k+\frac{1}{2}\tan k$$
$$f(k)=\frac{1}{4}k+\frac{1}{8}\sin 2k-\frac{1}{2}\tan k$$
$$l(k)-f(k)=\tan k=1$$
$k=\frac{\pi}{4}$이다. $\left(0<k<\frac{\pi}{2}\right)$

215 정답 ①

$f'(x)=\ln(\sin x)$이다. 곡선 $f'(x)$의 길이는

$\int_{\frac{\pi}{3}}^t \sqrt{1+(f''(x))^2}\,dx$이다.

$f''(x)=\frac{\cos x}{\sin x}=\cot x$이고 $1+\cot^2 x=\csc^2 x$이므로

$$\therefore\ l(t)=\int_{\frac{\pi}{3}}^t \sqrt{1+(f''(x))^2}\,dx=\int_{\frac{\pi}{3}}^t \csc x\,dx$$

$$\therefore\ l'(t)=\csc t=\frac{1}{\sin t}$$

$$\lim_{t\to\frac{\pi}{2}-}l(t)+\lim_{t\to\frac{\pi}{3}+}\ln\left\{\frac{l(t)}{3t-\pi}\right\}$$
$$=\lim_{t\to\frac{\pi}{2}-}l(t)+\ln\left\{\frac{1}{3}\lim_{t\to\frac{\pi}{3}+}\frac{l(t)}{t-\frac{\pi}{3}}\right\}$$
$$=l\left(\frac{\pi}{2}\right)+\ln\left\{\frac{1}{3}l'\left(\frac{\pi}{3}\right)\right\}$$
$$=\int_{\frac{\pi}{3}}^{\frac{\pi}{2}}\csc x\,dx+\ln\left\{\frac{1}{3\sin\left(\frac{\pi}{3}\right)}\right\}$$

$$=\int_{\frac{\pi}{3}}^{\frac{\pi}{2}}\frac{\csc x(\csc x+\cot x)}{\csc x+\cot x}\,dx+\ln\left(\frac{2\sqrt{3}}{9}\right)$$
$$=\left[-\ln(\csc x+\cot x)\right]_{\frac{\pi}{3}}^{\frac{\pi}{2}}+\ln\left(\frac{2\sqrt{3}}{9}\right)$$
$$=\ln\left(\sqrt{3}\right)+\ln\left(\frac{2\sqrt{3}}{9}\right)$$
$$=\ln\frac{2}{3}$$

[다른 풀이]

$f'(x)=\ln(\sin x)$이다. 곡선 $f'(x)$의 길이는

$\int_{\frac{\pi}{3}}^t \sqrt{1+(f''(x))^2}\,dx$이다.

$f''(x)=\frac{\cos x}{\sin x}=\cot x$이고 $1+\cot^2 x=\csc^2 x$이므로

$$l(t)=\int_{\frac{\pi}{3}}^t \sqrt{1+(f''(x))^2}\,dx=\int_{\frac{\pi}{3}}^t \csc x\,dx=$$

$$\int_{\frac{\pi}{3}}^t \frac{\csc x(\csc x+\cot x)}{\csc x+\cot x}\,dx$$
$$=\left[-\ln(\csc x+\cot x)\right]_{\frac{\pi}{3}}^t$$
$$=-\ln(\csc t+\cot t)+\ln\left(\sqrt{3}\right)$$
$$=-\ln\left(\frac{1+\cos t}{\sin t}\right)+\ln\left(\sqrt{3}\right)$$
$$=\ln\left(\frac{\sqrt{3}\sin t}{1+\cos t}\right)$$

$l(t)=\ln\left(\frac{\sqrt{3}\sin t}{1+\cos t}\right)$이므로 $l\left(\frac{\pi}{2}\right)=\ln\sqrt{3}$

따라서

$$l'(t)=\frac{\dfrac{\sqrt{3}\cos t(1+\cos t)+\sqrt{3}\sin^2 t}{(1+\cos t)^2}}{\dfrac{\sqrt{3}\sin t}{1+\cos t}}$$
$$=\frac{\sqrt{3}(1+\cos t)}{\sqrt{3}\sin t(1+\cos t)}=\frac{1}{\sin t}=\csc t$$

이고 $l\left(\frac{\pi}{2}\right)=\ln\sqrt{3}$, $l'\left(\frac{\pi}{3}\right)=\frac{2}{\sqrt{3}}$ 이므로

$$\lim_{t\to\frac{\pi}{2}-}l(t)+\lim_{t\to\frac{\pi}{3}+}\ln\left\{\frac{l(t)}{3t-\pi}\right\}=l\left(\frac{\pi}{2}\right)+\ln\left\{\frac{1}{3}l'\left(\frac{\pi}{3}\right)\right\}$$
$$=\ln\left(\sqrt{3}\right)+\ln\left(\frac{2}{3\sqrt{3}}\right)=\ln\frac{2}{3}$$

216 정답 ④

$\dfrac{2}{n}=t$ 라 두면 $n=\dfrac{2}{t}$ 이고 $n\to\infty$, $t\to0$

$f(x)=\dfrac{\sqrt{1+x}}{\sqrt{4+\sin x}}$ 라 두면

$\displaystyle\lim_{n\to\infty}n\int_0^{\frac{2}{n}}\left(\dfrac{\sqrt{1+x}}{\sqrt{4+\sin x}}\right)dx$

$=\displaystyle\lim_{t\to0}\dfrac{2\displaystyle\int_0^t f(x)dx}{t}$

$=\displaystyle\lim_{t\to0}\dfrac{2\{F(t)-F(0)\}}{t}$ (단, $F'(x)=f(x)$)

$=2F'(0)$

$=2f(0)=2\times\dfrac{1}{2}=1$

217 정답 ②

$f'(x)=\left|\sin\left(x+\dfrac{\pi}{3}\right)\right|-|\sin x|$ 에서

$y=\left|\sin\left(x+\dfrac{\pi}{3}\right)\right|$ 는 $y=|\sin x|$ 의 그래프를 x축으로

$-\dfrac{\pi}{3}$ 만큼 평행이동한 그래프이다.

두 그래프는 구간 $(0,\pi)$에서 두 점에서 만난다.

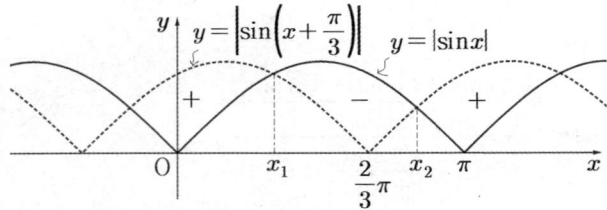

교점의 x좌표를 x_1과 x_2라 할 때, $f'(x)=0$의 두 근이 x_1과 x_2이다.

$\sin\left(x_1+\dfrac{\pi}{3}\right)=\sin x_1$에서 $x_1=\dfrac{\pi}{3}$

$-\sin\left(x_2+\dfrac{\pi}{3}\right)=\sin x_2$에서 $x_2=\dfrac{5}{6}\pi$

$0<x<\dfrac{\pi}{3}$일 때, $\left|\sin\left(x+\dfrac{\pi}{3}\right)\right|>|\sin x|$이므로

$f'(x)>0$

$\dfrac{\pi}{3}<x<\dfrac{5}{6}\pi$일 때, $\left|\sin\left(x+\dfrac{\pi}{3}\right)\right|<|\sin x|$이므로

$f'(x)<0$

$\dfrac{5}{6}\pi<x<\pi$일 때, $\left|\sin\left(x+\dfrac{\pi}{3}\right)\right|<|\sin x|$이므로

$f'(x)<0$

따라서 $f(x)$는 $x=\dfrac{\pi}{3}$에서 극댓값을 $x=\dfrac{5}{6}\pi$에서 극솟값을 갖는다.

한편,

$f(x+\pi)=\displaystyle\int_{x+\pi}^{x+\frac{4}{3}\pi}|\sin t|\,dt=\int_x^{x+\frac{\pi}{3}}|\sin t|\,dt=f(x)$

이므로 함수 $f(x)$는 주기가 π인 주기함수이다.

따라서 극댓값 $f\left(\dfrac{\pi}{3}\right)$가 최댓값, 극솟값 $f\left(\dfrac{5}{6}\pi\right)$가 최솟값이다.

즉,

$M=\displaystyle\int_{\frac{\pi}{2}-\frac{\pi}{6}}^{\frac{\pi}{2}+\frac{\pi}{6}}\sin t\,dt=\int_{\frac{\pi}{3}}^{\frac{2}{3}\pi}\sin t\,dt$

$\quad=\left[-\cos t\right]_{\frac{\pi}{3}}^{\frac{2}{3}\pi}=\dfrac{1}{2}+\dfrac{1}{2}=1$

$m=2\displaystyle\int_{\pi-\frac{\pi}{6}}^{\pi}\sin t\,dt=2\int_{\frac{5}{6}\pi}^{\pi}\sin t\,dt$

$\quad=2\left[-\cos t\right]_{\frac{5}{6}\pi}^{\pi}=2\left(1-\dfrac{\sqrt{3}}{2}\right)=2-\sqrt{3}$

따라서 $M+m=3-\sqrt{3}$

[다른 풀이]

구간 $(0,\pi)$에서 $f(x)=\displaystyle\int_x^{x+\frac{\pi}{3}}|\sin t|\,dt$의

$x=\alpha\left(0<\alpha<\dfrac{\pi}{2}\right)$일 때 함숫값 $f(\alpha)$의 의미는

두 직선 $x=\alpha$, $x=\alpha+\dfrac{\pi}{3}$와 $y=\sin x$, x축으로 둘러싸인

부분의 넓이이다.

이때, $x=\alpha$의 $f(\alpha)$는 함수 $f(x)$의 줄어드는 부분의

즉, 넓이의 감소율이고

$x=\alpha+\dfrac{\pi}{3}$의 $f\left(\alpha+\dfrac{\pi}{3}\right)$은 함수 $f(x)$의 늘어나는 부

분의 즉, 넓이의 증가율이다.

$f(\alpha)=f\left(\alpha+\dfrac{\pi}{3}\right)\Rightarrow\sin\alpha=\sin\left(\alpha+\dfrac{\pi}{3}\right)$인 $\alpha=\dfrac{\pi}{3}$을 기준으로

$0<\alpha<\dfrac{\pi}{3}$일 때는 감소율$(f(\alpha))$보다 증가율$\left(f\left(\alpha+\dfrac{\pi}{3}\right)\right)$이

크므로 넓이가 증가하고

$\dfrac{\pi}{3}<\alpha<\dfrac{5}{6}\pi$일 때는 감소율$(f(\alpha))$이 증가율

$\left(f\left(\alpha+\dfrac{\pi}{3}\right)\right)$보다 크므로 넓이가 감소한다.

따라서 $x=\dfrac{\pi}{3}$일 때 감소율과 증가율이 같아지고 그 때 넓이가

최대이다.

같은 방법으로 $x=\dfrac{5}{6}\pi$일 때 넓이가 최소임을 알 수 있다.

218 정답 ⑤

$f_1(x) = \sin(\pi x)$, $f_2(x) = -\sqrt{3}\cos\left(\dfrac{1}{2}\pi x\right)$라 할 때

임의의 실수 a에 대하여

$S(a) = \displaystyle\int_a^{a+2} f(x)\,dx$라 하면

$S'(a) = f(a+2) - f(a)$이고

$S'(a) = 0$ 즉, $f(a+2) = f(a)$일 때 극댓값이면서 최댓값을 갖는다.

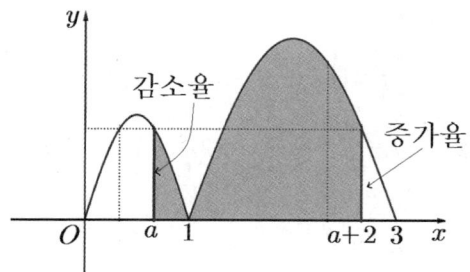

$f(x) = \begin{cases} \sin(\pi x) & (0 \le x < 1) \\ -\sqrt{3}\cos\left(\dfrac{1}{2}\pi x\right) & (1 \le x \le 3) \end{cases}$

즉, $f_2(a+2) = -\sqrt{3}\cos\left(\dfrac{1}{2}\pi a + \pi\right) = \sqrt{3}\cos\left(\dfrac{1}{2}\pi a\right)$,

$f_1(a) = \sin(\pi a)$에서

$f_2(a+2) = f_1(a)$일 때이므로

$\sqrt{3}\cos\left(\dfrac{1}{2}\pi a\right) = \sin(\pi a) \Rightarrow$

$\sqrt{3}\cos\left(\dfrac{1}{2}\pi a\right) = 2\cos\left(\dfrac{1}{2}\pi a\right)\sin\left(\dfrac{1}{2}\pi a\right) \rightarrow$

$\sin\left(\dfrac{1}{2}\pi a\right) = \dfrac{\sqrt{3}}{2} \rightarrow \dfrac{1}{2}\pi a = \dfrac{\pi}{3} \quad \therefore a = \dfrac{2}{3}$

따라서

$S\left(\dfrac{2}{3}\right) = \displaystyle\int_{\frac{2}{3}}^{\frac{8}{3}} f(x)\,dx$

$\qquad = \displaystyle\int_{\frac{2}{3}}^{1} \sin(\pi x)\,dx + \int_{1}^{\frac{8}{3}} -\sqrt{3}\cos\left(\dfrac{1}{2}\pi x\right)dx$

$\qquad = \left[-\dfrac{1}{\pi}\cos(\pi x)\right]_{\frac{2}{3}}^{1} + \left[-\dfrac{2\sqrt{3}}{\pi}\sin\left(\dfrac{1}{2}\pi x\right)\right]_{1}^{\frac{8}{3}}$

$\qquad = \dfrac{1}{2\pi} + \dfrac{3+2\sqrt{3}}{\pi} = \dfrac{7+4\sqrt{3}}{2\pi}$

따라서 최댓값은 $\dfrac{7+4\sqrt{3}}{2\pi}$ 이다.

219 정답 3

$f'(x) = 4x^3 f(x)$

$f'(0) = 0$, $x < 0$일 때 $f'(x) < 0$, $x > 0$일 때 $f'(x) > 0$이므로

함수 $f(x)$는 $x = 0$에서 극솟값 e을 갖는다.

따라서 $f(0) = e \cdots \bigcirc$

$\dfrac{f'(x)}{f(x)} = 4x^3$에서 양변 적분하면

$\ln f(x) = x^4 + C$ 이고 $\bigcirc$에서 $x = 0$을 대입하면

$\ln e = C = 1$

따라서 $f(x) = e^{x^4+1}$이다.

$f(1) = e^2$이므로

$y = f'(1)(x-1) + e^2$

$\quad = 4e^2(x-1) + e^2$

$\quad = 4e^2 x - 3e^2$

접선의 x절편 $k = \dfrac{3}{4}$이다.

따라서 $4k = 3$

220 정답 ②

$g(x) = t$라 두면

$f(t) = x$이므로 $\cos t = x$이다.

$\cos t = \dfrac{1}{2}$일 때, $t = \dfrac{\pi}{3}$

$\cos t = \dfrac{\sqrt{2}}{2}$일 때, $t = \dfrac{\pi}{4}$ 이고

$-\sin t\,dt = dx$이다.

그러므로

$\displaystyle\int_{\frac{1}{2}}^{\frac{\sqrt{2}}{2}} \dfrac{1}{x^2 \sin g(x)}\,dx$

$= \displaystyle\int_{\frac{\pi}{3}}^{\frac{\pi}{4}} \dfrac{1}{\cos^2 t \sin t}(-\sin t)\,dt$

$= \displaystyle\int_{\frac{\pi}{4}}^{\frac{\pi}{3}} \sec^2 t\,dt$

$= \left[\tan t\right]_{\frac{\pi}{4}}^{\frac{\pi}{3}}$

$= \sqrt{3} - 1$

221 정답 ③

$f(x) = e^{x-1} \rightarrow f'(x) = e^{x-1}$에서

$f(1) = f'(1) = 1$이므로 $f(x) = e^{x-1}$는 $y = x$와 $x = 1$에서 접한다.

$y = f^{-1}(x)$의 그래프도 $x = 1$에서 $y = x$에 접한다.

(가)에서 $g(x)$는 원점을 지나므로 $g(x) = mx$꼴이다.

(i) $t \le 1$일 때, $x \ge t$이므로 (나)에서 $f^{-1}(x)$의

$0 < x \le 13$인 부분과 $g(x) = mx$가 만날 때의 기울기 m의 최댓값은 직선 $g(x)$가 $y = x$일 때이므로 1이다.

따라서 $h(t) = 1 \ (t \le 1) \cdots \bigcirc$

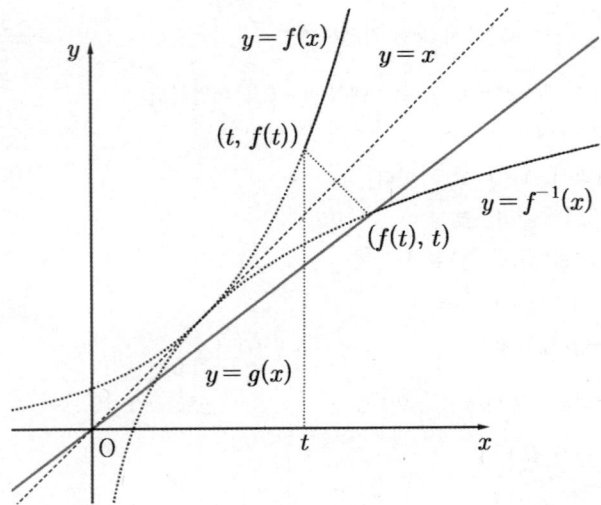

(ii) $t > 1$일 때, $x \geq t$인 함수 $f(x)$가 정의된 뒤 역함수 $f^{-1}(x)$가 결정되므로

$y = f(x)$위의 점 $(t, f(t))$에 대하여 직선 $y = x$에 대칭인 점 $(f(t), t)$가 $y = f^{-1}(x)$위의 점이다. 따라서 $f^{-1}(x)$의 정의역은 $x \geq f(t)$이다.

그러므로 $h(t) = \dfrac{t-0}{f(t)-0} = \dfrac{t}{e^{t-1}} \ (t > 1) \cdots \text{ⓛ}$

㉠, ⓛ에서

$h(x) = \begin{cases} 1 & (x \leq 1) \\ \dfrac{x}{e^{x-1}} & (x > 1) \end{cases}$ 이므로

$\displaystyle \int_0^2 h(x)dx$

$\displaystyle = \int_0^1 dx + \int_1^2 (x\,e^{-x+1})dx$

$\displaystyle = [x]_0^1 + \left[x(-e^{-x+1}) - (e^{-x+1}) \right]_1^2$

$= 1 + \left(-\dfrac{2}{e} - \dfrac{1}{e} \right) - (-1-1)$

$= 3 - \dfrac{3}{e}$

222 정답 ③

$f(x)f''(x) = \{f'(x)\}^2$

$f(x)f''(x) - \{f'(x)\}^2 = 0$

$f(x) \neq 0$이므로 양변을 $\{f(x)\}^2$으로 나누면

$\dfrac{f(x)f''(x) - \{f'(x)\}^2}{\{f(x)\}^2} = 0$

양변에 부정적분을 취하면

$\dfrac{f'(x)}{f(x)} = k \ (k$는 상수)

다시 양변에 부정적분을 취하면

$\ln f(x) = kx + C$이다.

$f(1) = 1$이므로 $x = 1$을 대입하면

$0 = k + C$에서 $C = -k$

따라서 $\ln f(x) = k(x-1)$

$\therefore \ f(x) = e^{k(x-1)}$

$f'(x) = ke^{k(x-1)}$이고 $f'(x) < 0$이므로 $k < 0$이다.

$y = f(x)$위의 점 $(1, 1)$에서의 접선의 방정식은

$f'(1) = k$이므로

$y = kx - k + 1$

따라서 $\mathrm{A}\left(1 - \dfrac{1}{k}, 0\right)$, $\mathrm{B}(0, 1-k)$

따라서 삼각형 OAB의 넓이 S는

$S = \dfrac{1}{2}\left(1 - \dfrac{1}{k}\right)(1-k)$

$= \dfrac{1}{2}\left(1 - k - \dfrac{1}{k} + 1\right)$

$= \dfrac{1}{2}\left\{2 + \left(-k - \dfrac{1}{k}\right)\right\} \geq \dfrac{1}{2}\left\{2 + 2\sqrt{(-k)\left(-\dfrac{1}{k}\right)}\right\}$

$= 2$

따라서 최솟값은 2이다.

223 정답 59

$g(x) = \begin{cases} \dfrac{f(x)}{(x-2)(x+3)} & (x \geq 0, \ x \neq 2) \\ \dfrac{f(x)}{(x+2)(x-3)} & (x < 0, \ x \neq -2) \end{cases}$ 이므로

$f(x)$는 $(x-2)$와 $(x+2)$을 인수로 갖는 사차함수이다.

방정식 $f(x) = 0$은 서로 다른 세 실근을 갖고

$g(2) = g(-2) = a$이므로 $g(x)$가 y축 대칭함수가 되면 조건을 만족한다.

따라서 $f(x) = x^2(x+2)(x-2)$이다.

$a = g(2) = \lim_{x \to 2} g(x)$

$= \lim_{x \to 2} \dfrac{x^2(x+2)(x-2)}{(x-2)(x+3)} = \dfrac{16}{5}$

함수 $g(x)$는 다음 그림과 같은 개형을 갖는다.

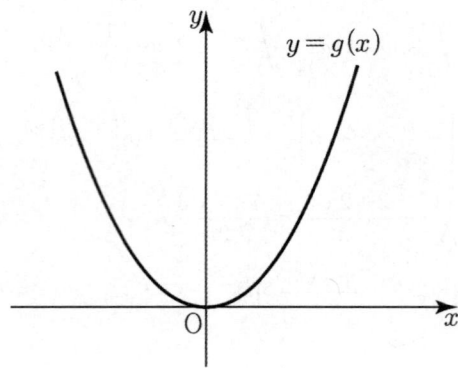

$\displaystyle \int_0^1 (x+3)g(x)dx = \int_0^1 x^2(x+2)\,dx = \dfrac{11}{12}$

따라서

$a \times \displaystyle \int_0^1 (x+3)g(x)dx = \dfrac{16}{5} \times \dfrac{11}{12} = \dfrac{44}{15}$

$p = 15, \ q = 44$

따라서 $p + q = 59$

224 정답 ④

$g(x) = f'(t)(x-t) + f(t) = f'(t)x - tf'(t) + f(t)$

$h(t) = \int_0^1 \{g(x) - f(x)\}dx + \int_1^2 \{f(x) - g(x)\}dx$ 에서

$\int_0^1 \{g(x) - f(x)\}dx$

$= \int_0^1 \{f'(t)x - tf'(t) + f(t) - f(x)\}dx$

$= \left[\dfrac{f'(t)}{2}x^2 - tf'(t)x + f(t)x\right]_0^1 - \int_0^1 f(x)dx$

$= \dfrac{f'(t)}{2} - tf'(t) + f(t) - \int_0^1 f(x)dx$ ······ ㉠

$\int_1^2 \{f(x) - g(x)\}dx$

$= \int_1^2 \{f(x) - f'(t)x + tf'(t) - f(t)\}dx$

$= \int_1^2 f(x)dx - \left[\dfrac{f'(t)}{2}x^2 - tf'(t)x + f(t)x\right]_1^2$

$= \int_1^2 f(x)dx - \left(\dfrac{3f'(t)}{2} - tf'(t) + f(t)\right)$ ······ ㉡

㉠, ㉡에서

$h(t) = -\int_0^1 f(x)dx + \int_1^2 f(x)dx - f'(t)$

$\quad = -f'(t) \left(\because \int_0^1 f(x)dx = \int_1^2 f(x)dx\right)$

따라서

$\int_0^2 t\,h(t)dt$

$= -\int_0^2 tf'(t)dt$

$= -\int_0^1 \left(te^{1-t^2}\right)dt - \int_1^2 (2t^2 - 1)dt$

$= \left[\dfrac{1}{2}e^{1-t^2}\right]_0^1 - \left[\dfrac{2}{3}t^3 - t\right]_1^2$

$= \dfrac{1-e}{2} - \dfrac{11}{3}$

$= -\dfrac{e}{2} - \dfrac{19}{6}$

225 정답 30

$F(g(x)) = 5F(x)$ 의 양변을 미분하면

$f(g(x)) \cdot g'(x) = 5f(x)$

$x = 1$를 대입하면

$f(g(1)) \cdot g'(1) = 5f(1)$

$f(1) = 1 + 2 = 3$이므로 $f(g(1)) \cdot g'(1) = 15 \cdots$ ㉠

이제 $g(1)$를 구하면 된다.

$F(x) = \int_0^x f(t)\,dt = \left[\dfrac{1}{3}t^3 + t^2\right]_0^x = \dfrac{1}{3}x^3 + x^2$

$F(1) = \dfrac{1}{3} + 1 = \dfrac{4}{3}$이므로

$F(g(1)) = 5F(1) = \dfrac{20}{3}$에서

$g(1) = t$라 하면

$\dfrac{1}{3}t^3 + t^2 = \dfrac{20}{3}$

$t^3 + 3t^2 - 20 = 0$

$(t-2)(t^2 + 5t + 10) = 0$

$\therefore t = 2$

따라서 $g(1) = 2$

$f(x) = x^2 + 2x$이므로

$f(g(1)) = f(2) = 8$이므로

㉠에서 $8 \times g'(1) = 15$에서 $g'(1) = \dfrac{15}{8}$

$16g'(1) = 30$

226 정답 177

$h(x) = \int_x^4 \sqrt{f(t^2)}\,dt$에서 $h(4) = 0$, $h'(x) = -\sqrt{f(x^2)}$

$\int_0^4 h(x)dx = [xh(x)]_0^4 - \int_0^4 x\,h'(x)dx$

$\quad = \int_0^4 x\sqrt{f(x^2)}\,dx \to x^2 = t$라 두면

$\quad = \dfrac{1}{2}\int_0^{16} \sqrt{f(t)}\,dt$

$\quad = \dfrac{1}{2}[g(t)]_0^{16} = \dfrac{1}{2}\{g(16) - g(0)\}$

한편,

$\sqrt{g(k^2) - g((k-1)^2)} = k^2$에서

$k = 4$일 때, $\sqrt{g(16) - g(9)} = 16 \Rightarrow g(16) - g(9) = 256 \cdots$ ㉠

$k = 3$일 때, $\sqrt{g(9) - g(4)} = 9 \Rightarrow g(9) - g(4) = 81 \cdots$ ㉡

$k = 2$일 때, $\sqrt{g(4) - g(1)} = 4 \Rightarrow g(4) - g(1) = 16 \cdots$ ㉢

$k = 1$일 때, $\sqrt{g(1) - g(0)} = 1 \Rightarrow g(1) - g(0) = 1 \cdots$ ㉣

에서

㉠+㉡을 하면 $g(16) - g(4) = 337$

㉢+㉣을 하면 $g(4) - g(0) = 17$

따라서 $g(16) - g(0) = 354$이다.

따라서 $\int_0^4 h(x)dx = \dfrac{1}{2}\{g(16) - g(0)\} = 177$

227 정답 ①

점 P의 좌표를 $(t, t+t\sin t)$라 하고 접선 l의 방정식을 구해보자.

$f'(x)=1+\sin x+x\cos x$

따라서 접선 l의 기울기는 $1+\sin t+t\cos t$이다.

$y=(1+\sin t+t\cos t)(x-t)+t+t\sin t$

접선 l이 $(0, 0)$을 지나므로

$0=-t-t\sin t-t^2\cos t+t+t\sin t$

$t^2\cos t=0$에서 $0<t<4$에서 $t=\dfrac{\pi}{2}$이다.

점 $P\left(\dfrac{\pi}{2}, \pi\right)$이므로 접선 l의 방정식은 $y=2x$이다.

따라서 S는

$S=\displaystyle\int_0^{\frac{\pi}{2}}\{2x-(x+x\sin x)\}dx$

$=\displaystyle\int_0^{\frac{\pi}{2}}(x-x\sin x)dx$

$=\left[\dfrac{1}{2}x^2\right]_0^{\frac{\pi}{2}}-\displaystyle\int_0^{\frac{\pi}{2}}x\sin x\,dx$

$=\dfrac{\pi^2}{8}-[x(-\cos x)-(-\sin x)]_0^{\frac{\pi}{2}}$

$=\dfrac{\pi^2}{8}+[x\cos x-\sin x]_0^{\frac{\pi}{2}}=\dfrac{\pi^2}{8}-1$

점 Q의 좌표를 $(t, t-t\cos t)$라 하고 접선 m의 방정식을 구해보자.

$g(x)=x-x\cos x$

$g'(x)=1-\cos x+x\sin x$

따라서 접선 m의 기울기는 $1-\cos t+t\sin t$이다.

$y=(1-\cos t+t\sin t)(x-t)+t-t\cos t$

접선 m이 $(0, 0)$을 지나므로

$0=-t+t\cos t-t^2\sin t+t-t\cos t$

$0=-t^2\sin t$

$t^2\sin t=0$에서 $0<t<4$에서 $t=\pi$이다.

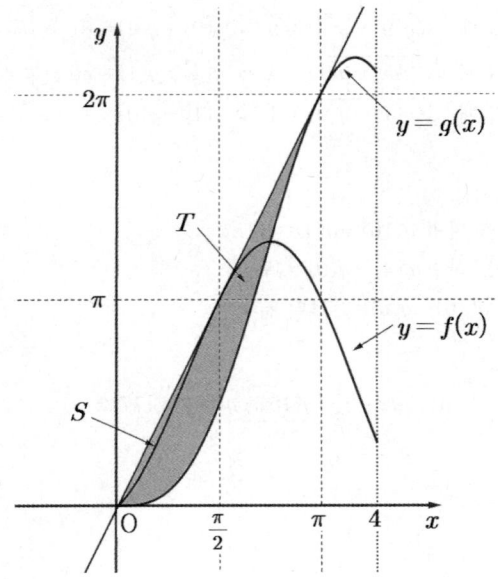

점 $Q(\pi, 2\pi)$이므로 접선 m의 방정식은 $y=2x$로 접선 l과 접선 m은 일치하는 직선이다.

따라서 T는

$T=\displaystyle\int_0^{\pi}\{2x-(x-x\cos x)\}dx$

$=\displaystyle\int_0^{\pi}(x+x\cos x)dx$

$=\left[\dfrac{1}{2}x^2\right]_0^{\pi}+\displaystyle\int_0^{\pi}x\cos x\,dx$

$=\dfrac{\pi^2}{2}+[x(\sin x)-(-\cos x)]_0^{\pi}$

$=\dfrac{\pi^2}{2}+[x\sin x+\cos x]_0^{\pi}=\dfrac{\pi^2}{2}-2$

따라서 $S+T=\dfrac{\pi^2}{8}-1+\dfrac{\pi^2}{2}-2=\dfrac{5}{8}\pi^2-3$

228 정답 2

함수 $f^{-1}(x)$의 부정적분을 $F^{-1}(x)$라 하면

$g(x)=\left[xt-F^{-1}(t)\right]_0^{f(x)}$

$\qquad=xf(x)-F^{-1}(f(x))+F^{-1}(0)$이고

양변 미분하면

$g'(x)=f(x)+xf'(x)-f^{-1}(f(x))f'(x)$

$\qquad=f(x)+xf'(x)-xf'(x)$

$\qquad=f(x)$

$g'(1)=f(1)=1$이고 $g(1)=3$이므로

곡선 $y=g(x)$의 $x=1$에서의 접선의 방정식은

$y=x+2$이다.

x절편이 -2, y절편이 2이므로

접선과 x축, y축으로 둘러싸인 부분의 넓이는

$\dfrac{1}{2}\times 2\times 2=2$이다.

229 정답 8

$g(x)=\displaystyle\int_0^x\{tf'(t)+f'(t)g(t)\}dt-x+1$

에서 $g(0)=1$이고

양변을 미분하면

$g'(x)=xf'(x)+f'(x)g(x)-1$

$g'(x)+1=f'(x)\{x+g(x)\}$

$\dfrac{g'(x)+1}{g(x)+x}=f'(x)$

$g(x)>-x$이므로 양변을 적분하면

$\ln|g(x)+x|=f(x)+C$

$g(0)=1$, $f(0)=0$이므로

$x=0$을 대입하면

$0=0+C$에서 $C=0$

$\therefore g(x)=e^{f(x)}-x$

$f(2)=6$이므로 $g(2)=e^{f(2)}-2=e^6-2$

따라서 $a=6$, $b=-2$

$a-b=8$

230 정답 3

$$f(x)=e^x+\int_0^x f(t)(\sin x\cos t-\cos x\sin t)dt$$

$$=e^x+\sin x\int_0^x f(t)\cos t\,dt-\cos x\int_0^x f(t)\sin t\,dt\cdots\text{㉠}$$

$$f'(x)=e^x+\cos x\int_0^x f(t)\cos t\,dt+\sin x\cos x\,f(x)$$
$$+\sin x\int_0^x f(t)\sin t\,dt-\cos x\sin x\,f(x)$$

$$f'(x)=e^x+\cos x\int_0^x f(t)\cos t\,dt+\sin x\int_0^x f(t)\sin t\,dt\cdots\text{㉡}$$

$$f''(x)=e^x-\sin x\int_0^x f(t)\cos t\,dt+\cos^2 x\,f(x)$$
$$+\cos x\int_0^x f(t)\sin t\,dt+\sin^2 x\,f(x)$$

$$=e^x+f(x)-\sin x\int_0^x f(t)\cos t\,dt$$
$$+\cos x\int_0^x f(t)\sin t\,dt\cdots\text{㉢}$$

㉠, ㉢을 변변 더하면

$$f(x)+f''(x)=2e^x+f(x)$$

따라서 $f''(x)=2e^x$

㉡에서 $f'(0)=1$이므로 $f'(x)=2e^x-1$

$f(0)=1$이므로 $f(x)=2e^x-x-1$

$f''(1)=2e$, $f'(1)=2e-1$, $f(1)=2e-2$

따라서

$$f''(1)+f'(1)-2f(1)=4e-1-4e+4=3$$

231 정답 ⑤

f와 g가 역함수 관계이므로 $f(g(x))=x$가 성립한다.

양변 미분하면 $f'(g(x))g'(x)=1$이다.

즉, $f'(g(x))=\dfrac{1}{g'(x)}$

$2f(x)f'(x)=\sqrt{1+\{f(x)\}^2}$ 에서 $f(x)>0$이므로

$f'(x)=\dfrac{\sqrt{1+\{f(x)\}^2}}{2f(x)}$ 에서 $x=g(x)$을 대입하면

$f'(g(x))=\dfrac{\sqrt{1+x^2}}{2x}$이므로

$g'(x)=\dfrac{2x}{\sqrt{1+x^2}}$이다.

$f(2\sqrt2)=1$이므로 $g(1)=2\sqrt2$

따라서

$$g(2)-g(1)=\int_1^2 g'(x)\,dx$$
$$=\int_1^2\frac{2x}{\sqrt{1+x^2}}\,dx\quad\Leftarrow 1+x^2=t\text{라 두면}$$
$$=\int_2^5\frac{1}{\sqrt t}\,dt$$
$$=\left[2\sqrt t\right]_2^5=2\sqrt5-2\sqrt2$$

$\therefore g(2)=2\sqrt5-2\sqrt2+g(1)=2\sqrt5$

232 정답 1

$\displaystyle\int_0^a f(x)\,dx=\int_0^a f(a-x)\,dx$이 성립한다.

같은 원리로 $\displaystyle\int_a^b f(x)\,dx=\int_a^b f(a+b-x)\,dx$

이 성립한다. [랑데뷰 세미나(152), (155) 참고]

$\dfrac{12}{\pi}\displaystyle\int_{\frac{\pi}{6}}^{\frac{\pi}{3}}\left(\dfrac{\tan x}{1+\tan x}\right)dx$ 에서

$$\int_{\frac{\pi}{6}}^{\frac{\pi}{3}}\left(\frac{\tan x}{1+\tan x}\right)dx=\int_{\frac{\pi}{6}}^{\frac{\pi}{3}}\left(\frac{\tan\left(\frac{\pi}{2}-x\right)}{1+\tan\left(\frac{\pi}{2}-x\right)}\right)dx\text{이}$$

성립한다.

$I=\displaystyle\int_{\frac{\pi}{6}}^{\frac{\pi}{3}}\left(\dfrac{\tan x}{1+\tan x}\right)dx$라 두면

$$I=\int_{\frac{\pi}{6}}^{\frac{\pi}{3}}\left(\frac{\tan\left(\frac{\pi}{2}-x\right)}{1+\tan\left(\frac{\pi}{2}-x\right)}\right)dx$$

$$=\int_{\frac{\pi}{6}}^{\frac{\pi}{3}}\left(\frac{\cot x}{1+\cot x}\right)dx=\int_{\frac{\pi}{6}}^{\frac{\pi}{3}}\left(\frac{1}{\tan x+1}\right)dx\text{이다.}$$

따라서

$$2I=\int_{\frac{\pi}{6}}^{\frac{\pi}{3}}\left(\frac{\tan x}{1+\tan x}\right)dx+\int_{\frac{\pi}{6}}^{\frac{\pi}{3}}\left(\frac{1}{\tan x+1}\right)dx$$

$$=\int_{\frac{\pi}{6}}^{\frac{\pi}{3}}dx=\frac{\pi}{6}$$

따라서 $I=\dfrac{\pi}{12}$이다.

$\dfrac{12}{\pi}\displaystyle\int_{\frac{\pi}{6}}^{\frac{\pi}{3}}\left(\dfrac{\tan x}{1+\tan x}\right)dx=1$이다.

233 정답 4

$f(x) = \dfrac{x^2}{1+2^x}$ 이면

$f(-x) = \dfrac{(-x)^2}{1+2^{-x}} = \dfrac{x^2 \times 2^x}{2^x+1}$ 에서

$f(x) + f(-x) = \dfrac{x^2(1+2^x)}{1+2^x} = x^2$

이므로

$\displaystyle \int_{-1}^{1} f(x)\,dx = \int_{0}^{1} \{f(x)+f(-x)\}\,dx = \int_{0}^{1} x^2\,dx = \dfrac{1}{3}$

$k = \dfrac{1}{3}$ 이므로 $12k = 4$

234 정답 ②

$f(x) = \displaystyle \int_{1}^{x} e^{t^2}\,dt \Rightarrow f'(x) = e^{x^2} \Rightarrow xf'(x) = xe^{x^2}$ 에서

$\displaystyle \int_{0}^{1} xf'(x)\,dx = \int_{0}^{1} xe^{x^2}\,dx$ 이다.

좌변 →

$\displaystyle \int_{0}^{1} xf'(x)\,dx = [xf(x)]_0^1 - \int_{0}^{1} f(x)\,dx = -\int_{0}^{1} f(x)\,dx$

우변 → $\displaystyle \int_{0}^{1} xe^{x^2}\,dx = \dfrac{1}{2}\int_{0}^{1} e^t\,dt = \dfrac{1}{2}[e^t]_0^1 = \dfrac{1}{2}(e-1)$

$\therefore \displaystyle \int_{0}^{1} f(x)\,dx = \dfrac{1}{2}(1-e)$

235 정답 100

$f(x) = \displaystyle \int_{\frac{\pi}{2}}^{x} \left(\dfrac{\sin t}{t}\right)dx$ 에서 $f\left(\dfrac{\pi}{2}\right) = 0$, $f'(x) = \dfrac{\sin x}{x}$ 이다.

$\displaystyle \int_{0}^{\frac{\pi}{2}} f(x)\,dx = [xf(x)]_0^{\frac{\pi}{2}} - \int_{0}^{\frac{\pi}{2}} xf'(x)\,dx$

$\qquad\qquad = \dfrac{\pi}{2}f\left(\dfrac{\pi}{2}\right) - \int_{0}^{\frac{\pi}{2}} \sin x\,dx$

$\qquad\qquad = [\cos x]_0^{\frac{\pi}{2}} = -1$

$k = -1$ 이므로 $100k^2 = 100$

236 정답 ④

[검토자 : 김경민T]

(가)에서

$f(x) = \cos(a\sin x + b)$

$f'(x) = -\sin(a\sin x + b) \times a\cos x = a$

$\rightarrow \sin(a\sin x + b)\cos x = -1$

$-1 \le \sin(a\sin x + b) \le 1$, $-1 \le \cos x \le 1$

이므로

$\begin{cases} \sin(a\sin x + b) = -1, \cos x = 1 \\ \sin(a\sin x + b) = 1, \cos x = -1 \end{cases}$

이다.

$\cos\alpha = 1$ 또는 $\cos\alpha = -1$인 α에 대하여 $\sin\alpha = 0$이므로

$\sin b = -1$ 또는 $\sin b = 1$이다.

(나)에서

$\displaystyle \int_{0}^{\frac{\pi}{2}} f(x)\cos x\,dx$

$= \displaystyle \int_{0}^{\frac{\pi}{2}} \{\cos(a\sin x + b)\cos x\}\,dx$

$\sin x = t$ 라 하면

$\cos x\,dx = dt$이고 $x : 0 \to \dfrac{\pi}{2}$ 일 때, $t : 0 \to 1$이므로

$= \displaystyle \int_{0}^{1} (\cos at + b)\,dt$

$= \left[\dfrac{\sin(at+b)}{a}\right]_0^1$

$= \dfrac{\sin(a+b)}{a} - \dfrac{\sin b}{a}$

(i) $\sin b = -1$일 때,

$\dfrac{\sin(a+b)}{a} + \dfrac{1}{a} = -\dfrac{2}{a}$

$\sin(a+b) = -3$

으로 모순이다.

(ii) $\sin b = 1$일 때,

$\dfrac{\sin(a+b)}{a} - \dfrac{1}{a} = -\dfrac{2}{a}$

$\sin(a+b) = -1$

$\sin a\cos b + \cos a\sin b = -1$

$\cos b = 0$이므로 $\cos a = -1$이다.

(i), (ii)에서

$0 < a < 5\pi$, $0 < b < 5\pi$

$\cos a = -1 \rightarrow a = \pi$, $a = 3\pi$

$\sin b = 1 \rightarrow b = \dfrac{\pi}{2}$, $b = \dfrac{5\pi}{2}$, $b = \dfrac{9\pi}{2}$

$a+b$의 최댓값은 $3\pi + \dfrac{9\pi}{2} = \dfrac{15\pi}{2}$

237 정답 4

$\displaystyle \int_{2}^{5} \dfrac{x}{f^{-1}(x)}\,dx$ 의 $f^{-1}(x) = t$라 두면 $f(t) = x$이므로

$f^{-1}(2) = t$에서 $f(t) = 2$을 만족하는 $t = 1$이고

$f^{-1}(5) = t$에서 $f(t) = 5$을 만족하는 $t = 2$이다.

따라서 $x : 2 \to 5$이면 $t : 1 \to 2$이고 $dx = f'(t)dt$이므로

$\displaystyle \int_{2}^{5} \dfrac{x}{f^{-1}(x)}\,dx = \int_{1}^{2} \dfrac{f(t)f'(t)}{t}\,dt$이다.

$$\int_1^2 \frac{f(t)f'(t)}{t}dt$$

$$=\left[\frac{f(t)}{t}\times f(t)\right]_1^2 - \int_1^2\left(\frac{f'(t)t-f(t)}{t^2}\times f(t)\right)dt$$

→부분적분

$$=\left[\frac{f(t)}{t}\times f(t)\right]_1^2 - \int_1^2\left(\frac{f'(t)}{t}\times f(t)\right)dt$$

$$+\int_1^2\left(\frac{f(t)}{t^2}\times f(t)\right)dt$$

따라서

$$2\int_1^2 \frac{f(t)f'(t)}{t}dt = \left[\frac{f(t)}{t}\times f(t)\right]_1^2 + \int_1^2\left(\frac{f(t)}{t^2}\times f(t)\right)dt$$이므

로

$$\int_1^2 \frac{f(t)f'(t)}{t}dt$$

$$=\left[\frac{\{f(t)\}^2}{2t}\right]_1^2 + \frac{1}{2}\int_1^2\left(\frac{f(t)}{t}\right)^2 dt$$

$$=\frac{\{f(2)\}^2}{4} - \frac{\{f(1)\}^2}{2} + \frac{1}{2}\int_1^2\left(\frac{f(t)}{t}\right)^2 dt$$

$$=\frac{25}{4} - \frac{4}{2} + \frac{1}{2}\int_1^2\left(\frac{f(t)}{t}\right)^2 dt$$

$$\int_2^5 \frac{x}{f^{-1}(x)}dx = \frac{17}{4} + \frac{1}{2}\int_1^2\left(\frac{f(t)}{t}\right)^2 dt$$

$$\frac{25}{4} = \frac{17}{4} + \frac{1}{2}\int_1^2\left(\frac{f(t)}{x}\right)^2 dt$$

따라서

$$\int_1^2\left(\frac{f(x)}{x}\right)^2 dx = 4$$

238 정답 1

$x^{n+1}(x-1)=x^n(x-1) \Rightarrow x^n(x-1)^2=0$에서
두 곡선 $y=x^n(x-1)$, $y=x^{n+1}(x-1)$
$x=0$, $x=1$에서 만난다.

$$S_n = \int_0^1 |x^{n+1}(x-1) - x^n(x-1)|dx$$

$$=\int_0^1 (x^{n+2} - 2x^{n+1} + x^n)dx$$

$$=\left[\frac{1}{n+3}x^{n+3} - \frac{2}{n+2}x^{n+2} + \frac{1}{n+1}x^{n+1}\right]_0^1$$

$$=\frac{1}{n+3} - \frac{2}{n+2} + \frac{1}{n+1}$$

$$=\left(\frac{1}{n+3} - \frac{1}{n+2}\right) - \left(\frac{1}{n+2} - \frac{1}{n+1}\right)$$

$$\sum_{n=1}^{\infty}S_n = \sum_{n=1}^{\infty}\left\{\left(\frac{1}{n+3} - \frac{1}{n+2}\right) - \left(\frac{1}{n+2} - \frac{1}{n+1}\right)\right\}$$

$$=0 - \left(\frac{1}{3} - \frac{1}{2}\right) = \frac{1}{6}$$

따라서 $S=\frac{1}{6}$이므로 $6S=1$

[다른 풀이]

$$S_n = \int_0^1 |x^{n+1}(x-1) - x^n(x-1)|dx$$

$$=\int_0^1 x^n(x-1)^2 dx$$

$$=\frac{n!\times 2!}{(n+3)!} = \frac{2}{(n+1)(n+2)(n+3)}$$

$$=\frac{1}{(n+1)(n+2)} - \frac{1}{(n+2)(n+3)}$$

$$\sum_{n=1}^{\infty}S_n = \sum_{n=1}^{\infty}\left\{\frac{1}{(n+1)(n+2)} - \frac{1}{(n+2)(n+3)}\right\}$$

$$=\frac{1}{2\times 3} = \frac{1}{6}$$

[랑데뷰팁]

$$\int_\alpha^\beta (x-\alpha)^m(x-\beta)^n dx$$

$$=(-1)^n \frac{m!n!}{(m+n+1)!}(\beta-\alpha)^{m+n+1} \ (단, \ \alpha < \beta)$$

239 정답 64

$f(0)=0$이고 $f(4)=t$라 할 때,
함수 $f(x)$가 닫힌구간 $[0, 4]$에서 연속이고 열린구간
$(0, 4)$에서 미분가능하므로

평균값 정리에 의해 $\frac{f(4)-f(0)}{4-0} = \frac{f(4)}{4} = f'(c)$

인 c가 열린구간 $(0, 4)$에 적어도 하나 존재한다.

$2 \le f'(c) \le 6$이므로 $2 \le \frac{f(4)}{4} \le 6$에서

$8 \le f(4) \le 24$이다.

한편, $\int_0^4 f(x)dx$의 값을 S라 하면 S는 $y=f(x)$와 $x=0$,
$x=4$, x축으로 둘러싸인 부분의 넓이다. 따라서 다음 그림과
같이 $16 \le S \le 48$이다.

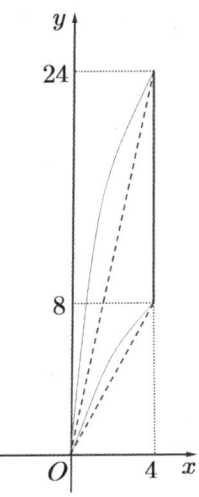

따라서 $\alpha \le 16$, $\beta \ge 48$이므로

$M=16$, $m=48$

따라서 $M+m=64$

240 정답 ④

$0 \leq t < x$일 때 $e^t < e^x$, $x < t \leq 2$일 때 $e^t > e^x$이다.

따라서

$$f(x)=\int_0^2 t\,|e^t-e^x|\,dt$$

$$=\int_0^x (-te^t+te^x)dt+\int_x^2 (te^t-te^x)dt$$

$$=\int_0^x (-te^t)dt+e^x\int_0^x t\,dt+\int_x^2 (te^t)dt-e^x\int_x^2 t\,dt$$

$$f'(x)=-xe^x+e^x\int_0^x t\,dt+e^x x-xe^x-e^x\int_x^2 t\,dt+e^x x$$

$$=e^x\int_0^x t\,dt-e^x\int_x^2 t\,dt$$

$$=e^x\left\{\left[\frac{1}{2}t^2\right]_0^x-\left[\frac{1}{2}t^2\right]_x^2\right\}$$

$$=e^x(x^2-2)$$

$f'(x)=0$을 만족하는 $x=\pm\sqrt{2}$이고 $x>0$이므로

$x=\sqrt{2}$이다.

x	0	$\cdots$	$\sqrt{2}$	$\cdots$	2
$f'(x)$	-2	$-$	0	$+$	$2e^2$

따라서 극솟값 $f(\sqrt{2})$가 최솟값이다.

$m=\sqrt{2}$

[랑데뷰팁]

$f(x)=\int_0^k t^n\,|g(t)-g(x)|\,dt$ 에서 $n=1$, $k=2$인

경우이므로 $x=\dfrac{k}{\sqrt[n+1]{2}}$이다.

따라서

$x=\dfrac{2}{\sqrt{2}}=\sqrt{2}$일 때, 최솟값 $f(\sqrt{2})$를 갖는다.

따라서 실제 최솟값은 다음과 같다.

$$m=f(\sqrt{2})=\int_0^2 t\,|e^t-e^{\sqrt{2}}|\,dt$$

$$=\int_0^{\sqrt{2}} -t(e^t-e^{\sqrt{2}})dt+\int_{\sqrt{2}}^2 t(e^t-e^{\sqrt{2}})t\,dt$$

$$=\left[-t(e^t-e^{\sqrt{2}})+e^t-e^{\sqrt{2}}t\right]_0^{\sqrt{2}}$$

$$\quad+\left[t(e^t-e^{\sqrt{2}})-e^t+e^{\sqrt{2}}t\right]_{\sqrt{2}}^2$$

$$=(1-\sqrt{2})e^{\sqrt{2}}-1+2(e^2-e^{\sqrt{2}})-e^2+2e^{\sqrt{2}}$$

$$\quad+(1-\sqrt{2})e^{\sqrt{2}}$$

$$=e^2+2(1-\sqrt{2})e^{\sqrt{2}}-1$$

---

241 정답 ⑤

조건 (가)에서 $x \geq 1$일 때,

$f(x)=\dfrac{2x}{x^2+1}$이므로

$$f'(x)=\frac{2(x^2+1)-2x(2x)}{(x^2+1)^2}=\frac{-2(x^2-1)}{(x^2+1)^2}$$

$f'(x)=0$에서 $x=1$일 때, 극값을 갖고 증감표에서 그 값이 극대임을 확인할 수 있다.

조건 (나)에서 함수 $y=f(x)$의 그래프는 함수 $y=f^{-1}(x)$의 그래프와 같아야 하므로 함수 $y=f(x)$ $(0 < x \leq 1)$의 그래프는 함수 $y=f(x)$ $(x \geq 1)$의 그래프를 직선 $y=x$에 대하여 대칭이동한 것이다. 따라서 다음 그림과 같다.

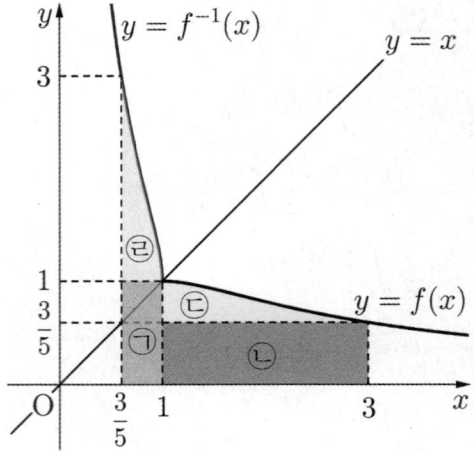

$y=f(x)$의 그래프와 x축 및 두 직선 $x=f(3)$, $x=3$로 둘러싸인 부분의 넓이는

$f(3)=\dfrac{3}{5}$이므로 그림에서 색칠된 부분인 ㉠+㉡+㉢+㉣이다.

㉠$\Rightarrow 1\times\left(1-\dfrac{3}{5}\right)=\dfrac{2}{5}$

㉡$\Rightarrow (3-1)\times\dfrac{3}{5}=\dfrac{6}{5}$

㉢$\Rightarrow \displaystyle\int_1^3\left(\dfrac{2x}{x^2+1}-\dfrac{3}{5}\right)dx$

$$=\left[\ln(x^2+1)-\dfrac{3}{5}x\right]_1^3=\ln 5-\dfrac{6}{5}$$

㉣$\Rightarrow$㉢과 같다.

따라서

$$\dfrac{2}{5}+\dfrac{6}{5}+2\left(\ln 5-\dfrac{6}{5}\right)=2\ln 5-\dfrac{4}{5}$$

---

242 정답 200

(가)에서 구간 $[-1, 1]$에서 주어진 함수를

$f_1(x)=\dfrac{2x}{x^2+1}$라 하면 (나)에서

$f(x+2)=f_1(x)+a$ $(-1 \leq x \leq 1)$

양변에 $x \to x-2$를 대입하면

$$f(x) = f_1(x-2) + a \ (-1 \leq x-2 \leq 1)$$
$$= \frac{2(x-2)}{(x-2)^2+1} + a \ (1 \leq x \leq 3)$$
$$f_2(x) = \frac{2(x-2)}{(x-2)^2+1} + a \ (1 \leq x \leq 3) \text{ 라 하자.}$$

함수 $f(x)$가 실수 전체에서 정의되기 위해서는
$x=1$에서도 정의되어야 한다.
따라서 $f_1(1) = f_2(1)$이 성립해야 한다.

$f_1(1) = 1$, $f_2(1) = \dfrac{-2}{2} + a = -1 + a$

$1 = -1 + a$에서 $a = 2$이다.
따라서 함수 $f(x)$는 다음과 같다.

$$f(x) = \begin{cases} f_1(x) = \dfrac{2x}{x^2+1} & (-1 \leq x \leq 1) \\ f_2(x) = f_1(x-2) + 2 \ (1 \leq x \leq 3) \\ f_3(x) = f_2(x-2) + 2 \ (3 \leq x \leq 5) \\ \vdots \qquad\qquad \vdots \end{cases}$$

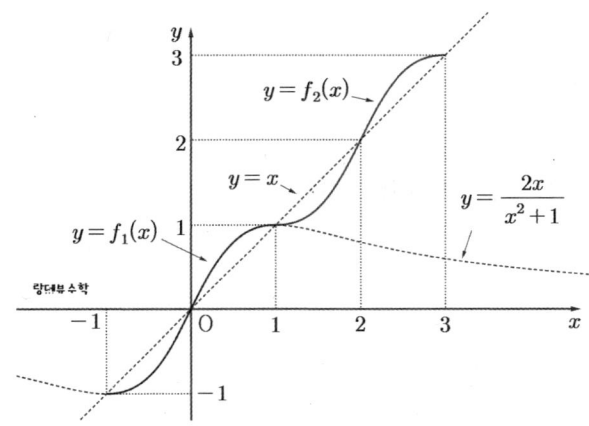

함수 $f_1(x)$가 $f_1(-x) = -f_1(x)$가 성립하므로 $(0, 0)$에
대칭이다.
따라서 함수 $f_2(x)$는 $(2, 2)$에 대칭이다.
그러므로 함수 $f(x)$의 정적분 값은 다음 그림과 같이 $y = x$을
기준으로 이동시켜 직각이등변 삼각형의 넓이로 계산할 수 있다.

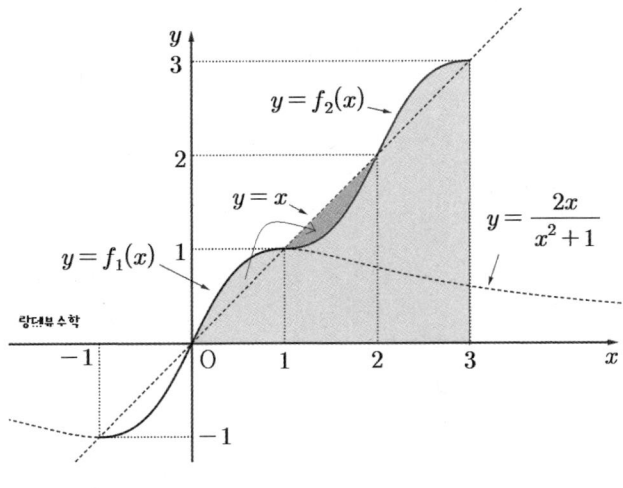

따라서

$$\int_0^{10a} f(x)dx$$
$$= \int_0^{20} f(x)dx = \frac{1}{2} \times 20 \times 20 = 200$$

243 정답 ③

$f(x) = 0 \to \ln x(\ln x + p) = 0 \to \ln x = 0 \text{ or } \ln x = -p$
$\therefore x = 1 \text{ or } x = e^{-p} \ (e^{-p} < 1)$
$g(x) = 0 \to \ln x(\ln x + q) = 0 \to \ln x = 0 \text{ or } \ln x = -q$
$\therefore x = 1 \text{ or } x = e^{-q} \ (e^{-q} > 1)$
한편,

$$\int (\ln x)^2 dx = x(\ln x)^2 - 2\int \ln x \, dx$$
$$= x(\ln x)^2 - 2(x\ln x - x) + C_1$$
$$\int \ln x \, dx = x\ln x - x + C_2$$

이므로

$$S_p = \int_{e^{-p}}^1 |f(x)| \, dx = \int_1^{e^{-p}} f(x) \, dx$$
$$= \left[x(\ln x)^2 - 2(x\ln x - x)\right]_1^{e^{-p}} + p\left[x\ln x - x\right]_1^{e^{-p}}$$
$$= e^{-p}(p^2 + 2p + 2) - 2 + p\{e^{-p}(-p-1) + 1\}$$
$$= e^{-p}(p+2) + p - 2$$

$$T_q = \int_1^{e^{-q}} |f(x)| \, dx = \int_{e^{-q}}^1 f(x) \, dx$$
$$= \left[x(\ln x)^2 - 2(x\ln x - x)\right]_{e^{-q}}^1 + q\left[x\ln x - x\right]_{e^{-q}}^1$$
$$= 2 - e^{-q}(q^2 + 2q + 2) + q\{-1 - e^{-q}(-q-1)\}$$
$$= 2 - q - e^{-q}(q+2)$$

T_q의 값이 자연수 k이므로 $2 - q - e^{-q}(q+2) = k$
에서 $q = -2$, $k = 4$이다.

$$\therefore S_k = S_4 = \frac{6}{e^4} + 2$$

244 정답 ③

[출제자: 이정배T]

$$\lim_{n\to\infty} A_n = \lim_{n\to\infty} \sum_{k=1}^n \left\{1 - f\left(\frac{k-1}{n}\right)\right\} \frac{1}{n} = \lim_{n\to\infty} \sum_{k=0}^{n-1} \left\{1 - f\left(\frac{k}{n}\right)\right\} \frac{1}{n}$$
$$= \int_0^1 \{1 - f(x)\} dx = \int_0^1 (1 - x^3) dx = \left[x - \frac{1}{4}x^4\right]_0^1 = \frac{3}{4}$$
$$\lim_{n\to\infty} B_n = \lim_{n\to\infty} \sum_{k=1}^n f\left(\frac{k}{n}\right) \frac{1}{n} = \int_0^1 f(x) dx = \int_0^1 x^3 dx$$
$$= \left[\frac{1}{4}x^4\right]_0^1 = \frac{1}{4}$$

따라서

$$\lim_{n\to\infty}(A_n - B_n) = \lim_{n\to\infty} A_n - \lim_{n\to\infty} B_n = \frac{3}{4} - \frac{1}{4} = \frac{1}{2}$$

245 정답 ①

입체도형을 직선 $x=t\,(0\leq t\leq 2)$ 를 포함하고 x 축에 수직인 평면으로 자른 단면은 한 변의 길이가

$$\left(-\frac{2}{x+1}+\frac{1}{2}x+3\right)-\left(-\frac{1}{x+1}+\frac{1}{2}x+1\right)=-\frac{1}{x+1}+2$$

인 정사각형이므로 단면의 넓이 $S(t)$ 는

$$S(t)=\left(2-\frac{1}{t+1}\right)^2=4-\frac{4}{t+1}+\frac{1}{(t+1)^2}$$

구하는 입체도형의 부피 V 는

$$V=\int_0^{e^2-1}\left\{4-\frac{4}{t+1}+\frac{1}{(t+1)^2}\right\}dt$$

$$=\left[4t-4\ln(t+1)-\frac{1}{t+1}\right]_0^{e^2-1}$$

$$=\left(4e^2-4-8-\frac{1}{e^2}\right)-(-1)$$

$$=4e^2-\frac{1}{e^2}-11$$

246 정답 ①

선분 AB 를 한 변으로 하는 정사각형의 넓이를 $S(x)$ 라 하면
$$S(x)=x^2e^x$$
구하는 입체도형의 부피는

$$\int_1^2 x^2e^x dx=\left[x^2e^x\right]_1^2-2\int_1^2 xe^x dx$$

$$=4e^2-e-2\left\{\left[xe^x\right]_1^2-\int_1^2 e^x dx\right\}$$

$$=4e^2-e-2\left\{2e^2-e-\left[e^x\right]_1^2\right\}$$

$$=4e^2-e-4e^2+2e+2e^2-2e$$

$$=2e^2-e$$

247 정답 ②

(나)에 주어진 등식에 $x=0$ 을 대입하면
$$f(0)=0 \qquad \cdots\cdots ㉠$$
(나)에 주어진 등식의 양변을 x 에 대하여 미분하면

$$\frac{f'(x)}{2}=\sqrt{1+f(x)}$$

$$\therefore \left\{\frac{f'(x)}{2}\right\}^2=1+f(x)$$

(단, $f'(x)\geq 0,\ f(x)\geq -1$) $\cdots ㉡$

$x\geq b$ 일 때
$f'(x)=2a(x-b)$ 이므로 ㉡에서
$$a^2(x-b)^2=1+\{a(x-b)^2+c\} \cdots ㉢$$
㉢이 $x\geq b$ 인 모든 실수 x 에 대하여 성립하므로
$$a^2=a \text{ 이고 } c+1=0 \text{이다.}$$
$$\therefore a=1,\ c=-1$$
따라서 $x\geq b$ 일 때

$$f(x)=(x-b)^2-1$$

㉠에서 $f(0)=0$ 이므로 $b=-1\ (b<0)$
이때 ㉡에서 $f'(x)\geq 0$ 이고 $f(x)\geq -1$ 이므로
$x<b$ 일 때 $f'(x)=0$ 이어야 하므로 $f(x)=-1$ 이다.
따라서

$$f(x)=\begin{cases}(x+1)^2-1 & (x\geq -1)\\ -1 & (x<-1)\end{cases}$$ 이므로

다음 그림과 같다.

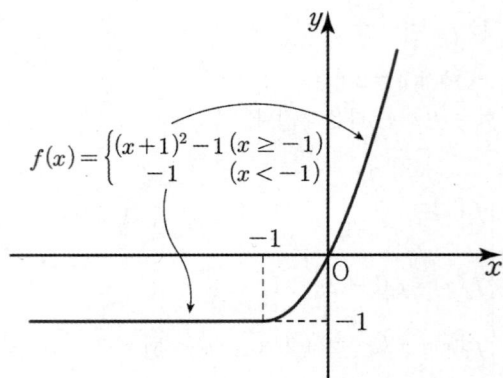

$$\int_{-2}^2 f(x)dx=\int_{-2}^{-1}f(x)dx+\int_{-1}^2 f(x)dx$$

$$=\int_{-2}^{-1}(-1)dx+\int_{-1}^2\{(x+1)^2-1\}dx$$

$$=\left[-x\right]_{-2}^{-1}+\left[\frac{1}{3}(x+1)^3-x\right]_{-1}^2$$

$$=(-1)+\left(\frac{3^3-(0)^3}{3}-3\right)$$

$$=9-4=5$$

[다른 풀이]–김 수T
$$f(0)=0$$

$$\frac{f'(x)}{2}=\sqrt{1+f(x)}$$

$$\frac{f'(x)}{2\sqrt{1+f(x)}}=1$$

양변을 적분하면 $\displaystyle\int\frac{f'(x)}{2\sqrt{1+f(x)}}dx=x+C$

$$\sqrt{1+f(x)}=x+C$$

$f(0)=0$ 이므로 $1=0+C$ $\therefore C=1$

$$\sqrt{1+f(x)}=x+1$$

$$1+f(x)=(x+1)^2$$

$$f(x)=(x+1)^2-1$$

이하 동일

248 정답 ①

두 동점 P, Q중 한 점을 영역의 끝점에 고정하고 나머지 한 점을 이동시키며 두 점의 중점의 자취를 파악해 보자.

(i) P $(0, 1)$로 고정하고 Q (a, e^a)라 할 때

R $\left(\dfrac{a}{2}, \dfrac{e^a+1}{2}\right)$에서 $x = \dfrac{a}{2}$, $y = \dfrac{e^a+1}{2}$에서

$y = \dfrac{e^{2x}+1}{2}$가 된다. $0 \le a \le 2$에서 $0 \le x \le 1$이다.

(ii) P $(2, e^2)$로 고정하고 Q (b, e^b)라 할 때

R $\left(\dfrac{b+2}{2}, \dfrac{e^b+e^2}{2}\right)$에서 $x = \dfrac{b+2}{2}$, $y = \dfrac{e^b+e^2}{2}$에서

$y = \dfrac{e^{2x-2}+e^2}{2}$가 된다.

$0 \le b \le 2$에서 $1 \le x \le 2$이다.

한편, $\dfrac{e^{2x}+1}{2} = \dfrac{e^{2x-2}+e^2}{2} \rightarrow e^{2x-2}(e^2-1) = e^2-1$에서

$e^{2x-2} = 1$ $\therefore$ $x = 1$이다.

따라서 점 R을 나타내는 두 곡선은 $x = 1$에서 만난다.
다음 그림과 같이 구하는 영역의 넓이는 $A + B$이다.

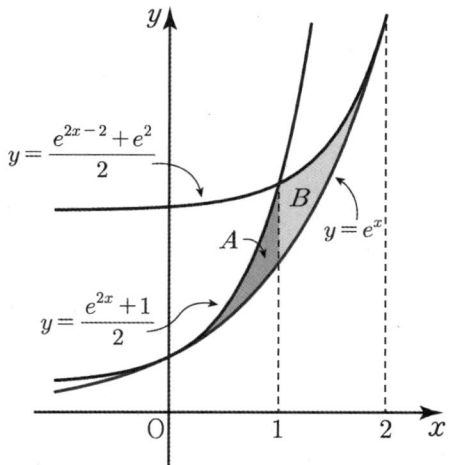

$A = \displaystyle\int_0^1 \left(\dfrac{e^{2x}+1}{2} - e^x\right) dx = \dfrac{5-4e+e^2}{4}$

$B = \displaystyle\int_1^2 \left(\dfrac{e^{2x-2}+e^2}{2} - e^x\right) dx = \dfrac{-1+4e-e^2}{4}$

이므로

$A + B = \dfrac{(5-4e+e^2)+(-1+4e-e^2)}{4}$

$\qquad = 1$

[다른 풀이]-유승희T
닮음을 이용한 풀이

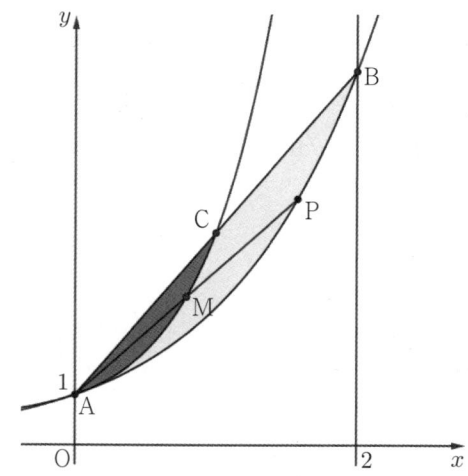

A를 닮음의 중심으로 선분 AB와 곡선 AB로 둘러싸인 도형을 $\dfrac{1}{2}$로 축소한 도형은 선분 AC와 곡선 AC로 둘러싸인 도형이다.

주어진 문제의 영역은 선분 AB와 곡선 AB로 둘러싸인 영역에서 선분 AC와 곡선 AC로 둘러싸인 영역을 제외 해야 된다. 또한, 비슷하게 아래와 같이 선분 BC와 곡선 BC로 둘러싸인 영역도 제외된다.

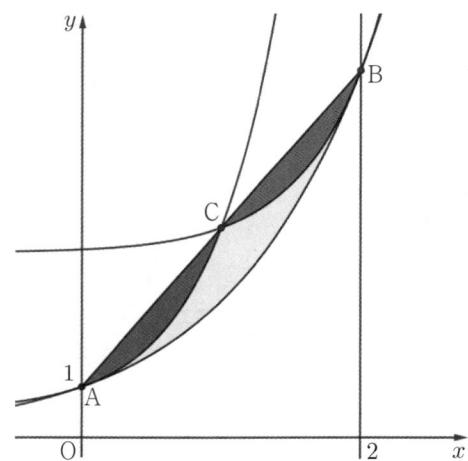

따라서, 구하는 도형의 넓이는

$\displaystyle\int_0^2 \{\text{직선} AB - e^x\} dx = S$라 할 때, 진하게 색칠된 부분의

넓이는 닮음비가 $\dfrac{1}{2}$이므로 구하는 넓이는

$S - 2 \times \left(\dfrac{1}{2}\right)^2 \times S = \dfrac{1}{2}S$ 이다.

직선 AB는 A$(0, 1)$, B$(2, e^2)$이므로

$y = \dfrac{e^2-1}{2}x + 1$이다.

$S = \displaystyle\int_0^2 \left\{\dfrac{e^2-1}{2}x + 1 - e^x\right\} dx$

$\quad = \left[\dfrac{e^2-1}{4}x^2 + x - e^x\right]_0^2 = 2$

$\therefore \dfrac{1}{2}S = 1$

249 정답 10

$\int_0^1 \sqrt{1+\{f'(x)\}^2}\,dx$는 곡선 $y=f(x)$ $(0 \le x \le 1)$의 길이를
의미하므로 이 곡선의 길이의 최솟값은 두 점 $(0,\ 1)$, $(1,\ 4)$을
잇는 선분의 길이와 같다. 따라서 구하는 최솟값은

$\sqrt{(1-0)^2+(4-1)^2} = \sqrt{10}$

따라서 $m = \sqrt{10}$

$\therefore\ m^2 = 10$

250 정답 6

점 P가 움직인 거리 d를 구해보자.

$$d = \int_0^{2\pi} \sqrt{(-\sin t)^2 + (0)^2}\,dt$$

$$= \int_0^{2\pi} |\sin t|\,dt = 4 \times \int_0^{\frac{\pi}{2}} \sin t\,dt$$

$$= 4\left[-\cos t\right]_0^{\frac{\pi}{2}} = 4$$

따라서 점 P가 움직인 거리는 4이다.

점 P가 나타내는 곡선의 길이 l을 구해보자.

점 P $(\cos t,\ 1)$이라 할 때

$t=0$이면 P $(1,\ 1)$

$t=\pi$이면 P $(-1,\ 1)$

$t=2\pi$이면 P $(1,\ 1)$이다.

따라서 점 P가 나타내는 곡선은 다음 그림과 같으므로 곡선의
길이는 2이다.

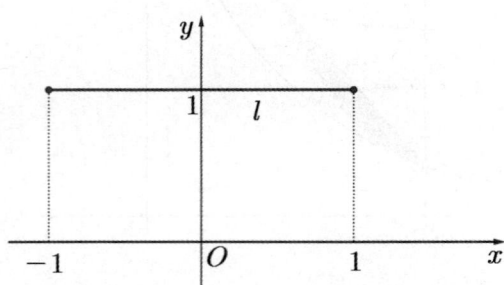

따라서 움직인 거리와 곡선의 길이의 합은 6이다.